Bestandsführung und Kontenfindung mit SAP® ERP (MM)

2. Auflage

Ingo Licha

Willkommen bei Espresso Tutorials!

Unser Ziel ist es, SAP-Wissen wie einen Espresso zu servieren: Auf das Wesentliche verdichtete Informationen anstelle langatmiger Kompendien – für ein effektives Lernen an konkreten Fallbeispielen. Viele unserer Bücher enthalten zusätzlich Videos, mit denen Sie Schritt für Schritt die vermittelten Inhalte nachvollziehen können. Besuchen Sie unseren YouTube-Kanal mit einer umfangreichen Auswahl frei zugänglicher Videos:

https://www.youtube.com/user/EspressoTutorials.

Kennen Sie schon unser Forum? Hier erhalten Sie stets aktuelle Informationen zu Entwicklungen der SAP-Software, Hilfe zu Ihren Fragen und die Gelegenheit, mit anderen Anwendern zu diskutieren:

http://www.fico-forum.de.

Eine Auswahl weiterer Bücher von Espresso Tutorials:

- Claudia Jost:
  Lieferantenbeurteilung mit SAP® MM
  http://5291.espresso-tutorials.de
- Christine Kühberger:
  Materialwirtschaft (MM) in SAP S/4HANA® – Deltafunktionen und Customizing *http://5556.espresso-tutorials.de*
- Ilka Dischinger:
  Lohnbearbeitung mit SAP S/4HANA® – Einkaufs- und Produktionsprozesse *http://5649.espresso-tutorials.de*
- Ingo Licha:
  Rechnungsprüfung mit SAP ERP (MM) – 2. Auflage
  https://es-tu.de/KutiUR
- Ingo Licha:
  Einkaufsorientierte Bedarfsplanung mit SAP® – 2. Auflage
- Martin Munzel:
  Praxishandbuch MM-Kontenfindung in SAP® ERP und S/4HANA
  http://5214.espresso-tutorials.de

Bibliografische Information der Deutschen Nationalbibliothek
Die Deutsche Nationalbibliothek verzeichnet diese Publikation in der Deutschen Nationalbibliografie; detaillierte bibliografische Daten sind im Internet über https://portal.dnb.de abrufbar.

Ingo Licha
Bestandsführung und Kontenfindung mit SAP® ERP (MM) – 2. Auflage

ISBN: 978-39601-2119-0

Lektorat: Anja Achilles

Korrektorat: Christine Weber

Coverdesign: Philip Esch

Coverfoto: © sem | No. 346175426 – stock.adobe.com

Satz & Layout: Johann-Christian Hanke

2. Auflage 2022

URL: *www.espresso-tutorials.de*

Feedback:
Wir freuen uns über Fragen und Anmerkungen jeglicher Art. Bitte senden Sie diese an: *info@espresso-tutorials.com*.

Inhaltsverzeichnis

Vorwort **9**

1 Grundlagen der Bestandsführung **13**

1.1 Aufgaben der Bestandsführung 13
1.2 Organisationsebenen im Modul SAP MM 14
1.3 Mengenmäßige Bestandsführung 16
1.4 Wertmäßige Bestandsführung 17
1.5 Bestandsarten 21
1.6 Transaktion MIGO 22
1.7 Bewegungsart 27
1.8 Wareneingang in das Lager 28
1.9 Automatische Bestellerzeugung beim Wareneingang 44
1.10 Warenausgang 46
1.11 Bestandsfindung in der Bestandsführung 58
1.12 Fazit 59

2 Umlagerungen und Umbuchungen **61**

2.1 Die Umlagerung 61
2.2 Die Umbuchung 69
2.3 Fazit 72

3 Reservierung **75**

3.1 Manuelle Reservierung 75
3.2 Automatische Reservierung 78
3.3 Einstellungen in der Reservierung 79
3.4 Fazit 84

4 Verfügbarkeitsprüfung **85**

4.1 Statische Verfügbarkeitsprüfung 85
4.2 Dynamische Verfügbarkeitsprüfung 86
4.3 Fehlteilprüfung 88

5 Rücklieferung und Retoure 91

5.1 Rücklieferung 91
5.2 Grund der Bewegung 94
5.3 Nachlieferung 94
5.4 Retoure 96
5.5 Storno eines Materialbelegs 98
5.6 Fazit 101

6 Toleranzen und Prüfungen im Wareneingang 103

6.1 Unterlieferung 103
6.2 Überlieferung 105
6.3 Endlieferkennzeichen 106
6.4 Toleranzschlüssel in der Bestellpreismengeneinheit 108
6.5 Prüfungen auf Haltbarkeit und Restlaufzeit 111
6.6 Prüfungen auf zu frühe und zu späte Lieferung 114
6.7 Fazit 116

7 Bestandsführung unterschiedlicher Material- und Bestandsarten 117

7.1 Bewertetes und unbewertetes Material 117
7.2 Lager-, Nichtlager- und Verbrauchsmaterial 120
7.3 Sonderbestände 123
7.4 Sonderbestandskennzeichen 127
7.5 Negative Bestände 128
7.6 Materialstatus 132
7.7 Fazit 134

8 Konsignation, Pipeline und Lohnbearbeitung 135

8.1 Lieferantenkonsignation 135
8.2 Pipeline 144
8.3 Lohnbearbeitung 147
8.4 Fazit 155

9 Bestandslisten und Auswertungen 157

9.1 Beleglisten 157
9.2 Bestandslisten 164
9.3 Fazit 169

10 Getrennte Bewertung 171
10.1 Anwendungsmöglichkeiten der getrennten Bewertung 171
10.2 Getrennte Bewertung in der Bestandsführung 173
10.3 Fazit 176

11 Kontenfindung in der Materialwirtschaft 177
11.1 Einflussfaktoren auf die Kontenfindung 178
11.2 Einstellung der automatischen Kontenfindung 188
11.3 Simulation der automatischen Kontenfindung 194
11.4 Fazit 196

12 Customizing in der Bestandsführung 197
12.1 Einstellungen zu Enjoytransaktionen 197
12.2 Einstellungen zur Bewegungsart 199
12.3 Einstellungen zur Reservierung 203
12.4 Bestandsfindung 205
12.5 Einstellungen zur automatischen Bestellerzeugung beim Wareneingang 209
12.6 Einkaufswerteschlüssel 211
12.7 Materialart 213
12.8 Endlieferkennzeichen 215
12.9 Toleranzschlüssel beim Wareneingang 216
12.10 Einstellungen der Mindesthaltbarkeits- und Terminprüfungen 219
12.11 Customizing der getrennten Bewertung 220
12.12 Kontierungstyp 223
12.13 Einstellungen zum Materialstatus 224
12.14 Grund der Bewegung 226

13 Zusammenfassung 229

A Der Autor 232

B Index 233

C Disclaimer 236

Vorwort

Die Bestandsführung innerhalb von SAP ERP dient unter anderem der strategischen Koordination von Warenbewegungen sowie der Überprüfung und Bewertung von Bestandsdaten eines Unternehmens. Die Ausführungen in diesem Buch sollen aufzeigen, welche Möglichkeiten Ihnen das SAP-System im Rahmen der Bestandsführung für eine effiziente Verwaltung der Bestände bietet, indem es die Prozesse vereinfacht, automatisiert oder schlichtweg komfortabler gestaltet. Zudem wird die hierfür benötigte automatische Kontenfindung der Materialwirtschaft inklusive deren Einrichtung in einem gesonderten Kapitel behandelt. Auch werde ich besondere Beschaffungswege, die im Rahmen der Materialwirtschaft üblich sind, sowie verschiedene Möglichkeiten der Materialbewertung und -bewegungen skizzieren.

Mit diesem Buch möchte ich Ihnen eine praktische Anleitung und Hilfestellung für die *Bestandsführung* als einer Komponente des Moduls Materialwirtschaft (MM) an die Hand geben. Es richtet sich zum einen an Anwender, die mit dem SAP-System ihre Warenein- und -ausgänge erfassen, Warenbewegungen bzw. Bestände kontrollieren und buchen oder für deren Bewertung und Auswertung zuständig sind. Zum anderen möchte ich IT-Mitarbeiter ansprechen, die Customizing-Einstellungen im Rahmen der Materialwirtschaft auch für die Kontenfindung durchführen werden. Am Ende des Buches finden Sie ein eigenes Kapitel ergänzt, das noch einmal vertiefend auf das Customizing vieler der vorher beschriebenen Funktionen eingeht.

Widmung

Dieses Buch ist meiner Familie gewidmet, mit besonderem Dank für die Unterstützung und Hilfen zu jeder Zeit.

Mein Dank gilt außerdem Jörg Siebert und Anja Achilles, die bei der Erstellung des Buches mitgeholfen haben.

Einen Dank auch an den SAP-Bildungspartner alfatraining. Basierend auf meinen langjährigen Erfahrungen, die ich als Trainer bei Schulungen sowie Ausbildung von SAP-Anwendern und Beratern in dessen Bildungszentrum gemacht habe, kann ich in diesem Buch gezielt auf die wichtigsten Anwendungen und häufig gestellte Fragen eingehen.

Ingo Licha

Zugriff auf Video-Tutorials

Ergänzend zu den Erläuterungen im Buch haben wir eine Reihe von Video-Tutorials erstellt. Sie können auf diese Videos kostenlos über unsere SAP-Lernplattform zugreifen. Bitte registrieren Sie sich unter *https://et.training/landing/922*, um einen Zugang für das Zusatzmaterial angelegt zu bekommen.

In den Text sind Kästen eingefügt, um wichtige Informationen besonders hervorzuheben. Jeder Kasten ist zusätzlich mit einem Piktogramm versehen, das diesen genauer klassifiziert:

Hinweis

Hinweise bieten praktische Tipps zum Umgang mit dem jeweiligen Thema.

Beispiel

Beispiele dienen dazu, ein Thema besser zu illustrieren.

! Achtung

Warnungen weisen auf mögliche Fehlerquellen oder Stolpersteine im Zusammenhang mit einem Thema hin.

Video

Schauen Sie sich ein Video zum jeweiligen Thema an.

Die Form der Anrede

Um den Lesefluss nicht zu beeinträchtigen, verwenden wir im vorliegenden Buch bei personenbezogenen Substantiven und Pronomen zwar nur die gewohnte männliche Sprachform, meinen aber gleichermaßen Personen weiblichen und diversen Geschlechts.

Hinweis zum Urheberrecht

Sämtliche in diesem Buch abgedruckten Screenshots unterliegen dem Copyright der SAP SE. Alle Rechte an den Screenshots hält die SAP SE. Der Einfachheit halber haben wir im Rest des Buches darauf verzichtet, dies unter jedem Screenshot gesondert auszuweisen.

1 Grundlagen der Bestandsführung

Vom Wareneingang bis zum Warenausgang sind, um die Bestände korrekt abbilden zu können, gezielte Eingaben und Einstellungen nötig. Die Bestandsführung setzt zudem ein Lager voraus, in dem die Bestände erfasst und verwaltet werden. Im nachfolgenden Kapitel werden die erforderlichen Organisationsebenen, Einstellungen in den Stammdaten sowie die wichtigste Transaktion für Warenbewegungen – die MIGO – behandelt.

1.1 Aufgaben der Bestandsführung

Die Bestandsführung ist für die mengen- und wertmäßige Erfassung sowie Führung der Materialbestände verantwortlich. Sie liefert Daten an das Finanzwesen und das Controlling für die Erstellung von Bilanzen und Auswertungen. Sie erfasst sämtliche Warenbewegungen, kann diese vorab planen und somit Vorkehrungen für einen reibungslosen Ablauf treffen. Dazu gehören sowohl externe (Wareneingang aus Bestellung) als auch interne (Wareneingang aus der Fertigung) Bewegungen. Infolgedessen kann später nachvollzogen werden, was mit einem Material geschehen ist.

Als weiteren Punkt erfüllt die Bestandsführung gesetzliche Vorgaben, wie die Inventur zur Ermittlung des Warenbestands und dessen Wert in einem Unternehmen. Sie erhält ihre Daten aus verschiedenen Bereichen des Unternehmens (siehe Abbildung 1.1):

- aus dem Einkauf: die Daten der bestellten Mengen und Preise,
- aus der Produktion: die Anzahl der gefertigten Waren,
- aus der Buchhaltung: die Preissteuerung und den Bewertungspreis.

Aus Sicht der Materialwirtschaft ist die Bestandsführung zwischen dem Einkauf und der logistischen Rechnungsprüfung angesiedelt.

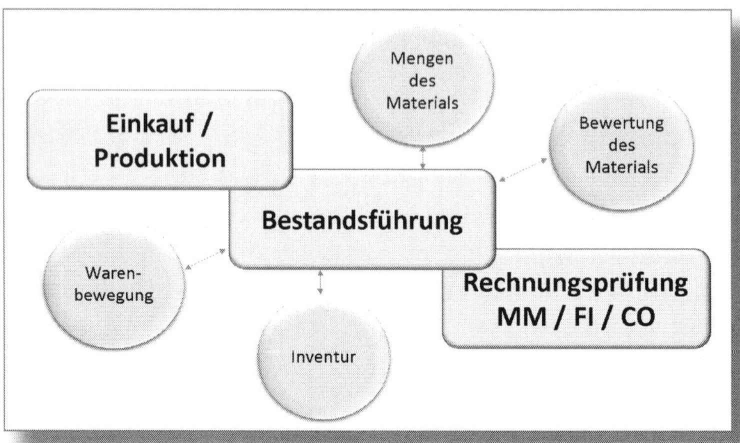

Abbildung 1.1: Bestandsführung

1.2 Organisationsebenen im Modul SAP MM

In der SAP-Struktur gilt es, die in Abbildung 1.2 dargestellten Organisationsebenen zu differenzieren.

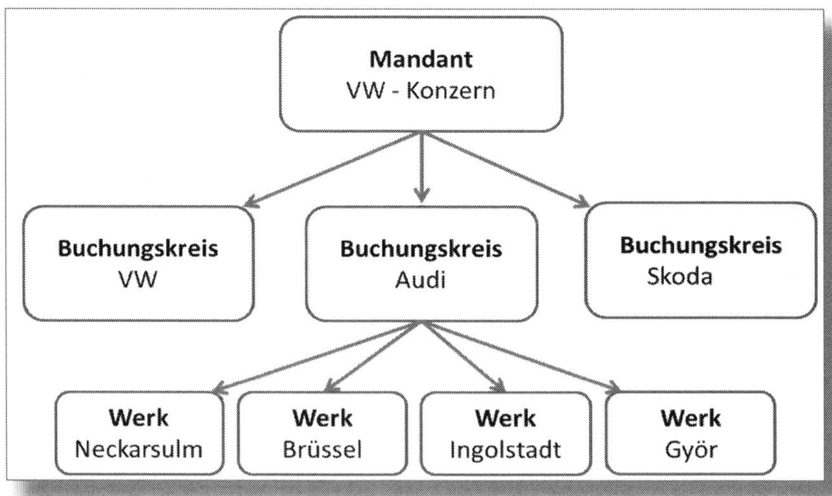

Abbildung 1.2: Organisationsebenen im SAP-System

Der *Mandant* ist die oberste Ebene im SAP-System und stellt aus betriebswirtschaftlicher Sicht einen Konzern dar. Unter einem Mandanten (beispielsweise dem VW-Konzern) können mehrere Buchungskreise zusammengefasst sein.

Der *Buchungskreis* stellt im SAP-System eine eigenständige Firma mit eigenem internen und externen Rechnungswesen dar. Auf Buchungskreisebene kann eine Bilanz erstellt werden. Der Buchungskreis wird einem Mandanten zugewiesen (beispielsweise Audi, Skoda, VW etc.)

Ein Buchungskreis kann sich in mehrere *Werke* gliedern. Das Werk kann etwa eine Betriebsstätte, Niederlassung oder ein Auslieferlager innerhalb einer Firma sein. Jedes Werk wird genau einem Buchungskreis zugeordnet (etwa Neckarsulm, Brüssel etc.).

Auf der Ebene des *Bewertungskreises* findet die wertmäßige Führung der Materialien statt. Der Bewertungskreis lässt sich entweder auf Werks-, oder auf Buchungskreisebene einstellen und wird im Customizing in der Unternehmensstruktur mittels der Transaktion OX14 angelegt (siehe Abbildung 1.3). Wird als Bewertungsebene das Werk gewählt, so kann jedes Werk eine unabhängige Preissteuerung sowie eigene Bewertungspreise für das Material pflegen. Wählen Sie die Bewertungsebene »Buchungskreis«, so erhalten alle Werke eines Buchungskreises eine übereinstimmende Preissteuerung sowie den gleichen Bewertungspreis im Materialstamm. Wird im SAP-System die Produktionsplanung oder das Produktkostencontrolling eingesetzt, ist eine Bewertung auf Werksebene Pflicht.

Wahl der Bewertungsebene

Die SAP empfiehlt als Bewertungsebene das Werk.

Eine weitere Ebene in der Materialwirtschaft stellt der *Lagerort* dar. Hier findet die mengenmäßige Bestandsführung der Materialien statt. Der vierstellige Schlüssel des Lagerorts ist frei wählbar, darf innerhalb eines Werks jedoch nur einmal vorkommen. Inventuren beziehen sich in der Materialwirtschaft auf einen konkreten Lagerort, und jedem Lagerort ist mindestens eine Adresse zugewiesen.

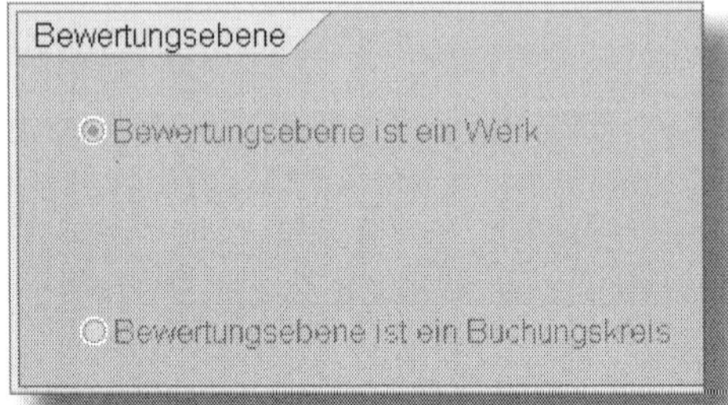

Abbildung 1.3: Bewertungsebene festlegen (Transaktion OX14)

1.3 Mengenmäßige Bestandsführung

Alle Vorgänge, die bestandsverändernden Charakter haben, werden durch das System erfasst und fortgeschrieben. Somit kann jederzeit der aktuelle Bestand im Unternehmen abgefragt werden. SAP unterscheidet nicht nur nach den physischen Mengen in Werken und Lagerorten, sondern auch nach verschiedenen Bestandsarten:

- Freier Bestand
- Qualitätsprüfbestand
- Gesperrter Bestand
- Bestellbestand (bestellte Mengen, bei denen noch kein Wareneingang erfolgte)
- Reservierte Bestände
- Sonderbestandsarten (siehe Abschnitt 7.3)

Die mengenmäßige Bestandsführung ist für die Disposition von großer Wichtigkeit, um die gewünschten Mengen zum richtigen Zeitpunkt zur Verfügung stellen zu können. Sie findet auf der Ebene des Werks und des Lagerorts statt.

1.4 Wertmäßige Bestandsführung

Für das Controlling und die Finanzbuchhaltung spielen dagegen die Werte der einzelnen Materialien eine wichtige Rolle. Auf Bestandskonten werden die Materialien erfasst und gehen als Lagerbestände in die Bilanz ein. Bei Buchungen von Warenbewegungen werden die Konten, sofern ein Buchhaltungsbeleg erzeugt wird, vom System automatisch vorgeschlagen. Einstellungen zur Kontenfindung finden Sie im Abschnitt 11.2 näher behandelt. Der Bewertungskreis bestimmt, auf welcher Organisationsebene die wertmäßige Bestandsführung erfolgt. Ergänzend ist eine Bewertung auf Ebene des Lagerorts möglich. Für die wertmäßige Bestandsführung ist im Materialstamm ein Bewertungspreis auf der Buchhaltungssicht 1 zu pflegen. Dieser, multipliziert mit der Menge, bestimmt den Gesamtwert eines Materials. Man unterscheidet über die Preissteuerung zwischen dem *Standardpreis (S-Preis)* und dem *variablen* bzw. *gleitenden Durchschnittspreis (V-Preis)*. In Abbildung 1.4 ist das Material mit einem S-Preis von 15,00 € bewertet. Der gleitendende Durchschnittspreis weicht mit 10,00 € davon ab.

Preissteuerung S-Preis

Wird ein Material mit dem S-Preis bewertet, so wird der V-Preis zu statistischen und kalkulatorischen Zwecken automatisch mitgeführt.

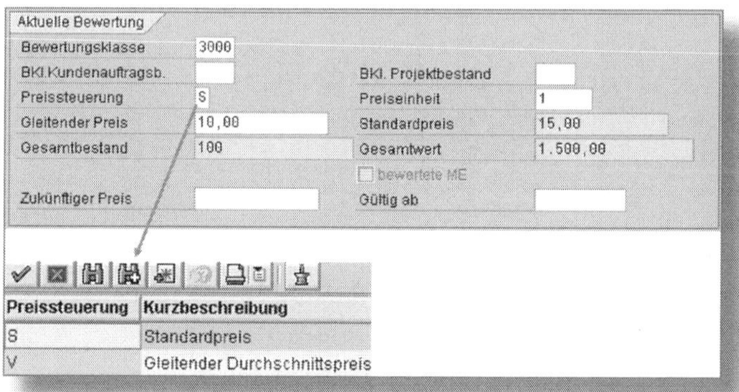

Abbildung 1.4: Buchhaltungssicht 1 im Materialstamm

1.4.1 Der Standardpreis (S-Preis)

Der S-Preis wird bei Anlage der Buchhaltungssicht im Materialstamm erfasst und ändert sich nicht. Mit diesem Preistyp werden alle Warenein- und -ausgänge bewertet. Sollte eine Warenbewegung zu einem höheren Preis erfolgen (z. B. Abweichung zwischen Bestellung und Wareneingang), so erfolgt die Buchung der Preisdifferenz auf ein Preisdifferenzenkonto.

Buchung Preisdifferenz

Der Standardpreis beträgt 15,00 €, die Bestellung und der dazugehörige Wareneingang von 100 Stück wurden mit einem Preis von 10,00 €/St. durchgeführt. Die Differenz von 500,00 € (5 € × 100 St.) wurde auf das Konto »Ertrag aus Preisdifferenzen« gebucht (siehe Abbildung 1.5 und Abbildung 1.6)

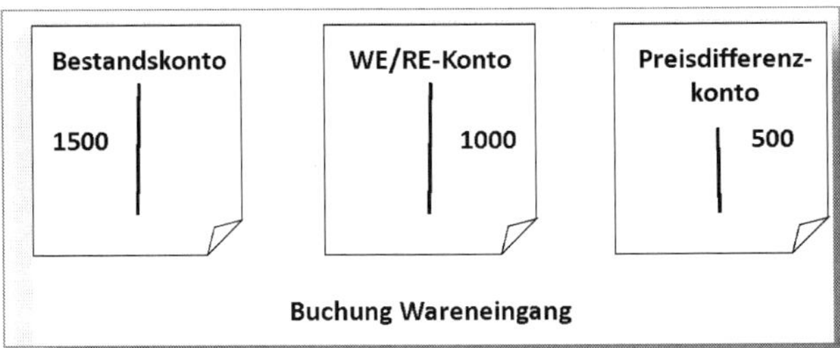

Abbildung 1.5: Buchungen beim Wareneingang S-Preis

Bu...	Pos	BS	S	Konto	Bezeichnung	Betrag	Währg	St
1000	1	89		300000	Rohstoffe 1	1.500,00	EUR	
	2	96		191100	WE/RE-Verrech.Fremdb	1.000,00-	EUR	
	3	93		281000	Ertr. Preisd. Fremd.	500,00-	EUR	

Abbildung 1.6: Gebuchte Konten im SAP-Buchhaltungsbeleg

Das Bestandskonto wird mit **S-Preis × Menge** gebucht, das Wareneingangsverrechnungskonto mit dem tatsächlichen Wert aus der Bestellung. Noch einmal: Ein S-Preis verändert sich im Gegensatz zum V-Preis bei Wareneingängen **nicht**!

1.4.2 Der gleitende Durchschnittspreis (V-Preis)

Wird ein Material mit dem gleitenden Durchschnittspreis bewertet, so erfolgt jeder Wareneingang mit dem dazugehörenden Bestellpreis. Der V-Preis wird – anders als der S-Preis – angepasst. Der Gesamtbetrag des Wareneingangs wird dem Gesamtwert hinzugerechnet und durch den Gesamtbestand dividiert. Dadurch kann sich der V-Preis bei jedem Wareneingang ändern. Die Buchungen bei einem Wareneingang mit gleitendem Durchschnittspreis sehen bei Annahme übereinstimmender Werte (mit Ausnahme der Preissteuerung) gemäß Abbildung 1.7 und Abbildung 1.8 aus.

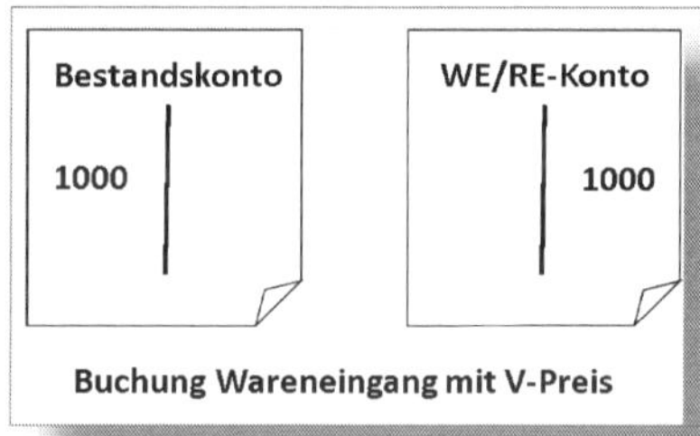

Abbildung 1.7: Gebuchte Konten bei V-Preis

Bu..	Pos	BS	S	Konto	Bezeichnung	Betrag	Währg	St
1000	1	89		300000	Rohstoffe 1	1.000,00	EUR	
	2	96		191100	WE/RE-Verrech.Fremdb	1.000,00-	EUR	

Abbildung 1.8: Kontenansicht bei V-Preis

Wie der gleitende Durchschnittspreis bei Wareneingängen und Rechnungen vom System jeweils neu berechnet wird, ist in Abbildung 1.9 zu erkennen.

Vorgang	Gesamtbestand	Gesamtwert	V-Preis	S-Preis
Lagerbestand	10	10,00 €	1,00 €	1,00 €
Wareneingang 10 St. á 2,00 €	20	30,00 €	1,50 €	1,00 €
Rechnungseingang 10 St. á 3,00 €	20	40,00 €	2,00 €	1,00 €

Abbildung 1.9: Änderungen des Bewertungspreises

Als Ausgangssituation liegen 10 Stück eines Materials auf Lager und sind mit einem Preis von 1,00 €/Stück bewertet. Der darauffolgende Wareneingang mit Bezug zu einer Bestellung mit einem Bestellpreis von 2,00 €/Stück erhöht den Gesamtbestand um 10 Stück und den Gesamtwert um 20,00 € auf 30,00 €. Ein S-Preis wird nicht angepasst, die Differenz beim S-Preis auf das Preisdifferenzkonto gebucht. Der V-Preis wird mit der Formel

```
Gesamtwert / Gesamtmenge = V-Preis
```

neu berechnet und beträgt nun 1,50 €, was bedeutet: Im Durchschnitt wurde für das Material 1,50 € bezahlt. In der späteren Rechnung wird aber ein Preis von 3,00 € für das Material ausgewiesen. Da ein Rechnungseingang nicht den Bestand, sondern lediglich den Bestandswert erhöht, lautet die Berechnung 40,00 €/20 Stück. Das Ergebnis von 2,00 € ist der neue gleitende Durchschnittspreis. Der Standardpreis bleibt weiterhin unverändert.

☛ Preissteuerung bei Bestandsaufnahmen

Wird eine Bestandsaufnahme mit der *Bewegungsart 561* durchgeführt, so erfolgt das Einbuchen des Materials mit dem aktuellen Bewertungspreis. Der gleitende Durchschnittspreis ändert sich hierdurch nicht.

Welche Preissteuerung im Materialstamm ausgewählt werden darf und ob diese als Vorschlags- oder Festwert definiert wurde, liegt an den Einstellungen zur Materialart im Customizing (siehe Abschnitt 12.7).

1.5 Bestandsarten

Bei Wareneingängen in das Lager kann in die Bestandsarten

- frei verwendbarer Bestand,
- Qualitätsprüfbestand und
- in den gesperrten Bestand

gebucht werden. Material im frei verwendbaren Bestand kann für alle Vorgänge ohne Einschränkungen verwendet werden. Bei Warenausgängen zur Produktion oder zum Vertrieb dürfen nur Materialien aus dem freien Bestand entnommen werden. Material im Qualitätsprüfbestand ist Material, das für die Disposition zur Verfügung steht, jedoch nicht für einen Verbrauch entnommen werden kann. Der gesperrte Bestand hingegen ist weder dispositiv verfügbar, noch ist eine Entnahme zur Weiterverwendung möglich. Der Einkäufer kann bereits auf dem Reiter LIEFERUNG in den Positionsdetails der Bestellung als Vorschlagswert vorgeben, in welche Bestandsart gebucht werden soll. Diese wird in der MIGO beim Wareneingang, sofern sie nicht geändert wird, übernommen (siehe Abbildung 1.10).

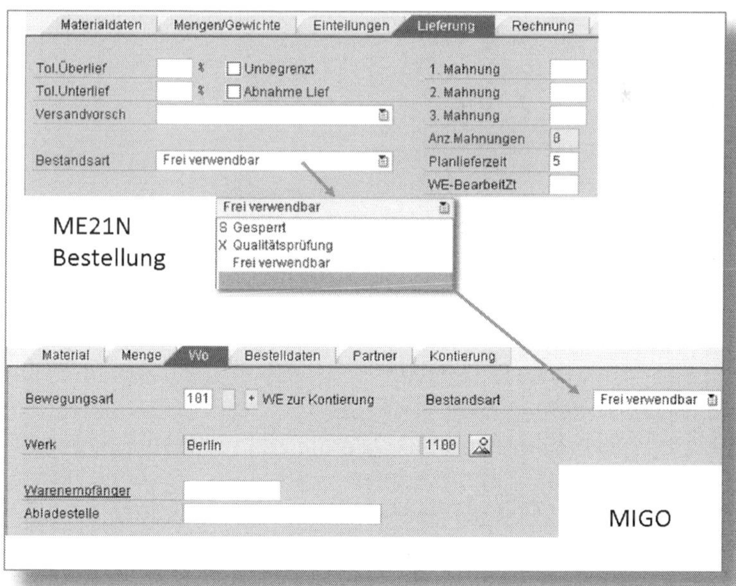

Abbildung 1.10: Vorschlagswert der Bestandsart Bestellung – Wareneingang

1.6 Transaktion MIGO

Mit der Transaktion MIGO können Warenbewegungen im Unternehmen erfasst, gebucht und angezeigt werden. Beim Buchen eines Vorgangs in der MIGO wird immer ein Materialbeleg erzeugt, der die Art der Materialbewegungen (Wareneingang, Umbuchungen etc.), die Menge und das Material (Materialnummer oder Kurztext) erfasst. Bei Wertänderungen wird zusätzlich ein Buchhaltungsbeleg erzeugt, der die Konten und Werte abbildet. Die MIGO ist in verschiedene Bildbereiche unterteilt (siehe Abbildung 1.11).

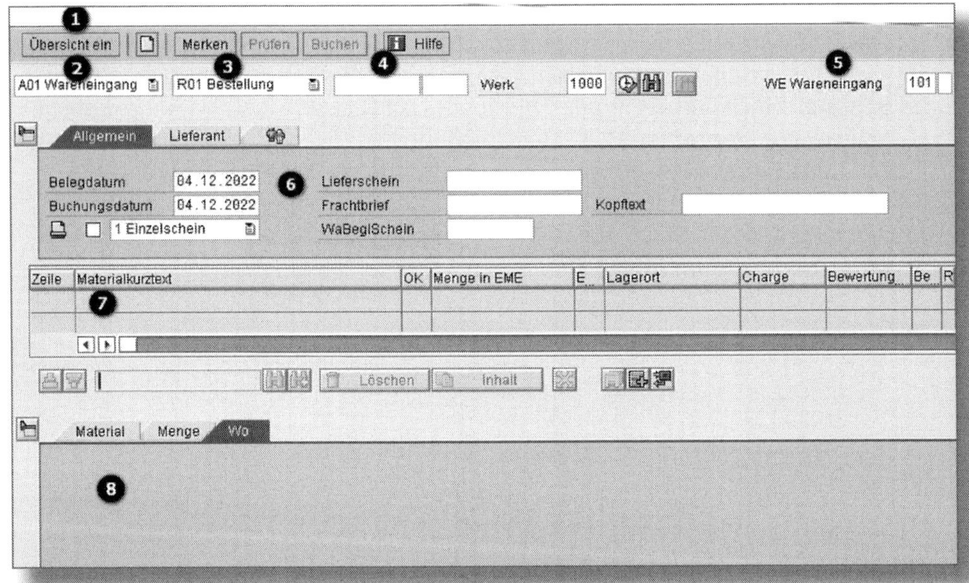

Abbildung 1.11: Aufbau der Transaktion MIGO

- Mit der Schaltfläche ÜBERSICHT EIN ❶ lässt sich der Übersichtsbaum auf der linken Seite der MIGO ein- und ausblenden. Der Übersichtsbaum zeigt jeweils die zehn letzten Belege aufgeschlüsselt nach Bestellungen, Aufträgen, Reservierungen, Materialbelegen und gemerkten Daten. Diese können direkt in die MIGO übernommen werden (siehe Abbildung 1.12).

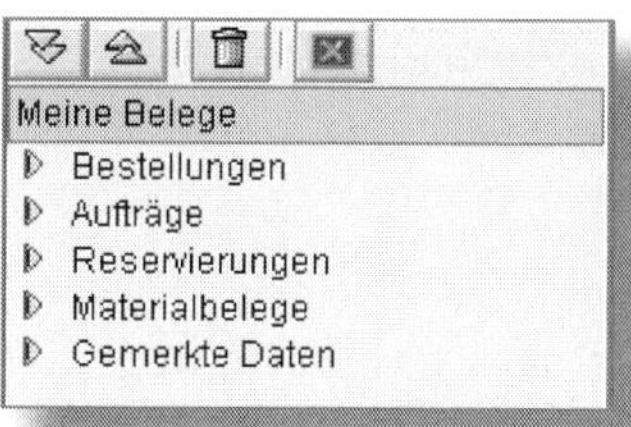

Abbildung 1.12: Belegübersicht in der MIGO

- Mit dem Vorgang ❷ in der MIGO wird ausgewählt, ob ein Wareneingang, Warenausgang, eine Umlagerung, ein Storno etc. erstellt werden soll.
- In der Referenz ❸ ist einzustellen, auf welche Vorgängerbelege man sich beziehen möchte: Bestellung, Reservierung, Lieferschein, Materialbeleg, Auslieferung etc. Welche Referenz zu dem jeweiligen Vorgang erlaubt ist, wird im Customizing der Materialwirtschaft unter EINSTELLUNGEN ZU ENJOYTRANSAKTIONEN hinterlegt (vgl. Abschnitt 12.1).
- Im Eingabefeld ❹ wird die jeweilige Vorgängerbelegnummer der Referenz eingegeben (Bestellnummer, Reservierungsnummer etc.). Ist die Nummer unbekannt, so kann mit der Suchfunktion über den Button (BELEG SUCHEN) der Vorgängerbeleg nach Selektionskriterien ermittelt werden.
- Über die BEWEGUNGSART ❺ wird die Art der Warenbewegung gesteuert. Sie besteht aus einem dreistelligen Schlüssel. Zum Standard zusätzlich benötigte Bewegungsarten können im Customizing erstellt werden.
- In den Kopfdaten der MIGO ❻ werden das Beleg- und Buchungsdatum gepflegt, allgemeine Daten wie Lieferscheinnummer bei einem Wareneingang zur Bestellung sowie Lieferantendaten. Je nach Art der Warenbewegung (Umlagerung, Umbuchung, Wareneingang, Warenausgang etc.) variiert der Bildaufbau der MIGO. Hierauf wird in den nachfolgenden Kapiteln eingegangen. Dieser Bildbereich kann, sofern er nicht benötigt wird, auf- Kopfdaten bzw. zugeklappt werden.

- Der Bereich ÜBERSICHT ❼ bildet die einzelnen Positionen des Belegs ab. Die Übersicht lässt sich im Gegensatz zu den Kopfdaten und Positionsdetails nicht ausblenden.
- In den Positionsdetails ❽ lassen sich je nach Vorgang/Bewegungsart auf unterschiedlichen Registerkarten Werte bzgl. der Warenbewegung pflegen, z. B. Kostenstelle, Lagerort, Menge, Material und weitere. Einige der Daten können sowohl in den Positionsdetails als auch in der Übersicht gepflegt werden. Diese werden wechselseitig übernommen, sodass keine doppelte Eingabe erforderlich ist. Wie schon die Kopfdaten, lassen sich auch die Detaildaten auf- [Detaildaten] und zuklappen.

Bearbeitung der Positionen in der MIGO

Sind zu einer Position in der MIGO die Detailangaben geöffnet, so lässt sich diese in der Positionsübersicht nicht ändern. Eine Änderung muss in den Positionsdetails vorgenommen werden. Schließt man die Positionsdetails, so ist eine Bearbeitung in der Übersicht wieder möglich.

Ist ein Beleg in der MIGO unvollständig oder fehlerhaft, so können über die Schaltfläche [Prüfen] Fehler- oder Warnmeldungen angesehen werden. Ist der Fehler nicht oder erst zu einem späteren Zeitpunkt zu klären, kann der Beleg »festgehalten« werden. Dies geschieht über die Schaltfläche [Merken]. Hierbei werden alle Fehler ignoriert und der Beleg gesichert. Eine Buchung erfolgt weder wert- noch mengenmäßig, und es wird auch kein Beleg erzeugt. Die gemerkten Daten können zu einem späteren Zeitpunkt wieder geöffnet werden. Dabei spielt es keine Rolle, ob sich der Benutzer zwischendurch vom System abmeldet; die Daten bleiben bis zum erneuten Aufruf in der MIGO erhalten. Die gemerkten Daten werden in der Übersicht (siehe Abbildung 1.13) angezeigt und verschwinden beim Aufruf mittels Doppelklick wieder aus der Übersicht. Sollen die Daten ohne Belegbuchung weiterhin verfügbar sein, so müssen sie erneut »gemerkt« werden. Die Beschreibung, unter der die gemerkten Daten angezeigt werden, ist frei wählbar.

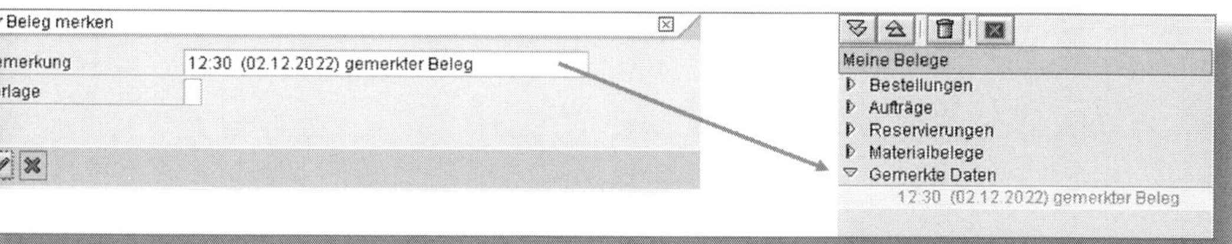

Abbildung 1.13: Daten merken

Sollen die gemerkten Daten bei Aufruf nicht aus der Übersicht gelöscht werden, so muss der Beleg als *Vorlage* abgelegt werden. Im Feld VORLAGE muss hierfür ein *X* gesetzt werden. In der Übersicht ist eine derartige Vorlage am vorangestellten Sternsymbol zu erkennen (siehe Abbildung 1.14). Dies ist beispielsweise für wiederkehrende Materialbewegungen sinnvoll, bei denen lediglich unterschiedliche Mengen gebucht werden. Die Vorlage wird aufgerufen, die Menge ergänzt und der Beleg gebucht. Alle weiteren Daten können aus der Vorlage übernommen werden.

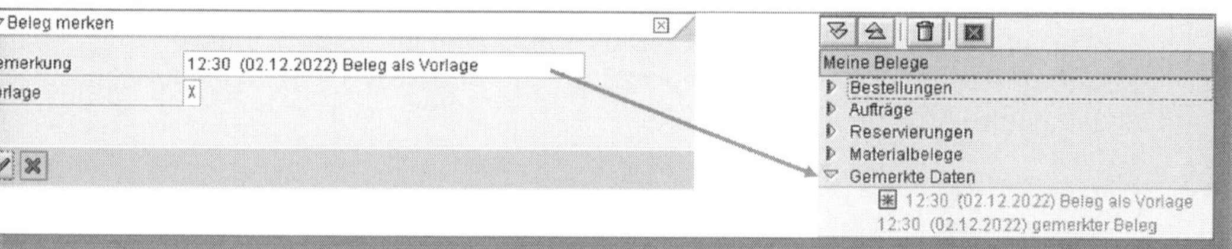

Abbildung 1.14: Vorlage in der MIGO

Vorlagen und gemerkte Daten, für die es keine Verwendung mehr gibt, können gelöscht werden. Die entsprechenden Zeilen werden in der Übersicht markiert und mit dem Löschbutton entfernt. Sollen die gemerkten Daten von einem anderen Benutzer gelöscht werden, so selektiert dieser in der Transaktion MBPM – VERWALTUNG GEMERKTER DATEN (BESTANDSFÜHRUNG) den Nutzer, der die Daten gemerkt hat, sowie den Zeitraum, in dem die Daten abgelegt wurden, und erhält daraufhin eine Liste der gemerkten Daten. Die einzelnen Datensätze kann er nun markieren und löschen (siehe Abbildung 1.15).

Abbildung 1.15: Löschen gemerkter Daten und Vorlagen

Um einen Beleg in der MIGO erneut aufzurufen, wird der Vorgang A04 ANZEIGEN gewählt. Als Referenz steht nun nur der Materialbeleg zur Verfügung. Über den Reiter BELEGINFO im Kopf der MIGO stehen der Erfasser, das Belegdatum und die Uhrzeit sowie eine Verknüpfung zu den im Rechnungswesen erzeugten Belegen inklusive deren Buchungen (siehe Abbildung 1.16).

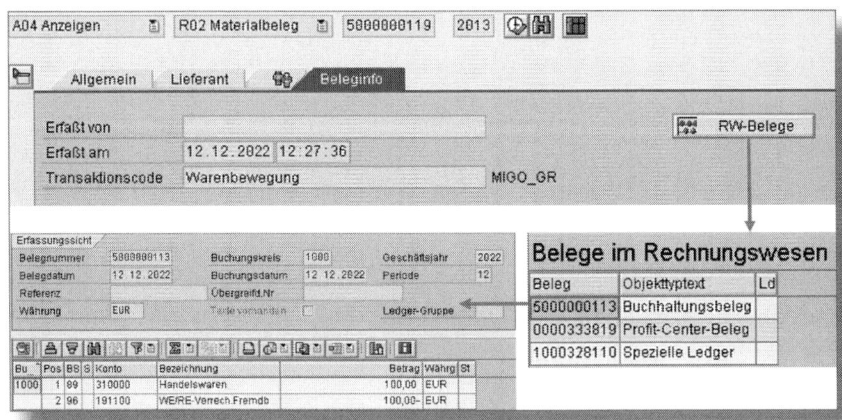

Abbildung 1.16: Aufruf Buchhaltungsbeleg in der MIGO

1.7 Bewegungsart

Die Bewegungsart wird durch einen dreistelligen Schlüssel charakterisiert, der für die Art der Warenbewegung verantwortlich ist. Aufgrund von Einstellungen im Customizing (siehe Abschnitt 12.2) schlägt das System eine Bewegungsart vor, die jedoch geändert werden kann. Sie steuert den Bildaufbau und die Feldauswahl, d. h., je nach gewählter Bewegungsart stehen unterschiedliche Felder zur Verfügung oder müssen ausgefüllt werden.

! Ändern der Bewegungsart in der MIGO

Wird die Bewegungsart nachträglich im Kopf der MIGO geändert, gilt diese Einstellung immer nur für neu zu erfassende Positionen. Bei bereits vorhandenen Positionen muss die Bewegungsart dann nachträglich angepasst werden.

Unabhängig von den im Customizing eingestellten Vorschlagswerten hat jeder Nutzer die Möglichkeit, direkt in der MIGO eigene Vorschlagswerte zu pflegen. Diese sind benutzerbezogen und gegenüber den Einstellungen im Customizing priorisiert. Zu den Vorschlagswerten gelangt man in der MIGO unter EINSTELLUNGEN • VORSCHLAGSWERTE. Hier lassen sich nicht nur Vorschlagswerte der Bewegungsart in Abhängigkeit von der Kombination aus Vorgang (AKTION) und REFERENZDOKUMENT pflegen (siehe Abbildung 1.17), sondern auch die folgenden Werte:

- LAGERORT
- WERK
- POSITION (OK-Häkchen)
- Sonderbestandskennzeichen (So)
- ALLGEMEINE EINSTELLUNGEN

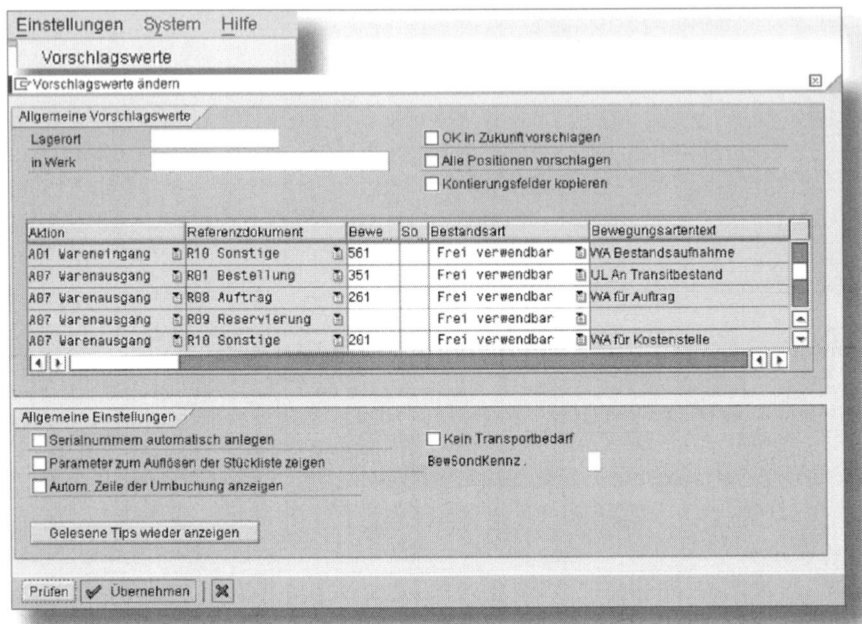

Abbildung 1.17: Vorschlagswerte in der MIGO

Bucht man beispielsweise immer im gleichen Werk oder hat viele Warenbuchungen in demselben Lagerort, so lassen sich diese Angaben als Vorschlagswerte einpflegen, woraufhin sie automatisch in die Belege übernommen werden. Eine Eingabe der Werte je Position muss nicht mehr erfolgen. Selbstverständlich sind die Werte bei der Eingabe änderbar. Mit dem Sonderbestandskennzeichen direkt rechts von der Bewegungsart kann das Material separat vom normalen Lagerbestand erfasst werden. Sonderbestände können Konsignationsbestand, Projektbestand, Kundenleihgut und andere sein. Diese werden im Kapitel 8 behandelt.

1.8 Wareneingang in das Lager

Bei einer Fremdbeschaffung (Einkauf) liegt der Wareneingang im Beschaffungsprozess zwischen der Bestellung und der Rechnungsprüfung. In speziellen Fällen kann auf einen Wareneingang verzichtet werden (z. B. bei einem Rechnungsplan), oder er ist gar nicht möglich (etwa bei einer Limitbestellung).

Literaturtipp

Nähere Informationen zum Rechnungsplan finden Sie in meinem Buch »Rechnungsprüfung mit SAP ERP (MM)« (Espresso Tutorials, 2. Auflage, 2022).

Im SAP-System wird zwischen verschiedenen Arten des Wareneingangs unterschieden:

- Wareneingang mit Bezug
- Wareneingang ohne Bezug
- Bewerteter Wareneingang
- Unbewerteter Wareneingang
- Wareneingang in den Wareneingangssperrbestand
- Kostenlose Lieferung

1.8.1 Wareneingang mit Bezug

Der am häufigsten gebuchte Wareneingang ist der mit Bezug zu einer Bestellung des Einkaufs oder zu einem Fertigungsauftrag aus der Produktion. Wird der Wareneingang mit Bezug zu einem Vorgängerbeleg erzeugt, werden die wichtigsten Daten für den Wareneingang übernommen, sofern sie in der Bestellung/im Fertigungsauftrag gepflegt wurden. Im Folgenden nehmen wir exemplarisch einen Wareneingang mit Bezug zu einer Bestellung an. Die Vorteile eines Wareneingangs mit Bezug sind die schnellere Eingabe und die Vermeidung von Erfassungsfehlern. Um einen Wareneingang durchzuführen, wird der Vorgang in Kombination mit einem Referenzbeleg ausgewählt. Beim Wareneingang zur Bestellung sind folgende Prüfungen vom Erfasser vorzunehmen:

- Wurde das bestellte Material geliefert?
- Wurde die bestellte Menge innerhalb der Toleranzgrenzen (vgl. Abschnitt 6.1 ff.) geliefert?
- Ist die Mindesthaltbarkeit noch ausreichend (vgl. Abschnitt 6.5)?

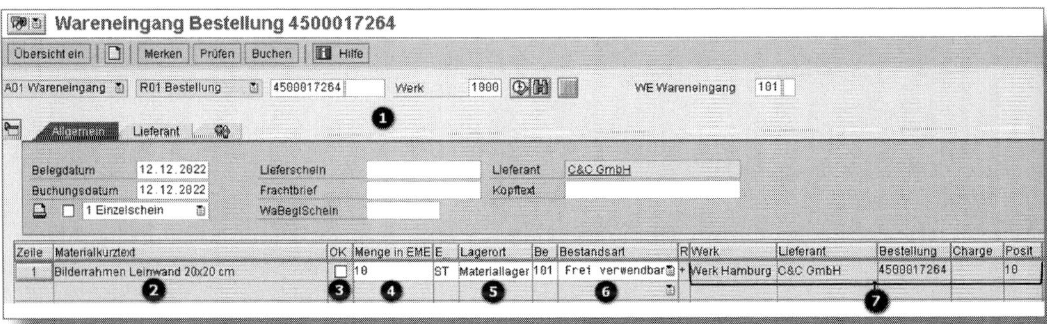

Abbildung 1.18: Eingaben beim Wareneingang zur Bestellung

Abbildung 1.18 zeigt die nachfolgend beschriebenen und vorzunehmenden Eingaben bei einer Wareneingangsbuchung mit Bezug zur Bestellung:

- Der Vorgang mit Referenz (hier *R01 Bestellung*), Referenznummer (*4500017264*) und das WERK werden eingegeben, die Bewegungsart (WE WARENEINGANG 101) wird vom SAP-System vorgeschlagen ❶.
- Das MATERIAL ❷ wird aus dem Vorgängerbeleg (hier Bestellung) übernommen.
- Das OK-Kennzeichen ❸ für Positionen muss aktiviert werden, um den Wareneingang buchen zu können. Erst so ist es möglich, unter den vorgeschlagenen Positionen eine Auswahl zu treffen. Ist keine Position markiert, erfolgt eine Fehlermeldung, ein Wareneingang ist nicht möglich (siehe Abbildung 1.19). Die Aktivierung kann sowohl in der Positionsübersicht als auch in den Positionsdetails vorgenommen werden.

- In ❹ wird die MENGE des zu erfassenden Wareneingangs eingetragen. Ist die einzubuchende Menge höher oder niedriger als der Vorschlagswert, wird dieser manuell angepasst. Sollte für diese Position bereits eine Teillieferung gebucht sein, so schlägt das System nur noch die offene Menge (Bestellmenge minus bereits erfasste Menge) vor. Ob bei Über- oder Unterlieferung ein Wareneingang gebucht werden kann, hängt von den in der Bestellung gepflegten Toleranzgrenzen (vgl. Kapitel 6) ab.
- Soll ein Wareneingang ins Lager erfolgen, muss zunächst der LAGERORT erfasst werden ❺, auf dem das Material mengenmäßig bestandsgeführt werden soll (Ausnahmen wie Nichtlagermaterial vgl. Abschnitt 7.2.2).
- SAP unterscheidet bei Materialien drei verschiedene BESTANDSARTEN ❻: *frei verwendbarer Bestand, Qualitätsprüfbestand* und *gesperrter Bestand*. Diese Differenzierung regelt die Möglichkeiten der Materialverwendung und wurde in Abschnitt 1.5 näher beschrieben.
- Die weiteren Werte in der Abbildung werden von der Bestellung übernommen. Mit einem Doppelklick kann man direkt in die Bestellung oder Stammdaten verzweigen. Reihenfolge und Breite der Spalten können per Drag-and-drop individuell gestaltet werden.

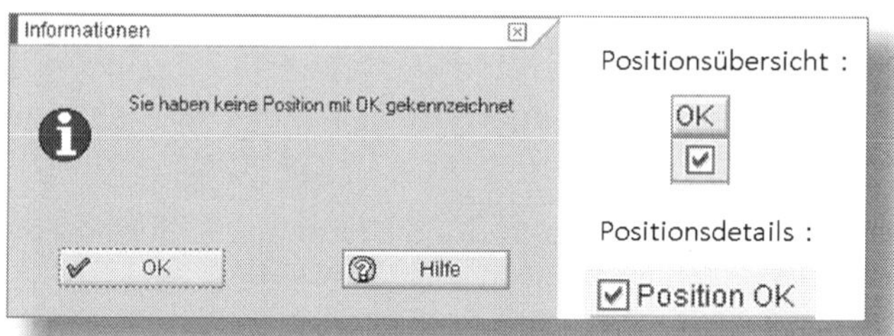

Abbildung 1.19: Setzen des OK-Kennzeichens

Nach allen Eingaben kann der Beleg gemerkt, geprüft oder gebucht werden.

Bei der Erfassung des Wareneingangs mit Bezug wird beim Buchen der Vorgängerbeleg fortgeschrieben. Im Fall der Bestellung kann der Einkäufer im Reiter Bestellentwicklung in den Positionsdetails verfolgen, ob bereits ein Wareneingang zur Bestellposition erfolgte und mit welchen Mengen. Der Reiter Bestellentwicklung ist in der Bestellung erst zu sehen, nachdem ein Wareneingang zur entsprechenden Position gebucht wurde (siehe Abbildung 1.20).

Ku	BwA	Materialbeleg	Pos	Buch.dat	Σ	Menge	Bezugsnebenkosten	BME	Σ	Betrag Hauswähr	HWähr	Σ	Menge in BPME	BNK-Menge in BPME	Be	Σ
WE	101	5000000119	1	12.12.2022		10	0	ST		100,00	EUR		10	0	ST	
Vorgang Wareneingang					•	**10**		**ST**	•	**100,00**	**EUR**	•	**10**		**ST**	•

Abbildung 1.20: Bestellentwicklung nach dem Wareneingang

Beim Wareneingang wird immer ein Materialbeleg erzeugt, mit dem der Beleg in der MIGO erneut angezeigt werden kann. Wird der Wareneingang als *bewerteter Wareneingang* in das Lager oder in den Verbrauch gebucht, wird zusätzlich ein Buchhaltungsbeleg erzeugt.

1.8.2 Wareneingang ohne Bezug

Ein Wareneingang ohne Bezug kann verschiedene Ursachen haben. Ich werde exemplarisch die beiden folgenden Fälle behandeln:

- Der Lieferant sendet zusätzlich eine nicht bestellte Position als Draufgabe (z. B.: Bei Bestellungen über 100,00 € gibt es eine Flasche Wein gratis).
- Bei Ankauf eines Lagers werden noch brauchbare Materialien gefunden. Diese sollen im System erfasst werden.

Im ersten Fall wird ein Wareneingang mit Bezug zu einer Bestellung erfasst. Da beim Wareneingang eine zusätzliche Position vorhanden ist, wird diese auf den gleichen Beleg gebucht, wobei eine weitere Position hinzugefügt wird. Über das Icon Nicht bestellte Positionen lässt sich in der MIGO eine neue Position freischalten, in deren Details

Eingaben zu Material, Menge, Lagerort etc. vorgenommen werden. Sie sehen das Icon in Abbildung 1.21 zwischen der Positionsübersicht und den Positionsdetails. Als BEWEGUNGSART schlägt das System im Standard die BWA *501* WA EINGANG OHNE BESTELLUNG vor.

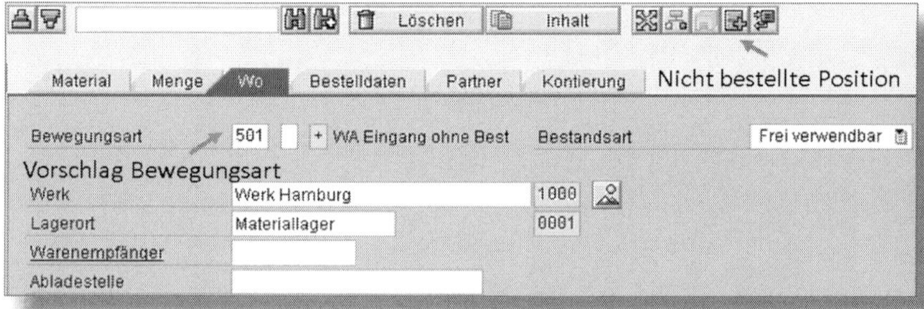

Abbildung 1.21: Erfassen einer nicht bestellten Position

Die Buchungen zum Material sind dieselben wie bei den bestellten Positionen.

Im zweiten Fall soll Ware bei Übernahme eines Lagers in unseren Bestand gebucht werden. Auch hier wird als VORGANG der WARENEINGANG gewählt, als REFERENZ jedoch SONSTIGE. Die Vorschlagsbewegungsart ist die BWA *561* BESTANDSAUFNAHME (siehe Abbildung 1.22).

Abbildung 1.22: Wareneingang – Bestandsaufnahme BWA 561

Die Erfassung erfolgt wie zuvor mit Material, Menge, Zugangslagerort etc. Der Wareneingang wird, da kein Preis durch eine Bestellung bekannt ist, mit dem aktuellen Bestandswert aus dem Materialstammsatz – SICHT BUCHHALTUNG 1 gebucht (siehe Abbildung 1.23): 10 St. zu je 10,00 € BESTANDSAUFNAHME.

Bu...	Pos	BS	S	Konto	Bezeichnung	Betrag	Währg
1000	1	89		310000	Handelswaren	100,00	EUR
	2	91		399999	Bestandsaufnahme	100,00-	EUR

Aktuelle Bewertung

Bewertungsklasse	3100		
BKl.Kundenauftragsb.		BKl. Projektbestand	
Preissteuerung	V	Preiseinheit	1
Gleitender Preis	10,00	Standardpreis	0,00
Gesamtbestand	10	Gesamtwert	100,00

Abbildung 1.23: Buchungen bei der Bestandsaufnahme

1.8.3 Bewerteter Wareneingang

Wird ein bestelltes Material beim Wareneingang in das Lager gebucht, gibt es zwei Möglichkeiten, diesen Wareneingang buchhalterisch zu erfassen. Beim *bewerteten Wareneingang* (z. B. BWA 101 WARENEINGANG ZUR BESTELLUNG INS LAGER) wird das Material wertmäßig auf das Bestandskonto gebucht. Als Gegenbuchung wird das Wareneingangsverrechnungskonto (WE/RE-Konto) ermittelt, das bei der Rechnungserfassung mit dem Kreditorenkonto ausgeglichen wird. Bei der Zahlung durch FI werden wiederum das Kreditorenkonto und Bank/Kasse gebucht. Nach diesen Buchungen hat der Bestandswert zugenommen, die Bank/Kasse entsprechend abgenommen (siehe Abbildung 1.24).

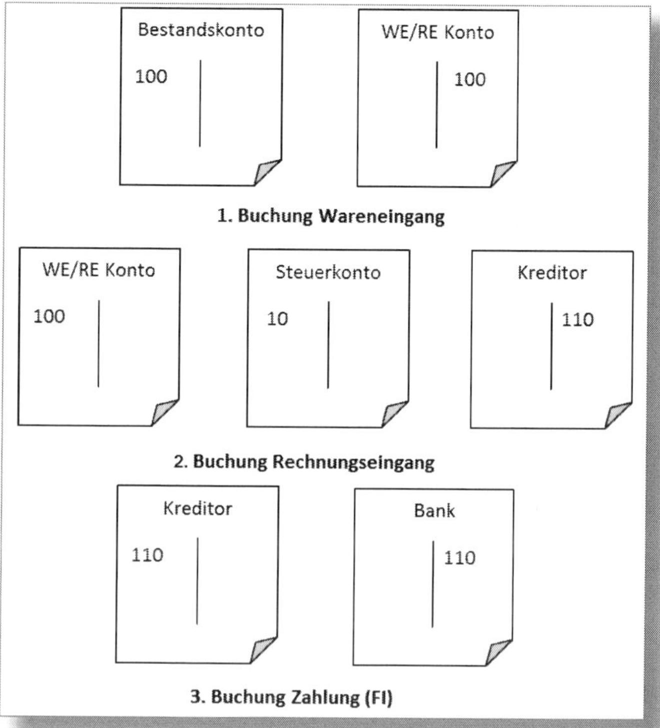

Abbildung 1.24: Buchungen von Lagermaterial beim bewerteten Wareneingang

Auf eine Darstellung der Steuerkonten bei der Rechnungsbuchung wird im Rahmen dieses Buches verzichtet. Eine ausführliche Darstellung dazu finden Sie ebenfalls im oben erwähnten Buch »SAP-Rechnungsprüfung mit SAP ERP (MM)«.

! Wareneingang ins Lager

Möchten Sie mit einem Wareneingang auf das Bestandskonto (Lagermaterial) buchen, so ist dies nur als bewerteter Wareneingang möglich.

Bei einer Buchung von Material direkt in den Verbrauch (durch eine kontierte Bestellung) wird anstelle des Bestandskontos ein Verbrauchskonto gebucht. Die weiteren Buchungen sind identisch (siehe Abbildung 1.25). Weicht der Preis in der Rechnung von der Bestellung und dem darauffolgendem Wareneingang ab, so wird je nach Preissteuerung (V-Preis oder S-Preis) bei der Rechnungsprüfung zusätzlich das Bestandskonto oder das Preisdifferenzkonto gebucht.

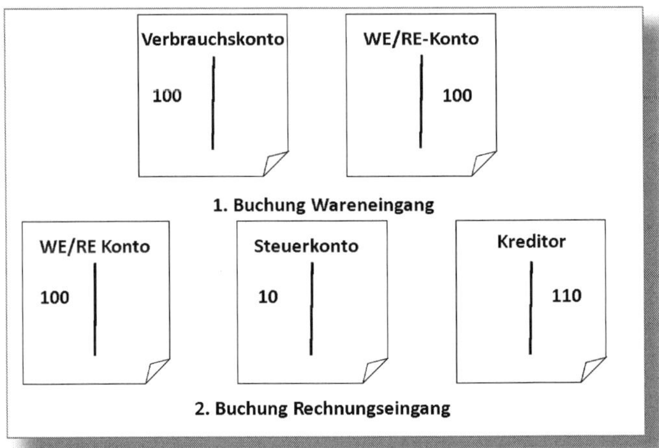

Abbildung 1.25: Buchungen von Verbrauchsmaterial beim bewerteten Wareneingang

Verbrauchsmaterial

Ein Lagermaterial wird automatisch zum Verbrauchsmaterial, wenn in der Bestellung über den Kontierungstyp eine Kontierung gepflegt wird (Kostenstelle, Auftrag, PSP-Element usw.)

! Bestellungen ohne Materialstamm

Bestellungen, die in den Positionen nur mit Kurztext erstellt werden (ohne Materialnummer), sind generell zu kontieren und damit Verbrauchsmaterial.

1.8.4 Unbewerteter Wareneingang

Soll ein Wareneingang unbewertet erfolgen, bedeutet dies nicht, dass das Material nicht bezahlt werden muss oder eine Wertfortschreibung nicht stattfindet. Dies wäre nur bei einer kostenlosen Lieferung bzw. bei einem unbewerteten Material der Fall, welches über die Materialart gesteuert wird (vgl. Abschnitt 7.1.2). Bei einem *unbewerteten Wareneingang* wird lediglich die Buchung in FI erst beim Rechnungseingang erstellt, beim Wareneingang finden keine wertmäßigen Buchungen statt. Das WE/RE-Konto wird demnach nicht benötigt (vgl. Abbildung 1.26). Eine mengenmäßige Fortschreibung sowie ein Materialbeleg werden selbstverständlich erzeugt.

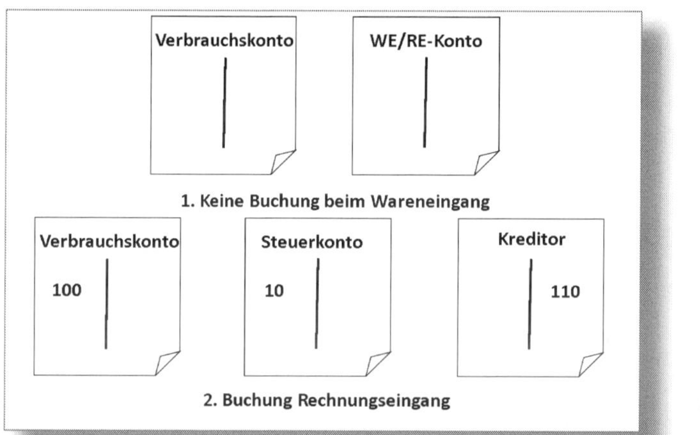

Abbildung 1.26: Buchungen beim unbewerteten Wareneingang

Die Einstellung, dass ein Wareneingang unbewertet gebucht werden soll, findet sich in den Positionsdetails der Bestellung auf dem Reiter LIEFERUNG. Wie in Abbildung 1.27 zu sehen, kann ausgewählt werden, ob ein Wareneingang stattfinden und ob dieser unbewertet erfolgen soll. Um diese Auswahl treffen zu können, muss die jeweilige Position in der Bestellung kontiert sein.

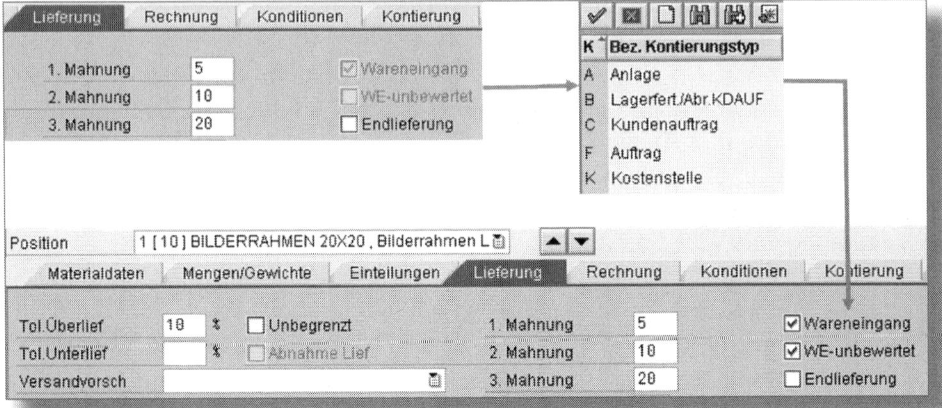

Abbildung 1.27: Einstellungen in der Bestellung

In Abbildung 1.28 finden Sie die Unterschiede zwischen einem bewerteten bzw. unbewerteten Wareneingang nochmals tabellarisch gegenübergestellt.

	Lagermaterial	**Verbrauchsmaterial**	
Wareneingang	bewertet	bewertet	Unbewertet oder kein WE
FI-Buchung beim Wareneingang	Bestandskonto	Verbrauchskonto	**Keine Buchungen**
FI-Buchung bei der Rechnungsprüfung	**Bestandskonto bei Preisabweichung**	**Verbrauchskonto bei Preisabweichung**	Verbrauchskonto

Abbildung 1.28: Buchungen beim Wareneingang

1.8.5 Kostenlose Lieferung

Wird ein Material als Muster nicht berechnet, oder erhält man eine Lieferung ohne Rechnung, so wird dies als *kostenlose Lieferung* in einer eigenständigen Position erfasst. Die entsprechende Bewegungsart ist die 511 EINGANG KOSTENLOSE LIEFERUNG. Im Standard werden die beiden Felder LIEFERANT und TEXT zu Pflichtfeldern (siehe Abbildung

1.29). Die Steuerung hierzu ist ebenfalls über die Bewegungsart im Customizing (siehe Abschnitt 12.2) einzustellen.

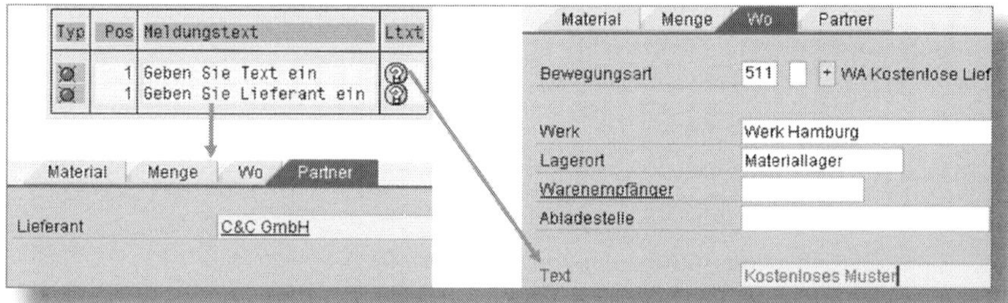

Abbildung 1.29: Pflichtfelder bei BWA 511 Kostenlose Lieferung

Im Feld TEXT kann ein beliebiger Inhalt eingegeben werden. Dieses Freitextfeld dient lediglich zu Informationszwecken.

Ob bei der kostenlosen Lieferung ein Buchhaltungsbeleg erzeugt wird oder nicht, wird von der Preissteuerung im Materialstamm bestimmt:

- Ist ein Material mit dem Standardpreis bewertet (siehe Abbildung 1.30), so wird ein Buchhaltungsbeleg in Höhe des Bewertungspreises multipliziert mit der Menge des Wareneingangs erzeugt. Als Gegenbuchung zum Bestandskonto wird das Preisdifferenzkonto ermittelt.

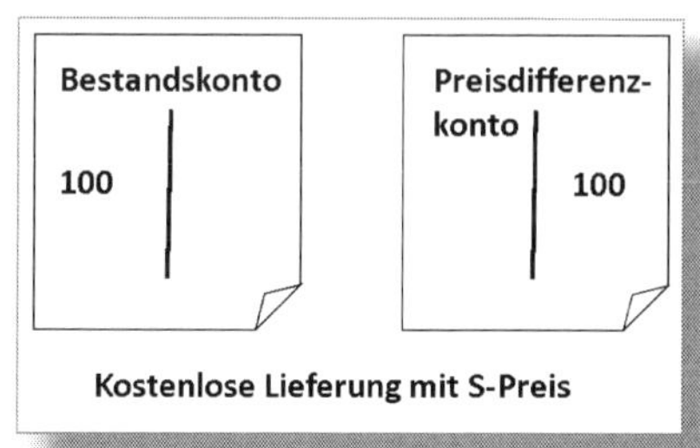

Abbildung 1.30: Buchungen, kostenlose Lieferung bei S-Preis

- Ist ein Material mit dem gleitenden Preis bewertet, so erfolgen keine wertmäßigen Buchungen. Der Gesamtwert des Materials bleibt bei steigender Gesamtmenge gleich. Dadurch sinkt der neu ermittelte V-Preis (siehe Abbildung 1.31).

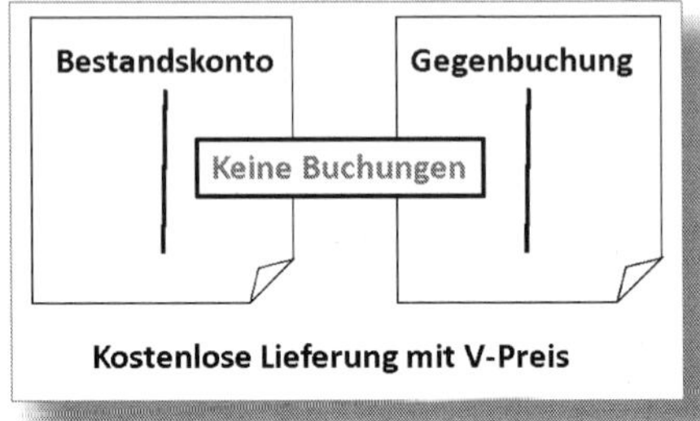

Abbildung 1.31: Keine Buchungen beim V-Preis

1.8.6 Wareneingangssperrbestand

Wenn ein Wareneingang aus irgendeinem Grund aus dem Umlauf genommen werden soll, bietet SAP dafür zwei Arten von Sperrbeständen:

1. unbewerteten und
2. bewerteten Wareneingangssperrbestand.

Soll eine Ware nur unter Vorbehalt angenommen werden, weil die Verpackung durch den Transport beschädigt wurde oder man sich nicht sicher ist, ob das wirklich die richtige Lieferung ist, so kann man den Wareneingang im *unbewerteten Sperrbestand* erfassen. Das Material geht bei der Buchung nicht in den eigenen Bestand über. Daher erfolgt bei der Buchung in den Wareneingangssperrbestand auch keine FI-Buchung, und die Buchung bleibt unbewertet. Der erzeugte Materialbeleg beim Wareneingang dient lediglich als Nachweis über den Verbleib der Ware. Die Bestellentwicklung wird dennoch fortgeschrieben, damit der Einkäufer weiß, dass die Ware bereits geliefert wurde, über die Annahme aber noch separat entschieden wird. Mit der Bewegungsart 103 WARENEINGANG ZUR BESTELLUNG IN DEN WE-SPERRBESTAND wird das Material gebucht. Eine Eingabe des Lagerorts ist nicht erforderlich. In der Transaktion MMBE BESTANDSÜBERSICHT erkennt man 10 Stück im WE-SPERRBESTAND. Der Bestellbestand von ebenfalls 10 Stück wird nicht verringert (siehe Abbildung 1.32).

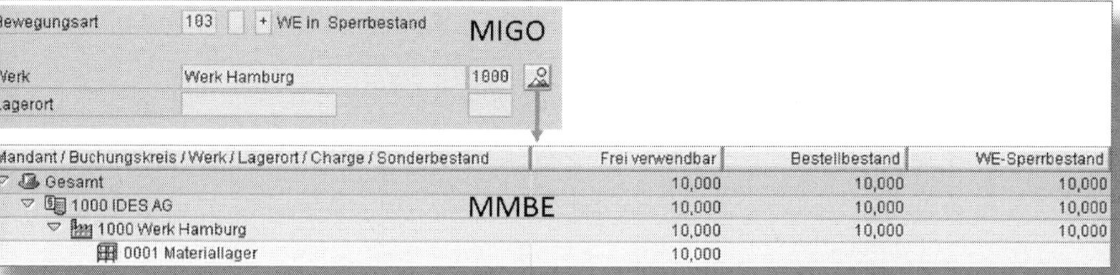

Abbildung 1.32: Buchen in den unbewerteten WE-Sperrbestand

Mit der Entscheidung, dass das Material angenommen wird, erfolgt die Buchung über die Bewegungsart 105 FREIGEBEN DES WE-SPERRBESTANDES FÜR DAS LAGER. Dazu wird als Vorgang A05 WE-SPERRBESTAND FREIGEBEN und als Referenz der Materialbeleg mit der Buchung in den Sperrbestand gewählt. Daraufhin ermittelt das System automatisch die Bewegungsart 105. Die anschließende Freigabe kann in alle drei Bestandsarten (frei verwendbar, Qualitätsprüfbestand oder gesperrter Bestand – siehe Abschnitt 1.5) erfolgen. Mit dem Buchen der Freigabe wird das Material zugleich in den eigenen Bestand gebucht (siehe Abbildung 1.33). Im Ergebnis ist zu erkennen: Der Bestellbestand verringert sich.

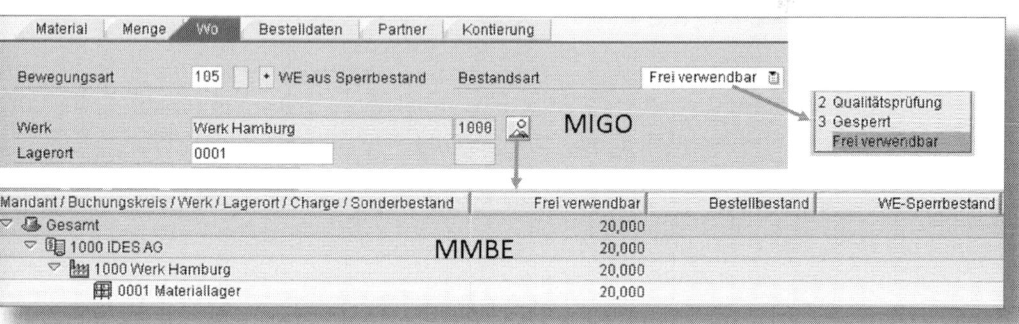

Abbildung 1.33: Freigeben aus dem WE-Sperrbestand

Im Unterschied zum unbewerteten Sperrbestand gibt es seit SAP ERP 6.0 die Möglichkeit, einen Wareneingang in den Bewerteten Wareneingangssperrbestand zu buchen. Dies geschieht, wenn die Abnahme der Lieferung direkt beim Lieferanten erfolgen soll. Das Material ist nun wertmäßig im eigenen Bestand, physisch allerdings noch beim Lieferanten. Dies hat den Vorteil, dass eine Rechnung bereits vor der Lieferung fakturiert werden kann. Um eine Abnahme beim Lieferanten durchführen zu können, muss in den Positionsdetails der Bestellung auf der Registerkarte Lieferung das Feld Abnahme Lieferant markiert werden (siehe Abbildung 1.34).

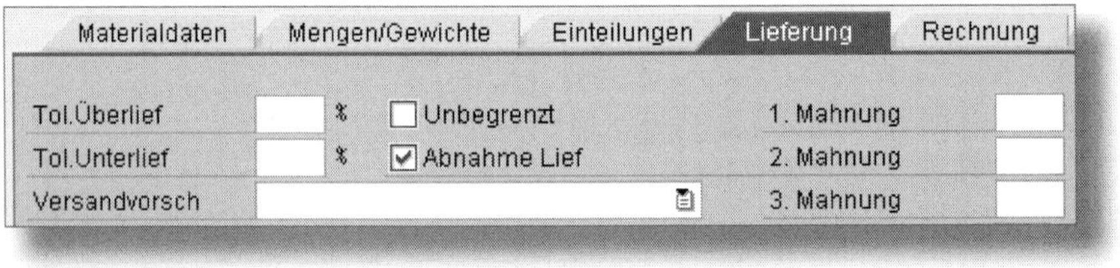

Abbildung 1.34: Kennzeichen »Abnahme Lief.« in der Bestellung

Beim Buchen des Wareneingangs mit der Bewegungsart 107 WE in den bewerteten Sperrbestand wird ein Buchhaltungsbeleg erzeugt und die Bestellentwicklung bewertet fortgeschrieben. In der Transaktion MMBE Bestandsübersicht ist der bewertete WE-Sperrbestand separat ausgewiesen (siehe Abbildung 1.35). Eine Eingabe des Lagerorts ist beim Buchen des Wareneingangs in diesem Fall nicht erforderlich.

Zur Auswertung, welche Waren sich im bewerteten Wareneingangssperrbestand befinden, dient der Report RM07MOA. In der Transaktion SA38 ausgeführt, selektiert man die gewünschten Daten. In Abbildung 1.36 werden zwei Positionen des Materials »Bilderrahmen« in der Anzeige ausgegeben: 10 Stück befinden sich im bewerteten Sperrbestand, 50 Stück im bewerteten Wareneingangssperrbestand mit Abnahme beim Lieferanten.

Abbildung 1.35: Auswirkungen BWA 107 Buchen in den bewerteten Wareneingangssperrbestand

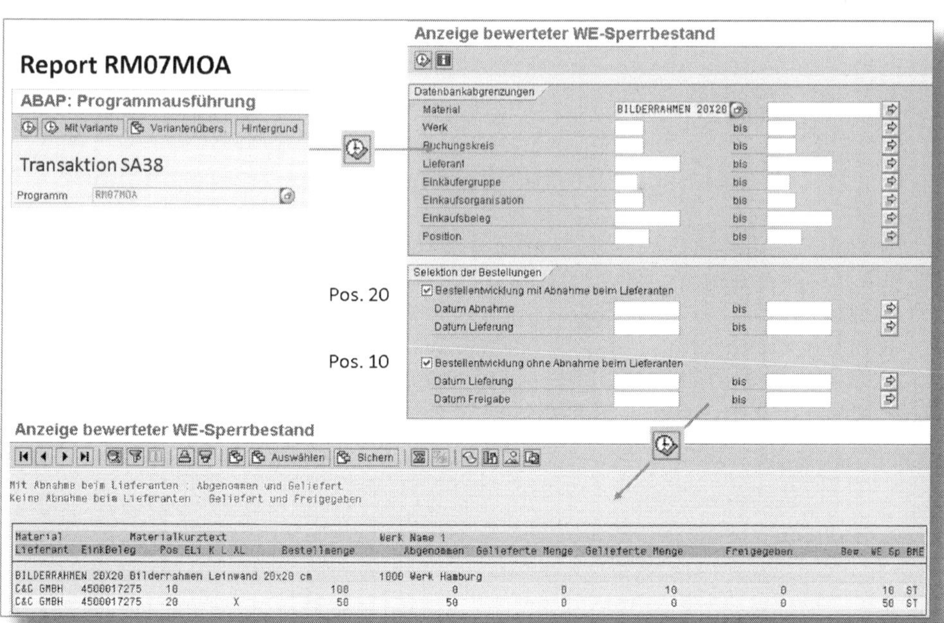

Abbildung 1.36: Report RM07MOA Anzeigen bewerteter WE-Sperrbestand

Die Freigabe des bewerteten erfolgt ähnlich wie die des unbewerteten Wareneingangssperrbestands. Als Bewegungsart hierfür ermittelt das SAP-System die 109 FREIGABE AUS DEM BEWERTETEN WE-SPERRBESTAND. Ein Buchhaltungsbeleg wird hier nicht mehr erzeugt, da die wertmäßige Buchung bereits beim Buchen in den bewerteten WE-Sperrbestand stattfand. In der Bestellentwicklung ist nun auch der Wareneingang mengenmäßig zu erkennen (siehe Abbildung 1.37).

Materialdaten | Mengen/Gewichte | Einteilungen | Lieferung | Rechnung | Konditionen | Kontierung | Bestellentwicklung

BwA	Materialbeleg	Pos	Buch.dat.	Menge	Bezugsnebenkosten	BME	Betrag Hauswähr	HWähr	Menge in BPME
109	5000000142	1	16.12.2022	10	0	ST	0,00	EUR	10
107	5000000138	1	16.12.2022	0	0	ST	100,00	EUR	0
rgang Wareneingang				10		ST	100,00	EUR	10

Abbildung 1.37: Bestellentwicklung nach Freigabe

Ob der bewertete Wareneingangssperrbestand beim Lieferanten abgenommen wurde oder nicht, hat auf die Bestellentwicklung keinen Einfluss.

1.9 Automatische Bestellerzeugung beim Wareneingang

Um einen vollständigen Beschaffungsprozess im SAP-System abzubilden, werden neben einer Bestellung der Wareneingang sowie die Rechnungsprüfung benötigt. Sollte nun ein Wareneingang ohne Bestellung erfolgen, diese jedoch nachträglich erwünscht sein, kann man die Bestellung unter den folgenden Voraussetzungen beim Wareneingang automatisch generieren lassen:

- Dem Werk ist eine Standardeinkaufsorganisation zugeordnet. (Customizing)
- Für die Bewegungsart ist eine automatische Bestellung zugelassen. (Customizing)
- Je Transaktion, mit der die automatische Bestellung ausgeführt werden soll, muss eine Belegart zugewiesen werden. (Customizing)

- Das Material muss bewertet sein. (Materialstamm)
- Ein Einkaufsinfosatz mit gültigen Konditionen für die Kombination Material/Lieferant/Standardeinkaufsorganisation muss existieren. (Infosatz)

Sind alle Voraussetzungen erfüllt, wird beim Buchen des Wareneingangs mit dem Vorgang WARENEINGANG und der Referenz BESTELLUNG automatisch die gewünschte Bestellung erzeugt. Die Positionen müssen wie in Abschnitt 1.8.2 (Wareneingang ohne Bezug) erfasst werden, jedoch mit den Bewegungsarten 101 WARENEINGANG ZUR BESTELLUNG oder 161 RETOURE ZUR BESTELLUNG. Dies sind im Standard die einzigen beiden Bewegungsarten, für die eine automatische Bestellung zugelassen ist. Die Pflichtfelder in einer Bestellung werden aus den verschiedenen Quellen gefüllt. Abbildung 1.38 soll Ihnen einen Überblick geben, woher die einzelnen Werte kommen.

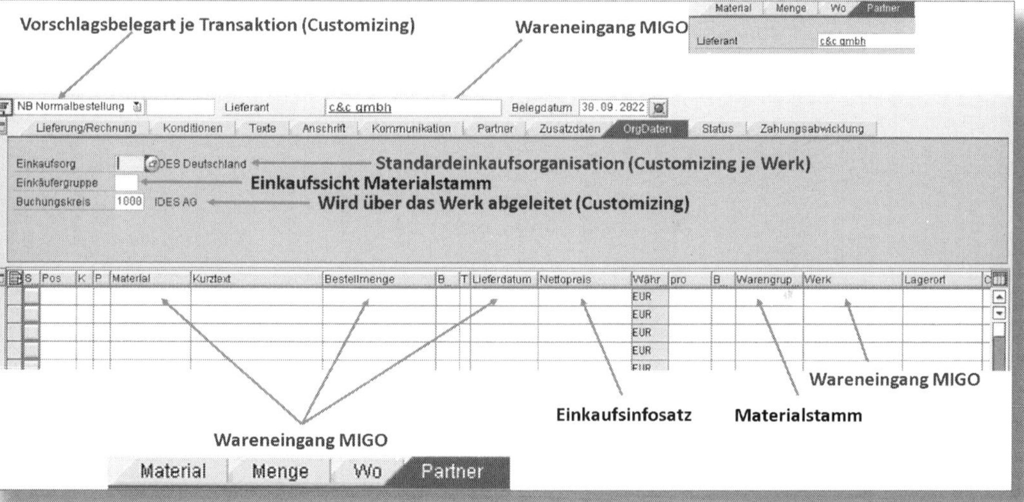

Abbildung 1.38: Herkunft der Werte in der Bestellung bei automatischer Bestellerzeugung

Wurde die Bestellung über den Wareneingang erzeugt, so wird die Bestellentwicklung mit dem gültigen Preis aus dem Einkaufsinfosatz fortgeschrieben. Eine Buchung in den Verbrauch oder den Wareneingangssperrbestand ist nicht möglich, als Lieferdatum wird das Wareneingangsdatum übernommen (Customizing siehe Abschnitt 12.5).

1.10 Warenausgang

Nachdem in den vorhergehenden Abschnitten der Wareneingang behandelt wurde, sollen im Folgenden die verschiedenen Formen des Warenausgangs erläutert werden. Wie bei den Wareneingängen ist auch im Warenausgang ein Erfassen mit und ohne Bezug auf verschiedene Arten möglich:

- Warenausgang zur Kostenstelle
- Warenausgang mit Bezug zu einer Stückliste
- Warenausgang zur Qualitätsprüfung
- Warenausgang zur Verschrottung
- Warenausgang zu einem Fertigungsauftrag
- Warenausgang mit Bezug zur Reservierung
- Geplanter Warenausgang
- Ungeplanter Warenausgang

Bei einem Warenausgang von bewertetem Lagermaterial wird immer ein Buchhaltungsbeleg erzeugt. Das Bestandskonto des Materials verringert sich, die Gegenbuchung ist abhängig von der Warenbewegung. Die Bewegungsart hat daher Einfluss auf die Kontenfindung (vgl. Kapitel 11). Bei einem Warenausgang ohne Bezug kann man nicht auf die Daten eines Vorgängerbelegs zurückgreifen, weshalb die Daten manuell in der MIGO gepflegt werden müssen. Als VORGANG wird der *Warenausgang*, als REFERENZ *Sonstiges* gewählt. Die Bewegungsart bestimmt nun, welche Art des Warenausgangs vorgenommen wird. Material, welches das Lager verlässt, muss immer aus dem FREI VERWENDBAREN BESTAND entnommen werden. Material aus dem GESPERRTEN BESTAND oder QUALITÄTSPRÜFBESTAND darf nur zu den Ausnahmen *Verschrottung* und *Entnahme für Stichprobe* (Qualitätsprüfung) entnommen werden (siehe Abbildung 1.39).

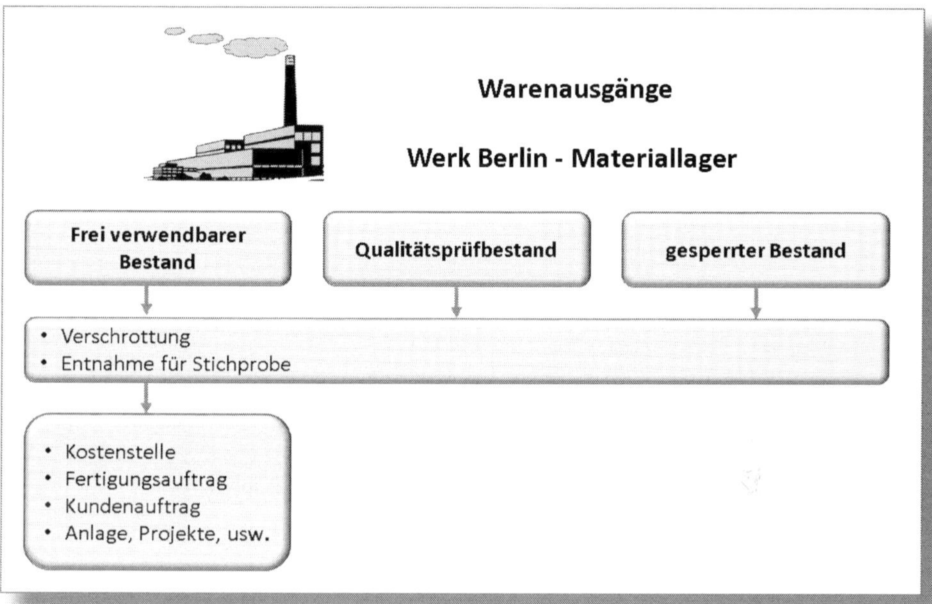

Abbildung 1.39: Warenausgänge aus den Bestandsarten

Um einen Warenausgang ohne Bezug durchführen zu können, muss nach der Bewegungsart in den Positionsdetails das Material mit Mengenangabe erfasst werden. Das Material wird im Feld MATERIALKURZTEXT als Materialnummer oder Kurztext eingegeben. Ist die genaue Materialbezeichnung oder Nummer nicht mehr bekannt, gibt man einen Teil ein und bestätigt die Eingabe mit `Enter`. Das System schlägt nun alle Materialien vor, in denen die Zeichenfolge vorkommt. Als weitere Pflichtfelder sind das WERK und der LAGERORT zu pflegen, aus denen das Material entnommen werden soll. Ist auf dem Lagerort nicht ausreichend Bestand vorhanden, erzeugt das System eine Fehlermeldung (siehe Abbildung 1.40) mit der fehlenden Differenzmenge zur geplanten Entnahme.

Typ	Pos	Meldungstext	Ltxt
	1	LG frei verwendbar um 420 ST unterschritten : BILDERRAHMEN 20X20 1000...	

Abbildung 1.40: Fehlermeldung »Lagerbestand unterschritten«

Über das Icon (MENGE VERTEILEN) kann die gewünschte Menge verschiedenen Lagerorten zur Entnahme zugeteilt werden (siehe Abbildung 1.41). Aus dieser Ansicht kann direkt in die Transaktion MMBE BESTANDSÜBERSICHT verzweigt werden, um zu sehen, wie viel Material in welchen Bestandsarten auf den einzelnen Lagerorten zur Verfügung steht. Hierfür ist der Button vorgesehen.

Abbildung 1.41: Menge verteilen in der MIGO

1.10.1 Warenausgänge zur Kostenstelle

Bei einem Warenausgang, bei dem eine Kostenstelle belastet werden soll, ist die Bewegungsart 201 WARENAUSGANG ZUR KOSTENSTELLE zu wählen. Bei Eingabe der BWA 201 wird das Feld KOSTENSTELLE in den Positionsdetails KONTIERUNG der MIGO zum Mussfeld (Customizing-Einstellungen siehe Abschnitt 12.2). Das Bestandskonto wird mit dem Verbrauchskonto der entsprechenden Kostenstelle ausgeglichen (siehe Abbildung 1.42), und der Verbrauch wird im Materialstamm in den Zusatzdaten Zusatzdaten fortgeschrieben. Das Fortschreiben des Verbrauchs ist für die Disposition von Bedeutung, falls ein Dispositionsverfahren gewählt wird, das die Bedarfe aufgrund der Prognose ermittelt. Über den Verbrauch in vergangenen Perioden wird der Bedarf der kommenden Perioden prognostiziert.

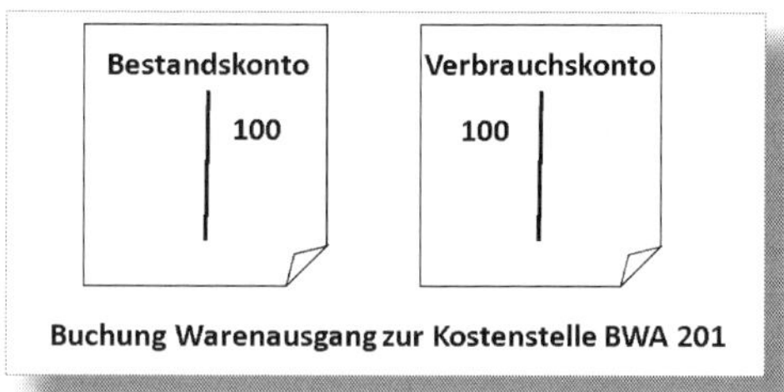

Abbildung 1.42: Buchungen Warenausgang zur Kostenstelle

1.10.2 Warenausgänge mit Bezug zur Reservierung

Wurde im SAP-System zunächst nur eine Reservierung angelegt (vgl. ausführliche Beschreibung zum Thema Reservierung in Kapitel 3) und soll das Material nun verwendet werden, wird der Warenausgang mit Bezug zur Reservierung gebucht. Durch die Reservierung als Vorgängerbeleg müssen die Materialdaten und Mengen nicht erneut eingegeben werden, Menge und Lagerort können aber nach Bedarf geändert werden. Als Vorgang wird der WARENAUSGANG und als Referenz RESERVIERUNG gewählt. Die Bewegungsart wird aus der Reservierung übernommen – diese ist, wie das Werk, nicht mehr änderbar. Wird nicht die gesamte Menge aus der Reservierung benötigt, gibt es auf dem Reiter RESERVIERUNG in den Positionsdetails der MIGO das Auswahlfeld ENDAUSGEFASST (siehe Abbildung 1.43). Dies bewirkt, ähnlich dem ENDGELIEFERT-Kennzeichen bei Wareneingängen (siehe Abschnitt 6.3), dass keine weitere Entnahme mit Bezug zur Reservierung erfolgen soll. Die Reservierung ist erledigt und kann gelöscht werden.

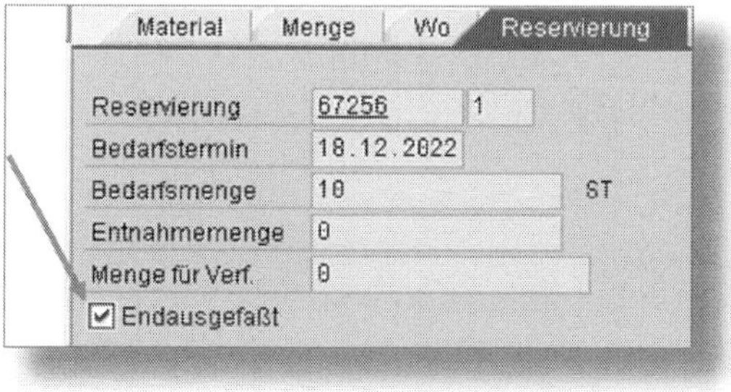

Abbildung 1.43: Kennzeichen »Endausgefaßt« in der MIGO

Möchte man zunächst nur einen Teil der Reservierung und den Rest erst zu einem späteren Zeitpunkt entnehmen, darf das ENDAUSGEFASST-Kennzeichen nicht gesetzt sein. In diesem Fall muss das Material innerhalb der VERWEILDAUER der Reservierung (vgl. Abschnitt 12.3) abgerufen werden, oder es ist ein neuer Bedarfstermin in der Reservierung zu pflegen. Bei einer Entnahme mit Bezug zur Reservierung ist darauf zu achten, dass das BEWEGUNG ERLAUBT-Kennzeichen in der Reservierung gesetzt ist. Anderenfalls entsteht beim Anlegen des Warenausgangbelegs eine Fehlermeldung (siehe Abbildung 1.44). Diese besagt, dass SAP keine auf die Reservierung bezogenen Positionen findet.

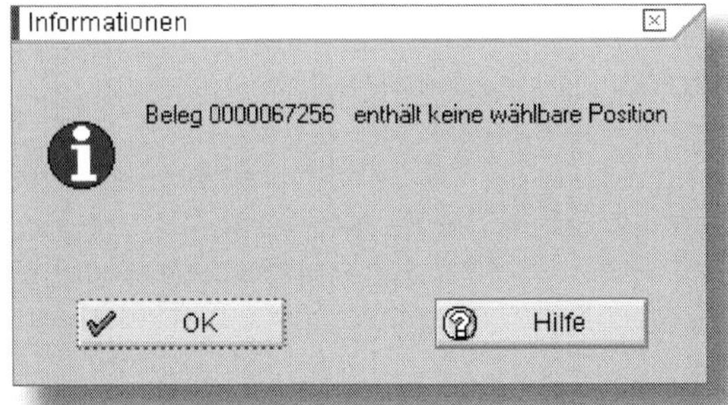

Abbildung 1.44: Meldung bei nicht gesetztem »Bewegung erlaubt«-Kennzeichen

Die Reservierung wird bei der Buchung – ebenso wie die Daten in der Disposition – fortgeschrieben, Material- und Buchhaltungsbelege werden nach denselben Regeln erstellt wie bei anderen Warenausgängen auch.

1.10.3 Warenausgänge mit Bezug zu einer Stückliste

Zu einem Material kann in SAP in der Transaktion CS01 STÜCKLISTE ANLEGEN eine Stückliste hinterlegt werden. Möchte man nun einen Warenausgang buchen, der nur Komponenten eines Materials beinhaltet, so muss man nicht die Stückliste einzeln eingeben, sondern kann über das Icon (STÜCKLISTE AUFLÖSEN) die einzelnen Komponenten in die

MIGO übernehmen. Abbildung 1.45 zeigt die Stückliste zur Herstellung eines Bilderrahmens.

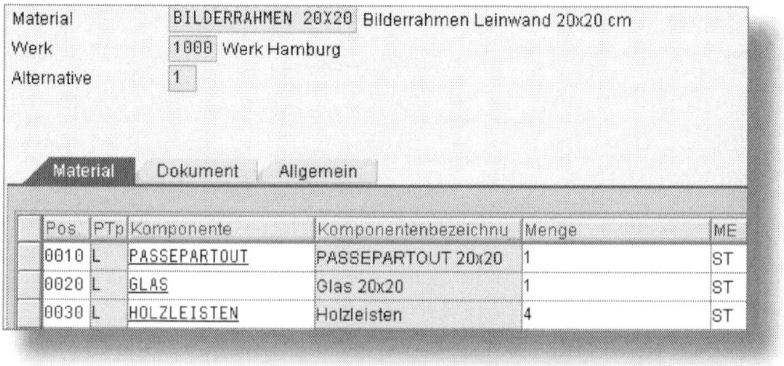

Material	BILDERRAHMEN 20X20	Bilderrahmen Leinwand 20x20 cm
Werk	1000	Werk Hamburg
Alternative	1	

Material | Dokument | Allgemein

Pos.	PTp	Komponente	Komponentenbezeichnu	Menge	ME
0010	L	PASSEPARTOUT	PASSEPARTOUT 20x20	1	ST
0020	L	GLAS	Glas 20x20	1	ST
0030	L	HOLZLEISTEN	Holzleisten	4	ST

Abbildung 1.45: Stückliste Bilderrahmen 20 × 20 cm

In der Stückliste ist zu erkennen, dass je Bilderrahmen 1 ST Passepartout, 1 ST Glas und 4 ST Holzleisten zur Herstellung benötigt werden. Ist dem Erfasser des Warenausgangs lediglich die Materialnummer des fertigen Bilderrahmens bekannt, erfasst er diesen in der MIGO zum Warenausgang und löst die Stückliste auf (siehe Abbildung 1.46).

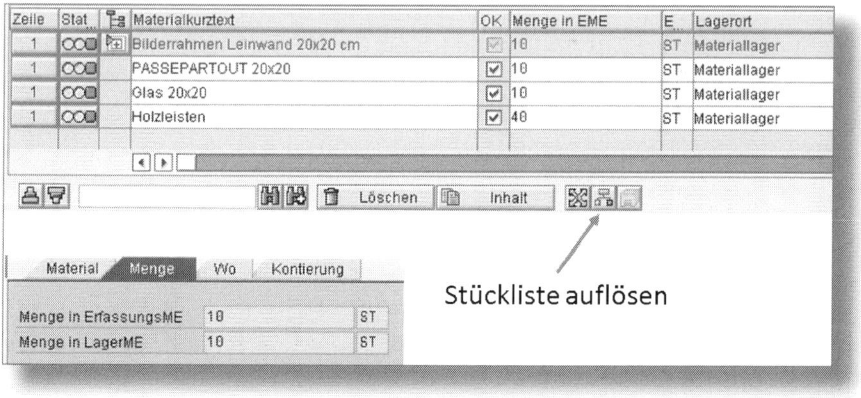

Zeile	Stat		Materialkurztext	OK	Menge in EME	E..	Lagerort
1			Bilderrahmen Leinwand 20x20 cm		10	ST	Materiallager
1			PASSEPARTOUT 20x20	☑	10	ST	Materiallager
1			Glas 20x20	☑	10	ST	Materiallager
1			Holzleisten	☑	40	ST	Materiallager

Löschen | Inhalt

Material | Menge | Wo | Kontierung

Menge in ErfassungsME	10	ST
Menge in LagerME	10	ST

Abbildung 1.46: Stücklistenauflösung MIGO

Über die Stückliste ermittelt das System die Komponenten mit den jeweils benötigten Mengen. Da, wie Abbildung 1.46 zeigt, Material für 10 Bilderrahmen benötigt wird, multipliziert SAP die erforderlichen

Mengen. Diese können aber nachträglich manuell geändert werden. Ist etwa bekannt, dass die Holzleisten beim Zusammenbau des Öfteren brechen, kann eine größere Stückzahl erfasst werden. Gebucht werden nur die Komponenten. Ein Warenausgang von Bilderrahmen erfolgt hier nicht. Dieser ist in der Positionsübersicht grau hinterlegt. Das OK-Kennzeichen muss für jede Komponente markiert sein. Im Buchhaltungsbeleg werden die drei Komponenten wertmäßig, in Höhe des Bewertungspreises im Materialstamm, in den Verbrauch gebucht.

1.10.4 Warenausgang zum Fertigungsauftrag

Um einen Warenausgang zum Fertigungsauftrag zu buchen, stehen dem Mitarbeiter verschiedene Möglichkeiten der Erfassung offen. Vorab muss man wissen, dass mit der Anlage eines Fertigungsauftrags die benötigten Komponenten automatisch als *Reservierung* angelegt werden, um zu verhindern, dass die Materialien aus dem Lager entnommen werden und bei Beginn der Fertigung fehlen. Wird der Warenausgang mit Bezug zur Reservierung (des Fertigungsauftrags) erstellt, so wird die Bewegungsart 261 VERBRAUCH FÜR AUFTRAG AUS DEM LAGER automatisch vorgeschlagen und der Warenausgang als *geplanter Warenausgang* gebucht. Wenn man die Warenbewegung nicht mit der Referenz AUFTRAG, sondern als SONSTIGE erfasst, muss die Bewegungsart 261 manuell ausgewählt und ein Auftrag als Kontierung in den Positionsdetails eingepflegt werden. Für das System wäre dies ein *ungeplanter Warenausgang* (siehe Abbildung 1.47).

Die dritte Variante ist die *retrograde Entnahme*. Hier befindet sich das benötigte Material bereits am Arbeitsplatz in der Produktion, und der Monteur erfasst die verbrauchte Menge auf dem Auftrag. Wird die Erfüllung eines Fertigungsauftrags an SAP zurückgemeldet, erfolgt automatisch die Buchung des Materials in den Verbrauch. Eine weitere Buchung in der Bestandsführung ist nicht mehr nötig. Um mit der retrograden Entnahme arbeiten zu können, muss diese im Materialstamm auf der Sicht DISPOSITION 2 zugelassen sein. Über die entsprechende Einstellung entscheiden Sie, ob ein Material immer, nie oder je Arbeitsplatz retrograd entnommen wird (siehe Abbildung 1.48).

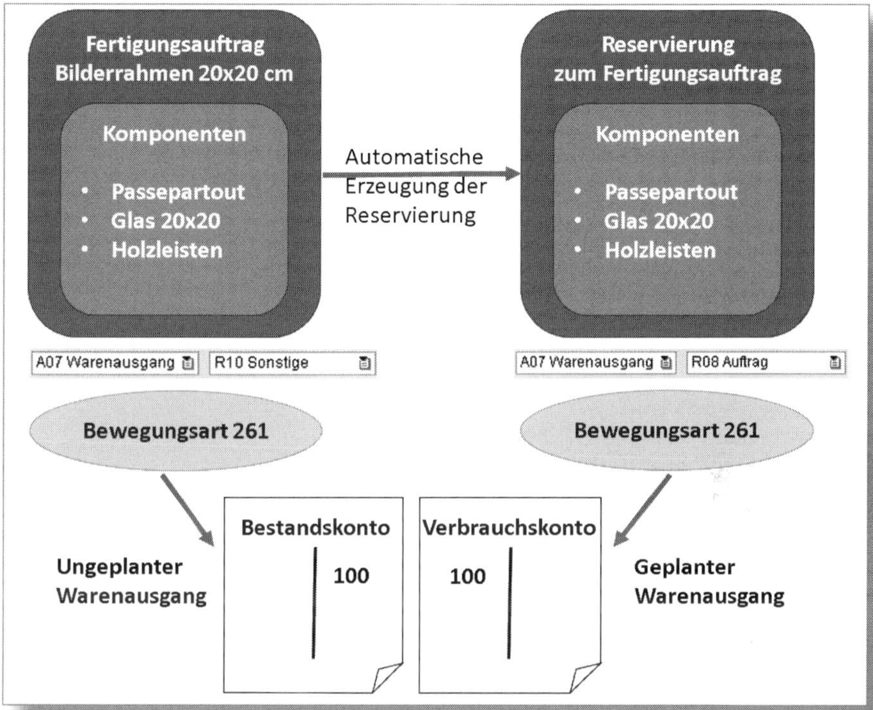

Fertigungsauftrag Bilderrahmen 20x20 cm
Komponenten
Passepartout
Glas 20x20
Holzleisten
Automatische Erzeugung der Reservierung
Reservierung zum Fertigungsauftrag
Komponenten
Passepartout
Glas 20x20
Holzleisten
A07 Warenausgang
R10 Sonstige
A07 Warenausgang
R08 Auftrag
Bewegungsart 261
Bewegungsart 261
Bestandskonto
100
Verbrauchskonto
100
Ungeplanter Warenausgang
Geplanter Warenausgang

Abbildung 1.47: Warenausgang zu Fertigungsaufträgen

Disposition 1
Disposition 2
Disposition 3
Disposition 4
Prognose
Material
BILDERRAHMEN 20X20
Bilderrahmen Leinwand 20x20 cm
Werk
1000
Werk Hamburg
Beschaffung
Beschaffungsart
F
Sonderbeschaffung
Quotierungsverw.
Retrogr. Entnahme
Feinabrufkennzeichen
Schüttgut
Chargenerfassung
Produktionslagerort
Vorschlags-PVB
FremdBesch Lagerort
BfGruppe
Retrogr. Entnah...
Kurzbeschreibung
1
Grundsätzlich retrograd entnehmen
2
Arbeitsplatz entscheidet, ob retrograde Entnahme

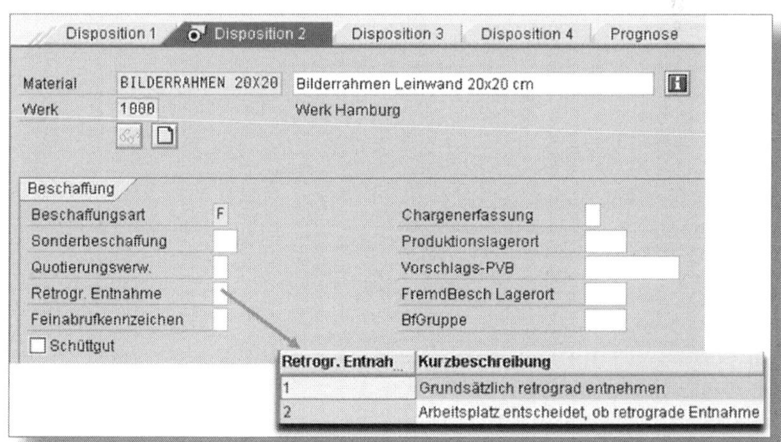

Abbildung 1.48: Retrograde Entnahme im Materialstamm

1.10.5 Warenausgang zur Qualitätsprüfung

Bei einer Qualitätsprüfung wird in der Regel aus einer gelieferten/produzierten Menge eine Stichprobe entnommen und geprüft. Der Verwendungsentscheid der Qualitätsprüfung legt fest, ob die Ware angenommen oder zurückgesendet und folglich, ob die Rechnung gesperrt oder freigegeben wird.

Eine *Entnahme zur Stichprobe* ist aus allen drei Bestandsarten möglich (siehe Abbildung 1.39). Stichproben lassen sich in zwei Kategorien unterscheiden:

1. vernichtende und
2. nicht vernichtende Stichprobe.

Wenn die Buchung des Materials als Entnahme zur *vernichtenden Stichprobe* mit den Bewegungsarten 331/333/335 erfolgt (ENTNAHME FÜR STICHPROBE aus Qualitätsprüfbestand/frei verwendbarem Bestand/gesperrtem Bestand) verringern sich Menge und Wert des entsprechenden Materials auf dem Bestandskonto. Als Gegenkonto bucht das System das Aufwandskonto der Qualitätsprüfung (siehe Abbildung 1.49).

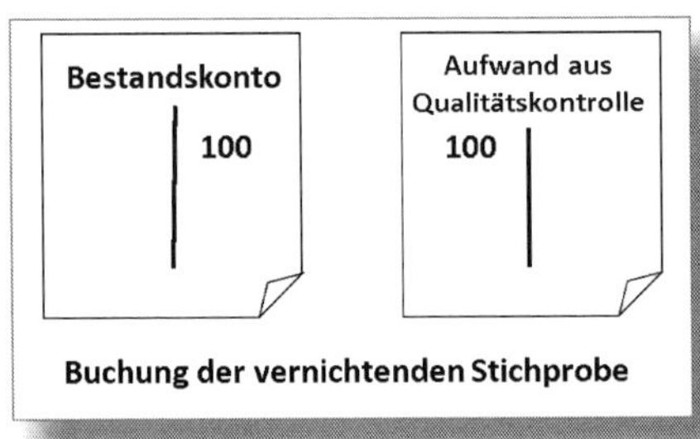

Abbildung 1.49: Vernichtende Stichprobe

Der Materialbedarf für die vernichtende Stichprobe wird nicht in die Verbrauchsfortschreibung übernommen.

Bei der *nicht vernichtenden Stichprobe* wird das Material zur Prüfung aus dem Lager entnommen und anschließend dem Bestand wieder zugeführt. Das Material ist somit uneingeschränkt weiterzuverwenden. Eine Möglichkeit, dies abzubilden, ist eine Entnahme analog zur vernichtenden Stichprobe. Sobald allerdings die Qualitätsprüfung einen Verwendungsentscheid erstellt hat, wird diese Entnahme wieder storniert. Sowohl für den Vorgang der Entnahme als auch für das darauffolgende Storno wird, wie in Abbildung 1.50 zu sehen, jeweils ein Buchhaltungsbeleg erzeugt.

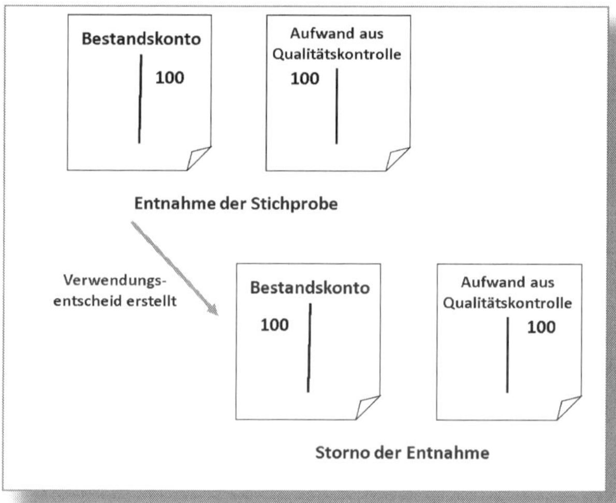

Abbildung 1.50: Entnahme und Storno bei der nicht vernichtenden Stichprobe

Eine weitere Möglichkeit, die nicht vernichtende Stichprobe abzubilden, stellt die Bewegungsart 323 ENTNAHME FÜR STICHPROBE AUS QUALITÄT dar. Diese »Ziehung der Stichprobe« ist nur aus der Bestandsart QUALITÄTSPRÜFBESTAND möglich. Fällt der Verwendungsentscheid positiv aus, so erfolgt eine Freigabe mit der Bewegungsart 321. Dabei wird sofort in den freien Bestand gebucht. Eine mengen- oder wertmäßige Änderung findet während dieser Buchungen nicht statt. Das Material wird »entnommen und zurückgelegt«.

1.10.6 Warenausgang zur Verschrottung

Ist ein Material beschädigt, das Haltbarkeitsdatum überschritten oder kann es aus anderen Gründen keiner Verwendung mehr zugeführt werden, wird es in die *Verschrottung* gebucht. Eine Verschrottung kann aus allen drei Bestandsarten heraus erfolgen. Wie bei der vernichtenden Stichprobe wird das Material auch hierbei nicht als Verbrauch fortgeschrieben. Da sich sowohl die Menge als auch der Wert des Materials ändern, wird ein Buchhaltungsbeleg erzeugt. Der Wert ermittelt sich aus der zu verschrottenden Menge multipliziert mit dem Bewertungspreis aus dem Materialstamm. Über die Bewegungsarten 551/553/555 (ENTNAHME FÜR VERSCHROTTUNG aus Qualitätsprüfbestand/frei verwendbarem Bestand/gesperrtem Bestand) wird das Material ausgebucht. Beim Warenausgang zur vernichtenden Stichprobe bzw. in die Verschrottung muss je nach Bewegungsart eine Kontierung in Form einer Kostenstelle, eines Projekts, Kundenauftrags etc. eingegeben werden. Die Buchungen ergeben sich aus Abbildung 1.51.

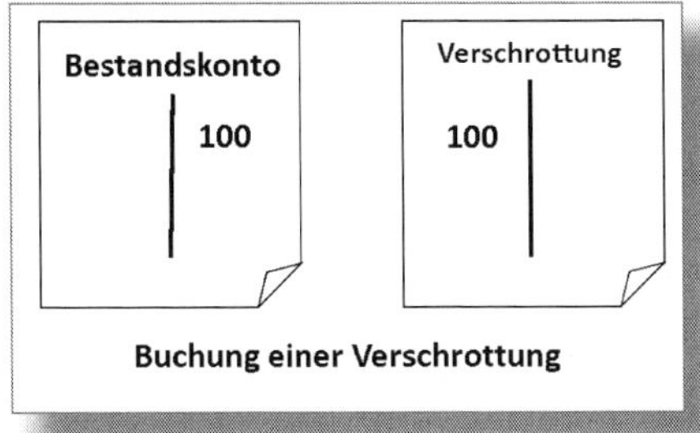

Abbildung 1.51: Buchungen bei einer Verschrottung

1.10.7 Geplanter und ungeplanter Warenausgang

Warenausgänge können als geplant oder ungeplant gebucht werden. Je nach Vorgang, Referenz und Bewegungsart kann im Customizing (siehe Abschnitt 12.1) eingestellt werden, wie die Verbrauchsfortschreibung zu erfolgen hat. Ob ein Warenausgang geplant oder ungeplant fortgeschrieben wird, hat Auswirkungen auf die Prognose in der Disposition. In Dispositionsverfahren (z. B. der stochastischen Disposition), bei denen aus den vergangenen Verbräuchen der zukünftige Bedarf prognostiziert wird, werden für die Prognoseberechnung nur geplante Verbrauchswerte herangezogen. Wird beispielsweise Material in die Verschrottung gebucht, so soll dies keine Auswirkung auf die zukünftige Beschaffung haben. Denn ein Material zur Verschrottung einzuplanen und speziell für diesen Zweck zu beschaffen, wäre nicht sinnvoll. Der Verbrauch (geplant wie ungeplant) wird im Materialstamm automatisch fortgeschrieben. Über die Schaltfläche [⇨ Zusatzdaten] erhält man in der Registerkarte VERBRAUCH die Verbrauchswerte. Diese fortgeschriebenen Werte können manuell je Periode korrigiert werden (siehe Abbildung 1.52).

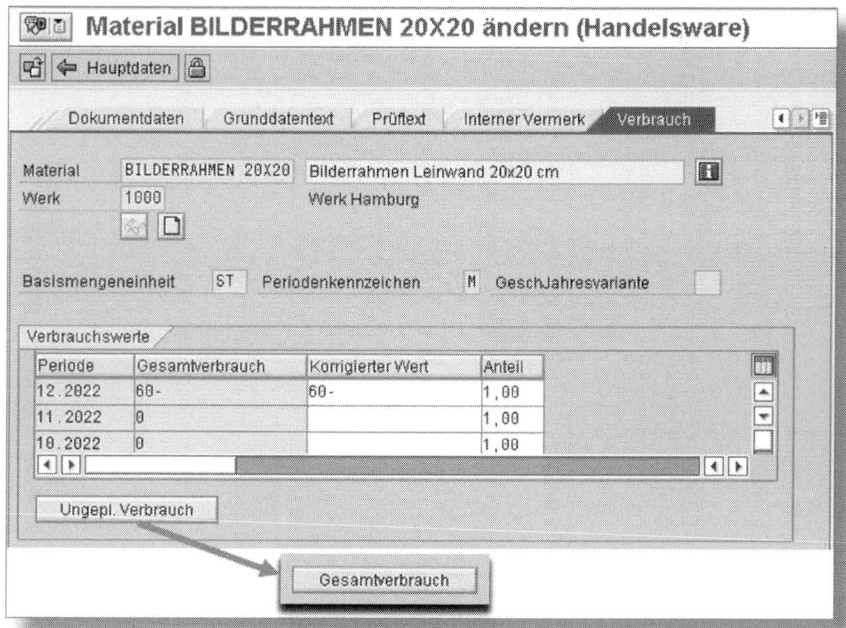

Abbildung 1.52: Verbrauchswerte im Materialstamm

Um vom Gesamtverbrauch in den ungeplanten Verbrauch umzuschalten, ist die entsprechende Schaltfläche zu drücken. Zurück in die Sichten des Materialstamms führt die Schaltfläche [⇦ Hauptdaten].

1.11 Bestandsfindung in der Bestandsführung

SAP bietet beim Warenausgang die Möglichkeit, dass das System einen Vorschlagswert für den Lagerort nach zuvor im Customizing eingestellten Parametern ermittelt. Das ist hilfreich, wenn der Mitarbeiter im Warenausgang z. B. nicht weiß, auf welchen Lagerort er das Material buchen soll, da es an verschiedenen Lagerorten liegen kann. Über das Icon (BESTANDSFINDUNG) in der MIGO kann er sich einen Lagerort vorschlagen lassen (siehe Abbildung 1.53).

Warenbewegungen der Bestandsfindung

Die Bestandsfindung im Modul MM gilt für den Warenausgang. Üblicherweise muss bei einem Wareneingang ins Lager der Lagerort manuell eingegeben werden. Soll bei der Wareneingangsbuchung ein Zugangslagerort ermittelt werden, so ist das im Modul *Logistic Execution/Warehouse Management (LE/WM)* möglich.

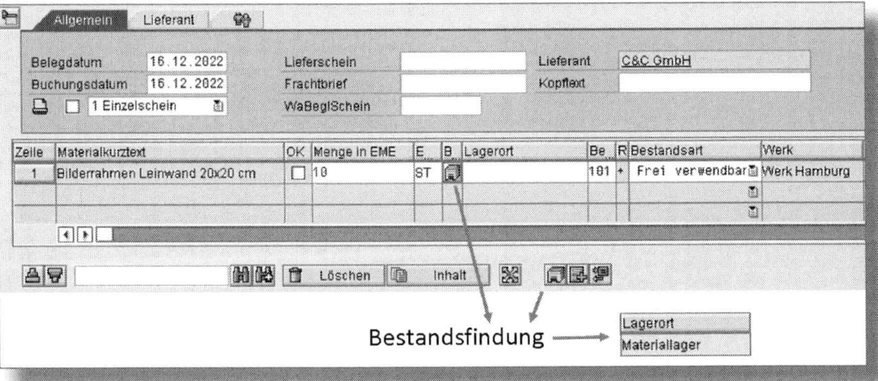

Abbildung 1.53: Schaltfläche zur Bestandsfindung in der MIGO

Damit die verschiedenen Materialen mit unterschiedlichen Bestandsfindungsstrategien bearbeitet werden können, wird im Materialstammsatz unter der Sicht WERKSDATEN/LAGERUNG 2 eine BESTANDSFINDUNGSGRUPPE gepflegt (siehe Abbildung 1.54).

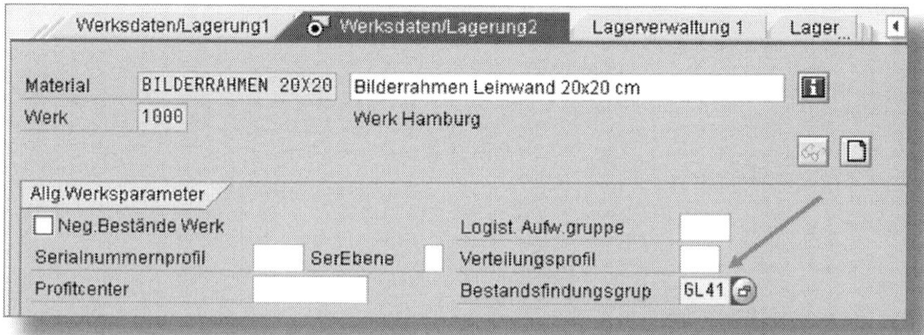

Abbildung 1.54: Eintrag Bestandsfindungsgruppe im Materialstamm

Weitere Einstellungen im Customizing, die für die Bestandsfindung erforderlich sind, werden im Abschnitt 12.4 erläutert.

1.12 Fazit

In der Bestandsführung werden mit der Transaktion MIGO Warenein- und -ausgänge erfasst und durchgeführt. Über die Vorgänge, Referenzen und Bewegungsarten ermittelt das System automatisch die zu bebuchenden Konten, übernimmt Daten aus Vorgängerbelegen und hilft bei der Auffindung des Materials über die Bestandsfindung. Das System unterstützt den Anwender mit Vorschlagswerten und persönlichen Einstellungen. Im nächsten Kapitel befassen wir uns mit den unterschiedlichen Warenbewegungen (Umlagerungen und Umbuchungen) innerhalb des Unternehmens oder eines Werks.

2 Umlagerungen und Umbuchungen

Dieses Kapitel beschreibt die unterschiedlichen Warenbewegungen und deren buchhalterischen Auswirkungen innerhalb des Unternehmens. Hierbei wird zwischen Umlagerung und Umbuchung unterschieden. Bei einer *Umlagerung* wird die Ware physisch bewegt, also von einem Ort zu einem anderen gebracht. Bei der *Umbuchung* hingegen findet eine Bestandsveränderung des Materials statt; eine zusätzliche physische Materialbewegung kann, muss aber nicht stattfinden.

2.1 Die Umlagerung

Eine Umlagerung ist die Warenentnahme aus einem Lagerort und der anschließende Wareneingang in einem anderen Lagerort. Im SAP-System wird zwischen den folgenden Umlagerungsmöglichkeiten unterschieden:

- Umlagerungen im Einschrittverfahren
- Umlagerung im Zweischrittverfahren
- Umlagerung Lagerort an Lagerort
- Umlagerung Werk an Werk
- Umlagerung Buchungskreis an Buchungskreis
- Umlagerungsbestellung

In der Transaktion MIGO wird über den Vorgang UMBUCHUNG und die gewünschte Bewegungsart die Ansicht der Detaildaten den Erfordernissen der Umlagerung angepasst. Eingegeben werden das Material, die Menge und aus welcher Organisationseinheit das Material entnommen wird sowie die ERFASSUNGSMENGENEINHEIT des Zugangs (siehe Abbildung 2.1).

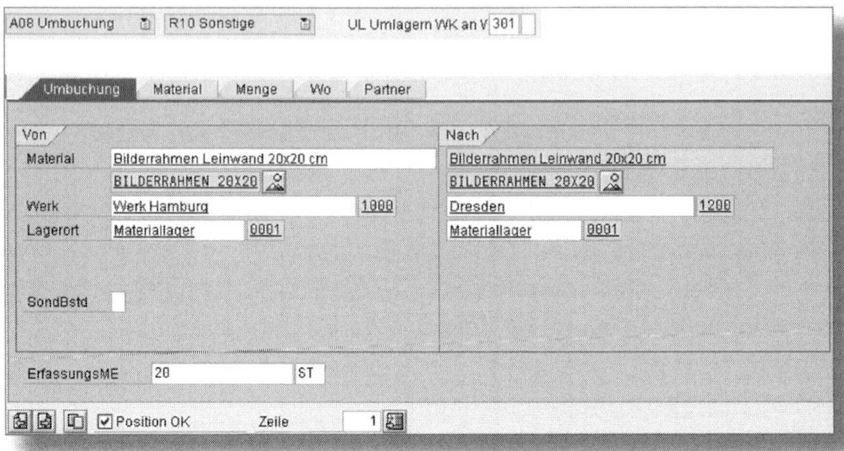

Abbildung 2.1: Detaildaten bei Umlagerungen

Um eine weitere Position zu erfassen, ist das Icon (NÄCHSTE POSITION) zu drücken. Sollen mehrere Materialien von einem Lagerort in einen anderen umgelagert werden, so ist es möglich, über das Icon (KOPIEREN AUF NEUE POSITION) ausgewählte Felder in die nächste Position zu übernehmen. Welche der Felder übernommen werden, steuert die *Kopierregel*. Die Kopierregel kann der Anwender für sich individuell in der MIGO unter EINSTELLUNGEN • KOPIERREGELN UMBUCHUNGEN gestalten. Zur Auswahl stehen:

- Material,
- Werk,
- Lagerort,
- Charge,
- Sonderbestandskennzeichen,
- Material (Umbuchung),
- Werk (Umbuchung),
- Lagerort (Umbuchung),
- Charge (Umbuchung),
- Sonderbestandskennzeichen (Umbuchung).

Je Bewegungsart kann eine eigene Kopierregel erstellt werden (siehe Abbildung 2.2).

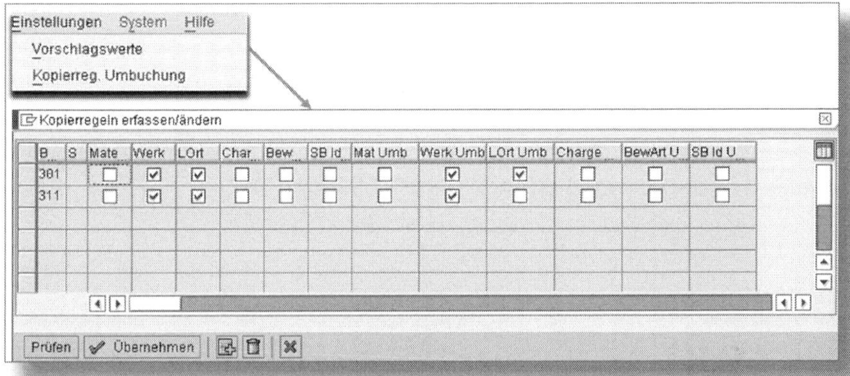

Abbildung 2.2: Kopierregeln in der MIGO

Ist für die aktuell verwendete Bewegungsart noch keine Kopierregel erstellt und eine Position soll kopiert werden, öffnet sich das Einstellungsfenster hierzu automatisch, und die Kopierregel kann zur Bewegungsart eingegeben werden.

2.1.1 Umlagerung im Einschritt- und Zweischrittverfahren

Eine Umlagerung kann über das Einschritt- oder Zweischrittverfahren abgebildet werden. Im *Einschrittverfahren* werden in einem gemeinsamen Beleg sowohl die Auslagerung als auch die Einlagerung des umzulagernden Materials in die entsprechenden Organisationseinheiten vorgenommen (siehe Abbildung 2.3).

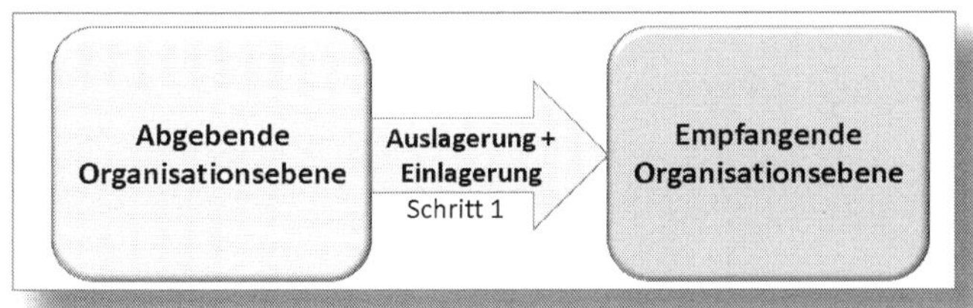

Abbildung 2.3: Umlagerung im Einschrittverfahren

Der Vorteil des Einschrittverfahrens ist, dass das Material direkt mit der Auslagerung an anderer Stelle wieder eingelagert wird und somit sofort verfügbar ist.

Im *Zweischrittverfahren* wird die Umlagerung dagegen in zwei Phasen aufgeteilt: im ersten Schritt die Auslagerung und das Buchen des Bestands in den Umlagerungsbestand, der der empfangenden Organisationseinheit zugeordnet ist, im zweiten Schritt die Einlagerung aus diesem Umlagerungsbestand (siehe Abbildung 2.4).

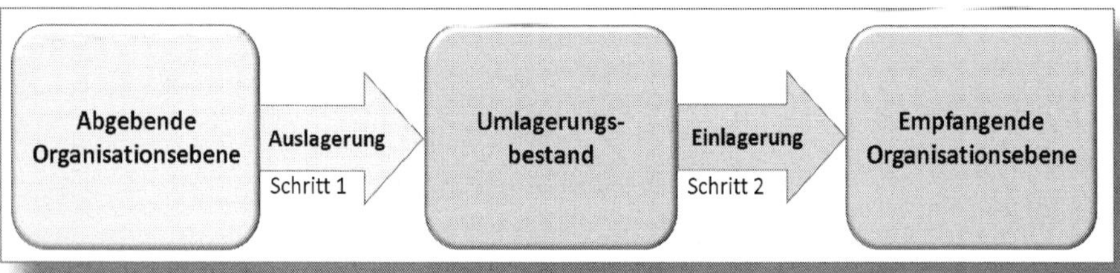

Abbildung 2.4: Umlagerung im Zweischrittverfahren

Beim Zweischrittverfahren werden demnach auch zwei Materialbelege erzeugt: ein Beleg bei der Auslagerung und ein zweiter beim Einlagern. Wird bei einer Umlagerung ein zusätzlicher Buchhaltungsbeleg erzeugt – etwa aufgrund verschiedener Bewertungskreise oder einer Änderung der Bewertung bei der Umlagerung –, so geschieht dies im ersten Schritt bei der Auslagerung. Der Vorteil des Zweischrittverfahrens ist, dass bei längerer Dauer der Umlagerung (beispielsweise Transport von Werk Berlin an Werk Heidelberg) erkennbar ist, dass sich das Material noch in der Umlagerung befindet und daher nicht frei zur Verfügung steht. Der Umlagerungsbestand wird in der Transaktion MMBE BESTANDSÜBERSICHT gesondert in der empfangenden Organisationsebene ausgewiesen.

Berechtigungen bei Umlagerungen

Eine Umlagerung im Einschrittverfahren ist nur möglich, wenn der Erfasser die Berechtigung für beide (abgebende und empfangende) Organisationsebenen besitzt. Anderenfalls muss das Zweischrittverfahren gewählt werden.

2.1.2 Umlagerung »Lagerort an Lagerort«

Eine Umlagerung *Lagerort an Lagerort* findet innerhalb eines Werks statt, daher wird in der Regel kein Buchhaltungsbeleg erzeugt. Eine Ausnahme bildet die *getrennte Bewertung* eines Materials, falls sich die Bewertung im Zuge der Umlagerung ändert (siehe Kapitel 10). Abhängig von der Bewegungsart kann die Umlagerung im Einschrittverfahren aus jeder Bestandsart in jede Bestandsart gebucht werden (siehe Abbildung 2.5).

von \ nach	Frei verwendbarer Bestand	Qualitätsprüfbestand	Gesperrter Bestand
Frei verwendbarer Bestand	311	322	344
Qualitätsprüfbestand	321	323	350
Gesperrter Bestand	343	349	325

Abbildung 2.5: Bewegungsarten bei Umlagerungen »Lagerort an Lagerort«

Soll das Material im Zweischrittverfahren gebucht werden, so darf dies nur aus dem FREI VERWENDBAREN BESTAND erfolgen. Mit der Bewegungsart 313 wird das Material in den Umlagerungsbestand gebucht, der dem empfangenden Lagerort angehört. In einem zweiten Schritt wird der Wareneingang mit Bezug zum Warenausgangsbeleg gebucht. Durch den Bezug zum Vorgängerbeleg werden Material, Menge und die Bewegungsart 315 automatisch vorgeschlagen, können aber geändert werden. Geht beispielsweise auf dem Transport ein Material kaputt, so wird die Menge angepasst. Zu beachten ist, dass nur in den FREI VERWENDBAREN BESTAND gebucht werden darf.

2.1.3 Umlagerung »Werk an Werk«

Eine Umlagerung zwischen zwei Werken erfolgt ähnlich wie diejenige von Lagerort an Lagerort: Während Buchungen im Ein- und Zweischrittverfahren vorgenommen werden können, ist bei einer Umlagerung zusätzlich die Erfassung einer Umlagerungsbestellung möglich. Beim Buchen *Werk an Werk* ist es vom Bewertungskreis (Buchungskreis oder Werk) abhängig, ob ein Buchhaltungsbeleg erzeugt wird. Befinden sich die beiden Werke in unterschiedlichen Bewertungskreisen, so verringern sich Bestandsmenge und Bestandswert beim abgebenden Werk, das empfangende Werk verzeichnet einen mengen- und wertmäßigen Zugang. Sind beide Werke im selben Bewertungskreis, so findet jeweils nur eine Veränderung der Bestandsmenge statt, wobei die Buchung des Wertes immer bei der Warenausgangsbuchung des abgebenden Werks erfolgt. Bei der Wareneingangsbuchung wird nur ein Materialbeleg erzeugt, da die Bewertung bereits mit der Warenausgangsbuchung passiert ist (im Zweischrittverfahren und bei Umlagerungsbestellung) (siehe Abbildung 2.6).

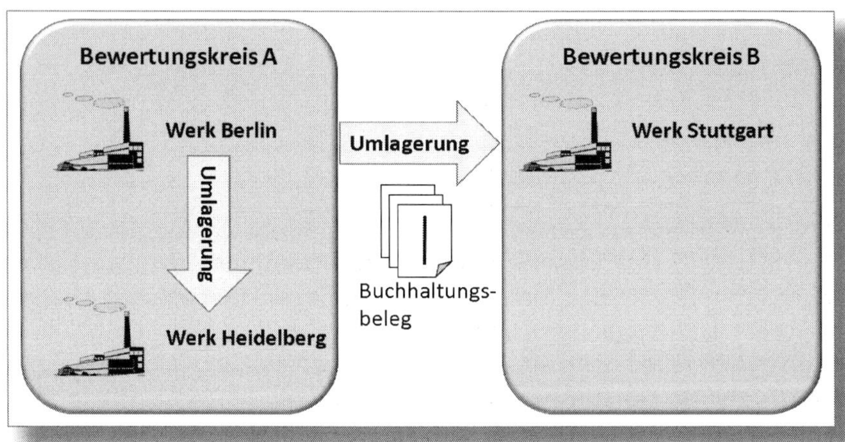

Abbildung 2.6: Buchhaltungsbelege für »Werk an Werk«

Bei einer Umlagerung »Werk an Werk« im Ein- oder Zweischrittverfahren darf nur aus dem FREI VERWENDBAREN BESTAND in den FREI VERWENDBAREN BESTAND gebucht werden. Wie in Abbildung 2.7 zu sehen, wird im Einschrittverfahren die Bewegungsart 301 verwendet, im Zweischrittverfahren die Auslagerung mit der Bewegungsart 303, die Einlagerung über die 305.

nach / von	Frei verwendbarer Bestand	Umlagerungs-bestand
Frei verwendbarer Bestand	**Umlagerung 301**	**Auslagerung 303**
Umlagerungs-bestand	**Einlagerung 305**	

Abbildung 2.7: Bewegungsarten bei Umlagerungen »Werk an Werk«

Wie oben angemerkt, gibt es eine dritte Möglichkeit, die Umlagerung »Werk an Werk« abzubilden, und zwar mit der *Umlagerungsbestellung*. In der Bestelltransaktion ME21N wird als Vorgang vom empfangenden Werk die UMLAGERUNGSBESTELLUNG gewählt. Anstelle eines Lieferanten wird ein LIEFERWERK eingegeben und in den Positionen als POSITIONSTYP *U* für Umlagerung gewählt (siehe Abbildung 2.8). Ein Preis ist nicht erforderlich, da aus dem Materialstamm automatisch der Bewertungspreis gezogen wird.

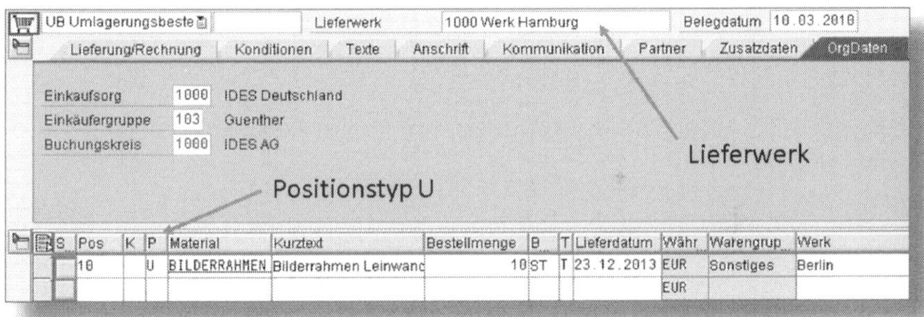

Abbildung 2.8: Umlagerungsbestellung in der Transaktion ME21N

Die Bewertung und Erzeugung des Buchhaltungsbelegs finden, wie in der Umlagerung, im Zweischrittverfahren beim Warenausgang des abgebenden Werks statt. Das Material wird zeitgleich mit dem Warenausgang (Bewegungsart 351 UMLAGERUNG AN TRANSITBESTAND) in den Transitbestand des empfangenden Werks gebucht. Aus diesem kann, wie bei einer Normalbestellung mit der Bewegungsart 101 WARENEINGANG ZUR BESTELLUNG IN DAS LAGER, in alle drei Bestandsarten frei verwendbarer, Qualitätsprüf- und gesperrter Bestand gebucht werden (siehe Abbildung 2.9).

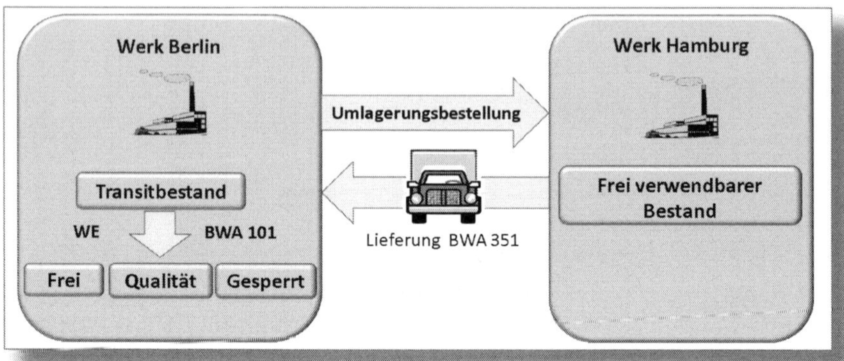

Abbildung 2.9: Die Umlagerungsbestellung

Umlagerung/Umlagerungsbestellung

Bei einer Umlagerungsbestellung wird in den Transitbestand gebucht, bei einer Umlagerung in den Umlagerungsbestand. Die Bestände gehören jeweils zum empfangenden Werk.

Die Vorteile einer Umlagerungsbestellung gegenüber einer Umlagerung sind:

- Der Wareneingang kann in alle Bestandsarten gebucht werden.
- Der Wareneingang kann geplant werden.
- Die Umlagerungsbestellung kann aus einer in der Disposition erzeugten Bestellanforderung umgesetzt werden.
- Der Beschaffungsprozess kann in der Bestellentwicklung verfolgt werden.
- Bezugsnebenkosten wie Fracht und Zölle können abgerechnet werden.
- Das Material kann (kontiert) in den Verbrauch gebucht werden.

Über die Transaktion MB5T ANZEIGE DES TRANSITBESTANDES lässt sich, je nach Selektion, der Transitbestand von Materialien für das ABGEBENDE oder EMPFANGENDE WERK anzeigen (siehe Abbildung 2.10).

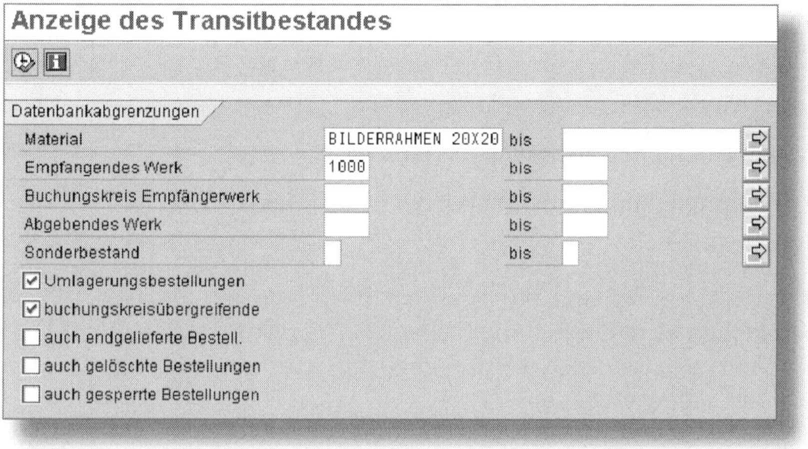

Abbildung 2.10: MB5T – Anzeige des Transitbestandes

Soll eine auf dem Transport beschädigte Lieferung verschrottet werden, so hat das empfangende Werk zwei Möglichkeiten: Der Warenausgang des Materials aus dem abgebenden Werk wird aus dem Umlagerungs- bzw. Transitbestand storniert. Das Material gehört wieder dem abgebenden Werk, welches die Verschrottung mengen- und wertmäßig vornimmt. Als zweite Variante bucht das empfangende Werk den Wareneingang, und das Material geht danach in die Verschrottung. In diesem Fall übernimmt das empfangende Werk die Kosten der Verschrottung. Direkt aus dem Umlagerungs- oder Transitbestand heraus ist eine Verschrottung nicht möglich.

Eine Umlagerung »Buchungskreis an Buchungskreis« wird im System wie eine Umlagerung »Werk an Werk« behandelt, wobei die betroffenen Werke dann verschiedenen Buchungskreisen zugeordnet sind.

2.2 Die Umbuchung

Bei einer Umbuchung findet im Rahmen der Buchung eine Bestandsveränderung (siehe Abschnitt 2.3) statt. Zusätzlich kann damit auch eine physische Warenbewegung verbunden sein. SAP unterscheidet bei Umbuchungen:

- Umbuchung Bestand an Bestand,
- Umbuchung Material an Material,
- Umbuchung Konsignation an Lager (siehe Abschnitt 8.1).

Eine Umbuchung wird, wie die Umlagerung in der MIGO, über den Vorgang UMBUCHUNG und die jeweilige Bewegungsart gesteuert. Eine Umbuchung kann nur innerhalb eines Werks stattfinden und ist nur im Einschrittverfahren möglich. Ein Zweischrittverfahren ist bei der Umbuchung ausgeschlossen.

2.2.1 Umbuchung »Bestand an Bestand«

Wie bei der Umlagerung im Einschrittverfahren kann von jeder Bestandsart in jede Bestandsart gebucht werden (siehe Abbildung 2.11). Eine Warenbewegung muss dabei nicht zwangsläufig erfolgen.

von \ nach	Frei verwendbarer Bestand	Qualitätsprüfbestand	Gesperrter Bestand
Frei verwendbarer Bestand	311	322	344
Qualitätsprüfbestand	321	323	350
Gesperrter Bestand	343	349	325

Abbildung 2.11: Bewegungsarten bei Umbuchungen

2.2.2 Umbuchung »Material an Material«

Bei einer Umbuchung »Material an Material« ändert sich das Material und damit auch die Materialnummer.

Weinreifung

Über die Jahre reift ein Wein im Fass. Eingelagert wird er als Jungwein und verbleibt dort einige Monate zur Gärung unter Einfluss der Hefe. Nach diesem Reifeprozess wird der Wein umgefüllt und gefiltert. Es entsteht der fertige Wein zum Verkauf. Für Jungwein und den fertigen Wein gibt es jeweils einen eigenen Materialstammsatz mit eigener Bewertung. Um den Jungwein nun als fertigen Wein umzubuchen, werden der Vorgang UMBUCHUNG und die Bewegungsart 309 MATERIAL AN MATERIAL in der MIGO gewählt.

Um diese Umbuchung vornehmen zu können, sind verschiedene Regeln zu beachten, und bzgl. der Materialien müssen einige Voraussetzungen erfüllt sein:

- Beide Materialen müssen die gleiche Basismengeneinheit haben.
- »Material an Material« kann nur im Einschrittverfahren gebucht werden.
- Eine Buchung ist nur aus dem frei verwendbaren in den frei verwendbaren Bestand möglich.
- Eine Vorplanung über eine Reservierung ist nicht möglich.
- Es muss sich um bewertetes Material handeln.

Ein Buchhaltungsbeleg wird immer erzeugt, da auf der einen Seite das eine Material abnimmt (Menge x Bewertungspreis altes Material) und sich auf der anderen Seite ein anderes Material mengen- und wertmäßig erhöht. Selbst wenn beide Materialien den gleichen Bewertungspreis haben, muss eine Buchung stattfinden, da es sich danach um verschiedene Materialien handelt. Die Buchung ist zu vergleichen mit einem Warenausgang und einem Wareneingang. Sollte die beiden Materialien einen unterschiedlichen Bewertungspreis haben, so wird zusätzlich noch ein Ertrags- oder Aufwandskonto aus der Umlagerung gebucht (siehe Abbildung 2.12).

Abbildung 2.12: Buchungen bei Material an Material

2.3 Fazit

Umlagerungen und Umbuchungen sind, je nach Bewegungsart, verschiedenen Regeln und Einschränkungen unterworfen. Ob lediglich Materialbelege oder zusätzlich auch Buchhaltungsbelege erzeugt werden müssen, ist vom jeweiligen Vorgang abhängig. Zudem sind bei einigen Bestandsarten nicht alle Buchungen erlaubt. In Abbildung 2.13 und Abbildung 2.14 sind die einzelnen erlaubten Warenbewegungen den jeweiligen Bestandsarten übersichtlich zugeordnet.

Wareneingang	Freier Bestand	Qualitätsprüfbestand	Gesperrter Bestand
Umlagerung 1-Schrittverfahren Lagerort an Lagerort	X	X	X
Umlagerung 1-Schrittverfahren Werk an Werk	X		
Umlagerung 2-Schrittverfahren Lagerort an Lagerort Werk an Werk	X		
Umlagerungsbestellung	X	X	X
Lohnbearbeiter-Beistellbestand	X	X	
Konsignationsbestand	X	X	X
Konsignation an Eigen	X		
Wareneingang zur Bestellung	X	X	X

Abbildung 2.13: Erlaubte Bestandsarten bei Wareneingängen

Warenausgänge	Freier Bestand	Qualitätsprüf-bestand	Gesperrter Bestand
Umlagerung 1-Schrittverfahren Lagerort an Lagerort	X	X	X
Umlagerung 1-Schrittverfahren Werk an Werk	X		
Umlagerung 2-Schrittverfahren Lagerort an Lagerort Werk an Werk	X		
Umlagerungsbestellung	X		
Lohnbearbeiter-Beistellbestand	X		
Konsignationsbestand	X		
Konsignation an Eigen	X		
Warenausgang zum Kundenauftrag / Produktion	X		
Warenausgang – Stichprobe / Verschrottung	X	X	X

Abbildung 2.14: Erlaubte Bestandsarten bei Warenausgängen

3 Reservierung

Um Materialien für einen Bedarf zu sichern, gibt es mit der Reservierung ein Verfahren, Warenbewegungen vorab zu erfassen und erst später abzurufen. Eine Reservierung zum Warenausgang ist quasi die vorweggenommene Entnahme aus dem Lager. In diesem Kapitel zeige ich Ihnen, wie Sie Reservierungen einsetzen und welche Einstellungen inklusive Auswertungen Sie dabei vornehmen können.

3.1 Manuelle Reservierung

Eine Reservierung kann zum Warenausgang, Wareneingang sowie zu Umbuchungen angelegt werden. Sie kann – mit oder ohne Vorlage – manuell über die Transaktion MB21 bzw. den Menüpfad MATERIALWIRTSCHAFT • BESTANDSFÜHRUNG • RESERVIERUNG • ANLEGEN erstellt werden. Als Vorlage ist die Nummer einer bereits vorhandenen Reservierung einzugeben. Weitere notwendige Eingaben im Einstiegsbild sind der BASISTERMIN, die BEWEGUNGSART sowie das WERK (siehe Abbildung 3.1).

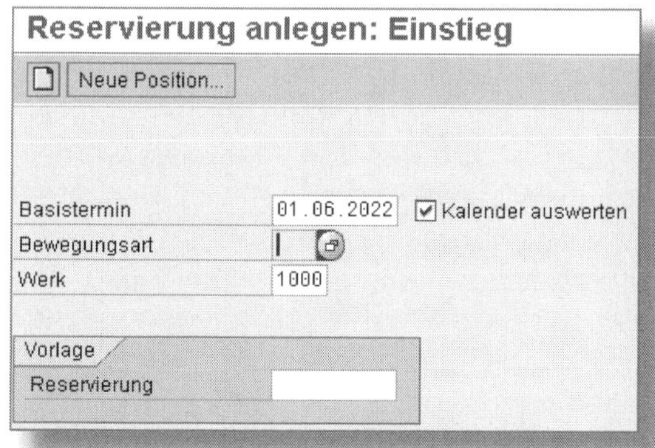

Abbildung 3.1: Einstiegsbild Reservierung anlegen MB21

Die Bewegungsart steuert, wie später in der Transaktion MIGO die Warenbewegung gebucht wird. Umlagerungen können nur im Einschrittverfahren LAGERORT AN LAGERORT (BWA 311) oder WERK AN WERK (BWA 301) reserviert werden. Eine Umbuchung MATERIAL AN MATERIAL beispielsweise ist hier nicht möglich bzw. vorplanbar (vgl. Abschnitt 2.2.2). Reservierungen zum Wareneingang können ohne Bestellbezug, mit Bestellbezug oder aus der Produktion zu Fertigungsaufträgen angelegt werden. Der häufigste Fall ist die Reservierung zum Warenausgang; diese ist aus Sicht der Bestandsführung eine vorweggenommene Entnahme aus dem Lager und hat Einfluss auf die dispositive Verfügbarkeit des Materials. Die verfügbare Menge in der aktuellen Bedarfs- und Bestandsliste MD04 verringert sich um die reservierte Menge.

Nach dem Einstiegsbild gelangen Sie auf die Sicht SAMMELBEARBEITUNG, in der man zuerst – je nach Bewegungsart – eine Zuordnung eingibt (in Abbildung 3.2 bei Bewegungsart 201 WARENAUSGANG ZUR KOSTENSTELLE die Kostenstelle). Nun sind die Materialien zu erfassen, die reserviert werden sollen. Dazu sind hier das MATERIAL, die MENGE und das WERK auszufüllen. Der LAGERORT, aus dem das Material zu entnehmen ist, kann, muss aber nicht gepflegt werden. Dieser ist dann später bei der Buchung der Warenbewegung als Vorschlagswert zu übernehmen, kann dort aber geändert werden.

Über den DETAIL-Button gelangen Sie zu den Positionsdetails, in denen die Menge zu ändern ist oder als FIX gekennzeichnet werden kann, was bewirkt, dass immer die komplette Menge zur Warenbewegung vorgeschlagen wird. In den WEITEREN INFORMATIONEN kann der BEDARFSTERMIN aus dem Einstiegsbild individuell pro Position angepasst werden. Genau zu diesem Termin wird das Material benötigt und ist für spätere Berechnungen der VERWEILDAUER und des BEWEGUNG ERLAUBT-Kennzeichens von Bedeutung. Um zurück zur Übersicht zu gelangen, drücken Sie den gleichlautenden Button oder [F5]. Allerdings erreichen Sie nicht die Sicht der Sammelbearbeitung, sondern eine reine Anzeigeübersicht, in der keine Änderungen möglich sind. Möchten Sie nun eine neue Position erfassen, kann eine eingabebereite Positionsliste wie in Abbildung 3.2 beschrieben oder mittels [F7] aufgerufen werden.

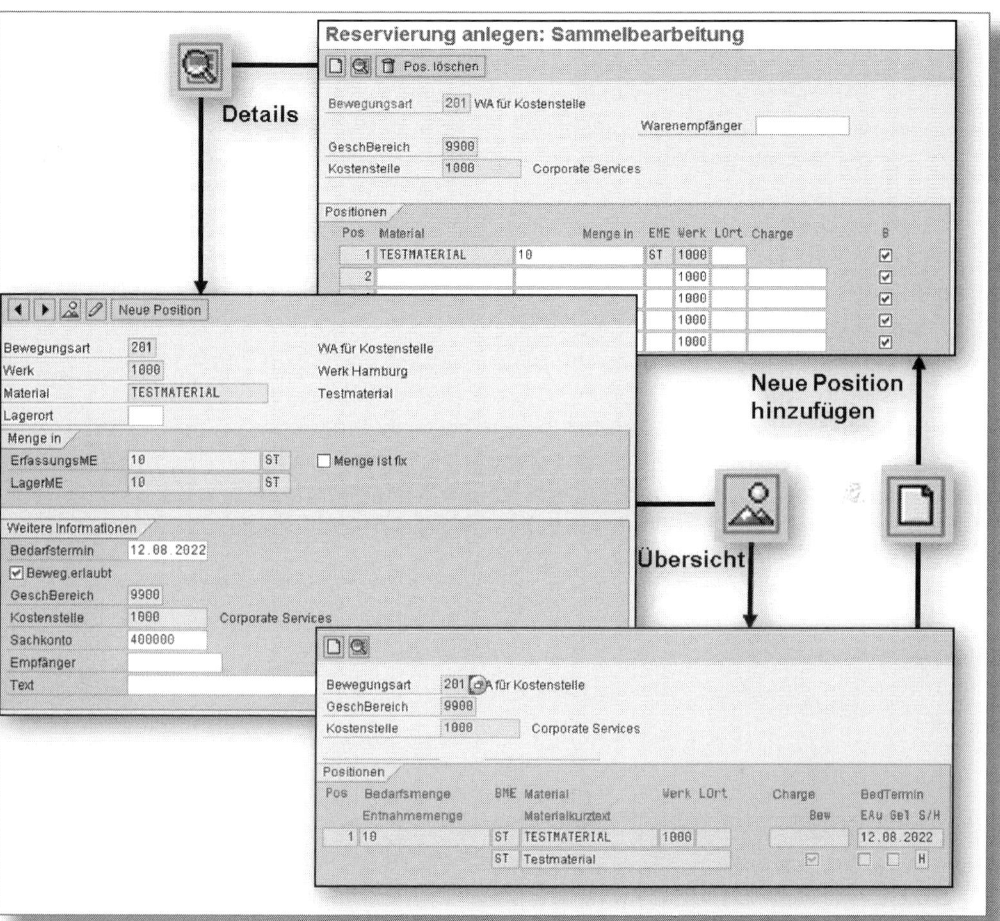

Abbildung 3.2: Erfassen von Reservierungen

Um auf den Kopf der Reservierung zu gelangen, gehen Sie in der Menüleiste auf SPRINGEN • KOPF. Hier haben Sie die Möglichkeit, den Basistermin und – wiederum in Abhängigkeit von der Bewegungsart – die Kontierung zu ändern. Die Bewegungsart und das Werk sind an dieser Stelle nicht mehr änderbar. Sobald Sie alle erforderlichen Eingaben getätigt haben, wird die Reservierung gebucht 💾 und ein MM-Beleg zur weiteren Verarbeitung oder Auswertung erzeugt. Ein Buchhaltungsbeleg wird bei der Reservierung nicht ausgelöst.

3.2 Automatische Reservierung

Das SAP-System legt bei einigen Vorgängen automatisch eine Reservierung an. Bei der Eröffnung eines Fertigungsauftrags in der Produktion, bei Netzplänen oder Projektstrukturplanelementen (PSP) wird für die zur Fertigung benötigten Komponenten automatisch eine Reservierung erzeugt, um sicherzustellen, dass diese für den Auftrag zum Start auch verfügbar sind.

Die zweite automatische Reservierung wird ausgelöst, falls Sie in der Bestellpunktdisposition separat disponierbare Lagerorte und im Materialstamm auf der Sicht DISPOSITION 4 (siehe Abbildung 3.3) die Sonderbeschaffungsart LAGERORT sowie einen MELDEBESTAND und eine AUFFÜLLMENGE pflegen. Unterschreitet nun der verfügbare Bestand des separat disponierten Lagerorts den Meldebestand, erstellt SAP eine UMLAGERUNGSRESERVIERUNG in Höhe der Auffüllmenge.

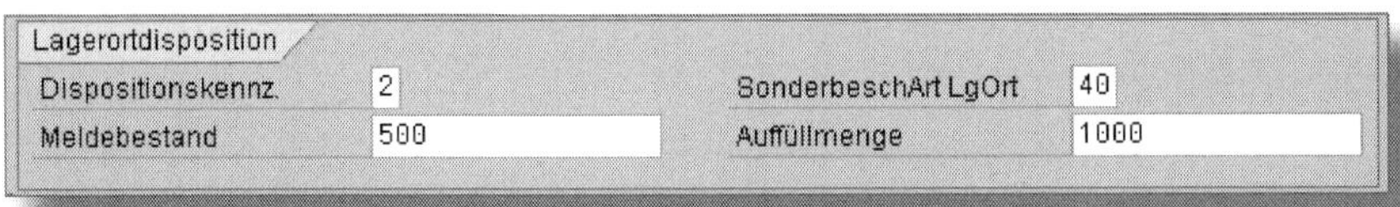

Abbildung 3.3: Lagerortdisposition – Einstellungen im Materialstammsatz

> **Separat disponierbarer Lagerort**
>
> Dieser Lagerort kann beispielsweise an einer Produktionslinie erstellt werden: Der Monteur schraubt je Vorgang vier Schrauben in ein Gehäuse und hat einen Arbeitsvorrat in seinem Lagerort direkt am Arbeitsplatz. Unterschreitet der Bestand durch die Entnahme der Schrauben den Meldebestand, so löst das System eine Reservierung aus.

Automatisch erzeugte Reservierungen können nicht direkt in der Transaktion MB22 RESERVIERUNG ÄNDERN gepflegt werden. Mit der MB23 lassen sie sich jedoch anzeigen. Sollen die Mengen oder Bedarfstermine einer automatisch angelegten Reservierung geändert werden, so müssen die Daten in dem jeweiligen Vorlagebeleg (Fertigungsauftrag, Netzpläne etc.) neu gepflegt werden. Diese Änderungen werden dann automatisch in die zugehörige Reservierung übernommen.

3.3 Einstellungen in der Reservierung

Mit den Transaktionen MBVR RESERVIERUNGEN VERWALTEN, MB26 KOMMISSIONIEREN UND MB25 RESERVIERUNGSLISTE lassen sich bestehende Reservierungen und die damit vorgeplanten Warenbewegungen komfortabel bearbeiten und verwalten.

Mit der Transaktion MB25 können Sie über die Selektion eine oder mehrere Reservierungen auswählen und in einer Reservierungsliste ausgeben. Unter anderem sind Reservierungen nach MATERIAL, BEDARFSTERMIN, BENUTZERNAME und WARENEMPFÄNGER selektierbar (siehe Abbildung 3.4).

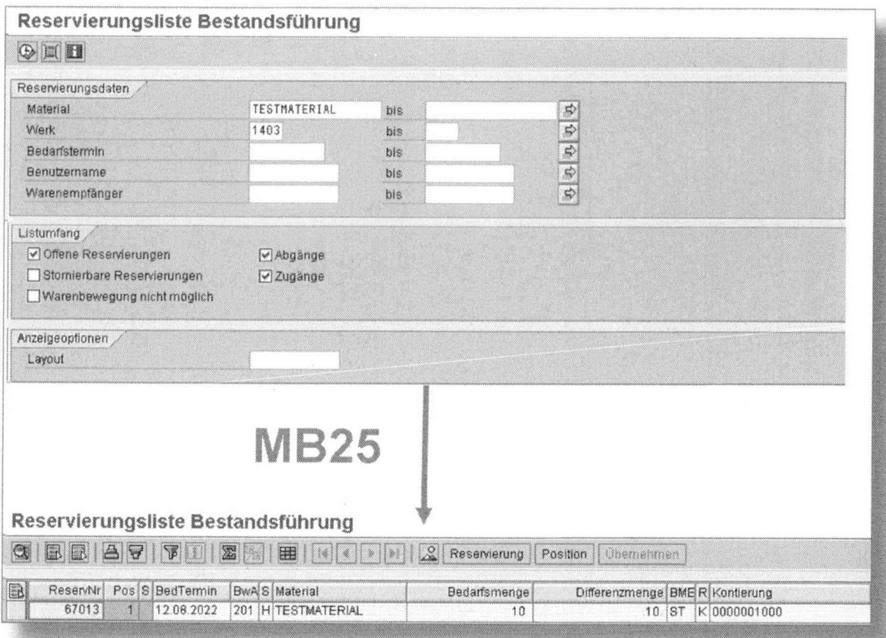

Abbildung 3.4: Reservierungsliste MB25

Über einen Doppelklick auf eine der Reservierungsnummern wird direkt in die Reservierung verzweigt. Der LISTUMFANG steuert, welche Belege ausgegeben werden. Hier entscheiden Sie, ob Reservierungen von Zu- und Abgängen, nur offene oder stornierbare Reservierungen oder Reservierungen ohne das BEWEGUNG ERLAUBT-Kennzeichen ausgegeben werden.

Wie bei vielen Listen im SAP-System, sind hier verschiedene Möglichkeiten zur Auswertung gegeben: eine auf- bzw. absteigende Sortierung, Bildung von Summen und Zwischensummen oder das Ändern und Speichern von Layouts. Um weitere Informationen in der Tabelle anzuzeigen oder die Reihenfolge der Spalten individuell anzupassen, ist es in der Transaktion MB25 (wie in vielen anderen Transaktionen) möglich, sich das Layout der Tabelle selbst zu erstellen (siehe Abbildung 3.5):

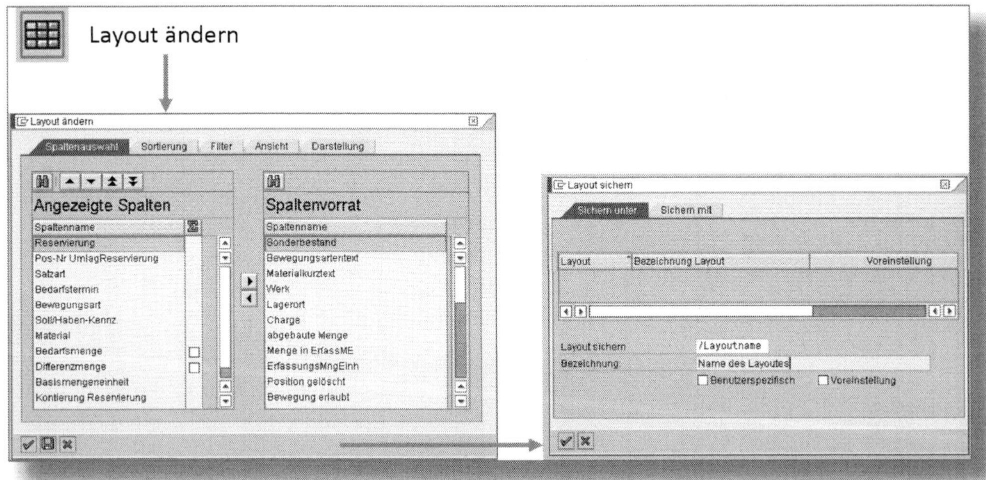

Abbildung 3.5: Layout ändern und sichern

Hierbei lassen sich aus einem vordefinierten Spaltenvorrat die anzuzeigenden Spalten wählen. Dieses Layout kann gesichert und jederzeit vom Anwender wieder aufgerufen werden.

Über die Transaktion MB26 KOMMISSIONIERLISTE kann der Anwender mehrere Reservierungen unter anderem nach Materialien, Reservierungen oder Fertigungsaufträgen selektieren sowie direkt in der Liste bezüglich Menge, Lagerort, Sonderbestandsart (S), Lieferant, Kunde, Empfänger (in Abbildung nicht zu sehen) und dem Kennzeichen Erledigt bearbeiten. Für eine vereinfachte Auswahl des Lagerorts, aus dem das Material entnommen werden soll, kann über Springen • Bestandsfindung oder über den entsprechenden Button unterhalb der Tabelle (siehe Abbildung 3.6) direkt in die Bestandsfindung verzweigt werden. Soll die reservierte Menge aus mehreren Lagerorten entnommen werden, so ist dies unter Bearbeiten • Splitten möglich. Eine Verzweigung in die Reservierungen ist hier nicht erforderlich. Die Kommissionierliste kann ausgedruckt und die Warenbewegungen können direkt gebucht werden. Bei Buchung werden alle darin befindlichen Reservierungen mit Bezug gebucht, auch jene, die über einen Filter zuvor ausgeblendet wurden.

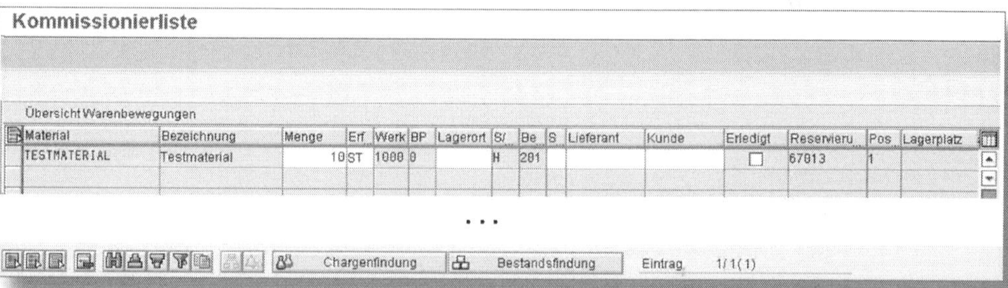

Abbildung 3.6: Kommissionierliste

In der Transaktion MBVR Reservierung verwalten ist es möglich, für beliebig viele selektierte Reservierungen das Bewegung erlaubt-Kennzeichen zu setzen oder die erwünschten Reservierungen zu löschen. Bei beiden Vorgängen bestimmt der Basistermin im Kopf der Reservierung, ob das Kennzeichen gesetzt oder die Bestellung gelöscht wird. Als weitere Selektionskriterien aus der Kontierung sind wählbar (siehe Abbildung 3.7):

- Kostenstelle
- Auftrag
- Projekt

- NETZPLAN
- ANLAGE
- KUNDENAUFTRAG
- UMLAGERWERK
- UMLAGERLAGERORT

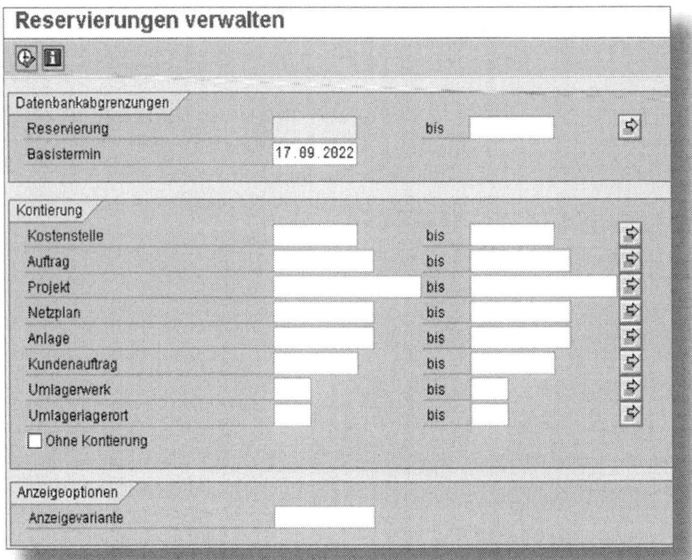

Abbildung 3.7: Selektionskriterien Reservierung verwalten

Im nächsten Schritt werden, wie in Abbildung 3.8, die AUSZUFÜHRENDEN AKTIONEN ausgewählt. Zusätzlich haben Sie hier die Möglichkeit, die Liste vorab in einem TESTLAUF anzeigen zu lassen und ein PROTOKOLL zu erstellen.

Der Unterschied zwischen einer direkten Löschung und einem Testlauf (siehe Abbildung 3.9) liegt nicht nur in der Anzeige der Liste. Wird die Löschung im Testmodus ausgeführt, kann man nachträglich über die Funktionsleiste Reservierungen aufrufen, bearbeiten und einzelne Reservierungen markieren und löschen. Wird die MBVR RESERVIERUNG VERWALTEN ohne Testlauf ausgeführt, würden in unserem Fall die Reservierungen ohne Rückfrage gelöscht werden. Die Liste führt sie zwar noch mal auf, sie können aber nicht mehr aufgerufen oder bearbeitet werden.

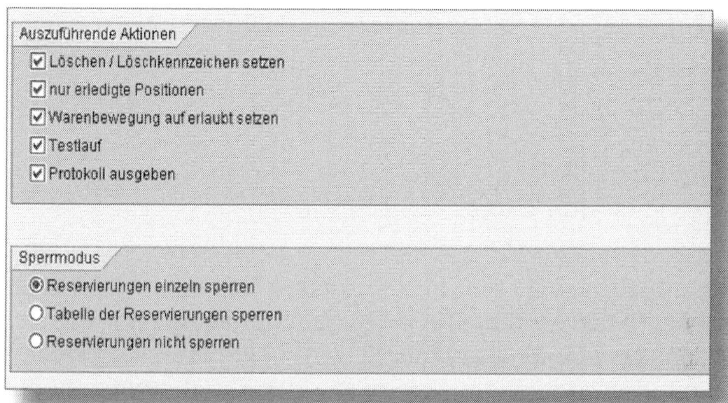

Abbildung 3.8: Aktionen der Kommissionierliste

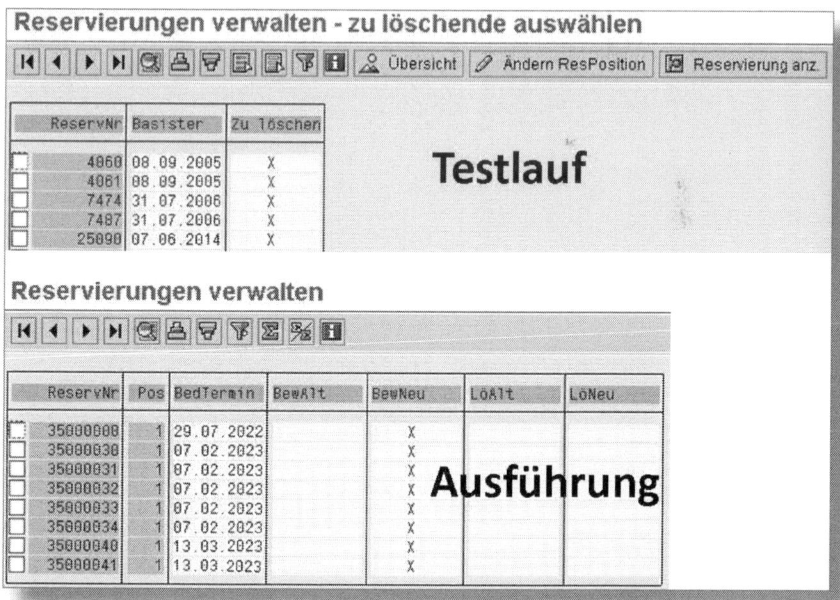

ReservNr	Basister	Zu löschen
4060	08.09.2005	X
4061	08.09.2005	X
7474	31.07.2006	X
7487	31.07.2006	X
25090	07.06.2014	X

ReservNr	Pos	BedTermin	BewAlt	BewNeu	LöAlt	LöNeu
35000000	1	29.07.2022		X		
35000030	1	07.02.2023		X		
35000031	1	07.02.2023		X		
35000032	1	07.02.2023		X		
35000033	1	07.02.2023		X		
35000034	1	07.02.2023		X		
35000040	1	13.03.2023		X		
35000041	1	13.03.2023		X		

Abbildung 3.9: Unterschiede zwischen Testlauf und Löschen

Gelöschte Reservierungen

Gelöschte Reservierungen werden vollständig aus dem SAP-System entfernt. Anders als etwa bei Buchhaltungs- oder Rechnungsbelegen werden auch die Reservierungsnummer und der Kopf gelöscht. Es ist, als sei der Beleg niemals vorhanden gewesen.

3.4 Fazit

Mit Reservierungen lassen sich in der Zukunft liegende Materialbedarfe abbilden und das Material für einen bestimmten Zweck sichern. Der Verwendungszweck für das Material wird über die Bewegungsart ermittelt. Damit das Lager nicht unnötig durch nicht abgerufene oder weit in der Zukunft liegende Reservierungen aufgebläht wird, sind die beschriebenen Faktoren (Verweildauer, Bewegung erlaubt-Kennzeichen) im Customizing einzustellen. Ob bei Anlage der Reservierung ausreichend Bestand auf Lager liegt und die Ware zum gewünschten Zeitpunkt auch verfügbar ist, wird im nächsten Kapitel behandelt.

4 Verfügbarkeitsprüfung

Um bei der Anlage von Reservierungen, Fertigungsaufträgen (im Produktionsprozess, PP) oder Kundenaufträgen (in Sales and Distribution, SD) zu ermitteln, ob die gewünschte Menge zum benötigten Zeitpunkt auch zur Verfügung steht, wird im System eine Verfügbarkeitsprüfung angestoßen. In diesem Kapitel befassen wir uns mit der Verfügbarkeitsprüfung am Beispiel einer Reservierung.

Die Verfügbarkeitsprüfung kann auf zweierlei Weise erfolgen: zum einen statisch und zum anderen dynamisch.

4.1 Statische Verfügbarkeitsprüfung

Die statische Verfügbarkeitsprüfung wird je Bestandsart automatisch vom System durchgeführt, Einstellungen hierzu sind nicht möglich. Direkt bei Eingabe des Materials und der Menge prüft das System auf ausreichenden Bestand in der jeweiligen Ebene. Dies kann das Werk, den Lagerort oder die Chargen und Sonderbestände (freier Bestand, gesperrter Bestand, Konsignationsbestand etc.) betreffen. Geprüft wird in Form einer momentanen Bestandsaufnahme, wofür je nach Bewegungsart der entsprechende Bestand ausgewählt wird. Möchten Sie z. B. ein Material aus dem Lager für den Eigenverbrauch entnehmen (Bewegungsart 201 WARENAUSGANG ZUR KOSTENSTELLE), überprüft das System, ob ausreichend Bestand auf dem gewünschten Lagerort zur Verfügung steht. Sollte dies, wie in Abbildung 4.1, nicht der Fall sein, erhält der Bearbeiter eine Fehlermeldung mit dem Hinweis auf eine nicht ausreichende Bestandsdeckung. Im konkreten Beispiel liegen 28 St. des Materials auf Lager, es sollen aber 100 St. entnommen werden, was eine Unterdeckung von 72 St. zur Folge hätte: Ein Warenausgang ist nicht möglich.

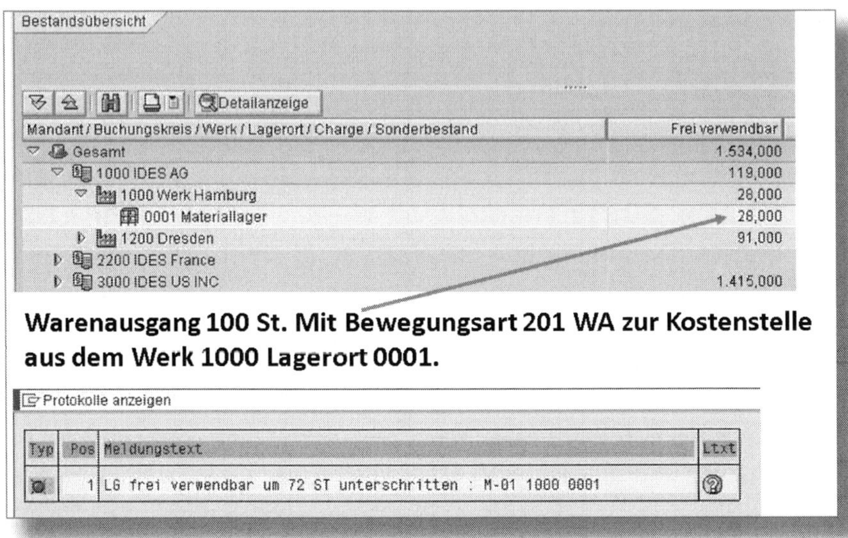

Abbildung 4.1: Lagerbestand um 72 St. unterschritten

4.2 Dynamische Verfügbarkeitsprüfung

Um bei Anlage einer Reservierung herauszufinden, ob die hierfür benötigten Materialien in ausreichender Menge vorhanden sind, wird die dynamische Verfügbarkeitsprüfung eingesetzt. Sie umfasst nicht nur den aktuellen Lagerbestand, sondern erweitert die Prüfung um die verfügbare Menge analog zur Disposition. Hierbei werden geplante Zu- und Abgänge mit in die Berechnung einbezogen. Eine Bestellung beispielsweise stellt einen Zugang zu einem konkreten Lieferdatum dar, da davon ausgegangen wird, dass der Lieferant rechtzeitig liefert. Die im vorigen Kapitel behandelte Reservierung dagegen bildet eine vorweggenommene Entnahme ab. Die reservierte Menge muss also zum gewünschten Zeitpunkt minus der eingestellten Tage »Bewegung erlaubt« von der verfügbaren Menge abgezogen werden. Das Beispiel in Abbildung 4.2 zeigt, wie eine Verfügbarkeitsprüfung zum jeweiligen Bedarfstermin angestoßen wird.

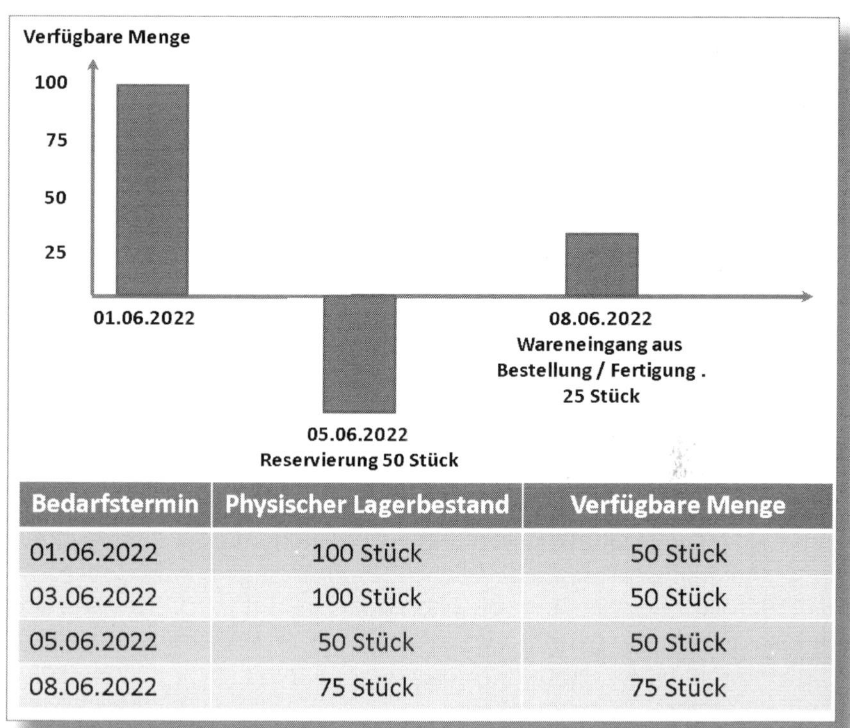

Bedarfstermin	Physischer Lagerbestand	Verfügbare Menge
01.06.2022	100 Stück	50 Stück
03.06.2022	100 Stück	50 Stück
05.06.2022	50 Stück	50 Stück
08.06.2022	75 Stück	75 Stück

Abbildung 4.2: Beispielrechnung dynamische Verfügbarkeitsrechnung

Die am 01.06.2022 im Lager befindliche Menge beträgt 100 Stück. Allerdings sind lediglich 50 Stück verfügbar, da die Reservierung wie eine Entnahme zählt und vom Lagerbestand abzuziehen ist. Am 08.06.2022 ist ein Wareneingang aus einer Bestellung bzw. einem Fertigungsauftrag vorgesehen. Diese 25 Stück werden der verfügbaren Menge ab diesem Datum hinzugeschrieben, obwohl sich die Ware noch nicht im Lager befindet.

Die Verfügbarkeitsprüfung läuft bei der Reservierung im Hintergrund ab und gibt bei Nichtverfügbarkeit eine Warnmeldung aus (siehe Abbildung 4.3). Die Reservierung kann dennoch angelegt werden.

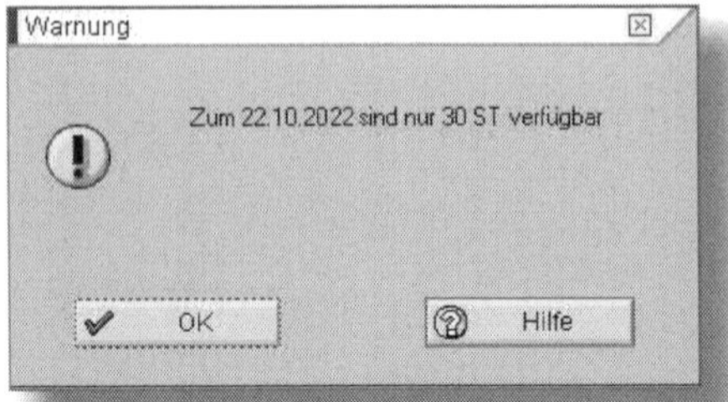

Abbildung 4.3: Warnung bei Nichtverfügbarkeit

Beim Anlegen eines Kunden- oder Fertigungsauftrags kann die Verfügbarkeitsprüfung auch manuell angestoßen werden. Hierzu sind die Icons (VERFÜGBARKEIT POSITION PRÜFEN) und (VERFÜGBARKEITSSITUATION ANZEIGEN) bestimmt.

Um mit der Verfügbarkeitsprüfung zu arbeiten, muss je Bewegungsart eingestellt werden, ob bei Nichtverfügbarkeit eine Warn- oder Fehlermeldung erscheint bzw. ob überhaupt geprüft wird. Für diejenige Transaktion, in der geprüft werden soll, wird eine Prüfregel hinterlegt, die in Kombination mit der Prüfgruppe je Material die Verfügbarkeitsprüfung ergibt.

4.3 Fehlteilprüfung

Die Fehlteilprüfung entspricht weitgehend der Verfügbarkeitsprüfung und läuft, wenn aktiviert, automatisch im Hintergrund ab. Unter einem *Fehlteil* versteht man in SAP ein Material, für das bereits beim Wareneingang ein Bedarf sowie der Warenausgang zugeteilt wurden. Das kann z. B. ein Material sein, das für die Produktion benötigt wird, sich aber nicht in ausreichender Stückzahl auf Lager befindet. Sobald das Material eintrifft, soll es nicht erst eingelagert und danach sofort wieder ausgelagert, sondern direkt an den Bestimmungsort gebracht werden (Produktionsstätte, Versandstelle etc.). Um dies zu gewährleisten, müssen der Erfasser des Wareneingangs sowie der zuständige Disponent eine Meldung erhalten. Zusätzlich muss für das jeweilige

Werk die Fehlteilprüfung aktiviert werden. Beim Erfassen des Wareneingangs erhalten der Mitarbeiter eine Fehlteilmeldung und der Disponent oder eine andere zuvor bestimmte Person eine entsprechende Meldung per E-Mail. Werksbezogen kann entschieden werden, ob diese Meldung *verdichtet* oder *unverdichtet* gesendet werden soll. Bei einer unverdichteten Fehlteilnachricht werden maximal fünf Fehlteile aufgenommen. Bei einer verdichteten Nachricht erzeugt das System eine Liste je Materialbeleg und Werk, unabhängig von der Positionsanzahl. Das Aktivieren der Fehlteilprüfung und die verdichtete bzw. unverdichtete Darstellung werden in der Transaktion OMBC (siehe Abbildung 4.4) im Customizing eingestellt.

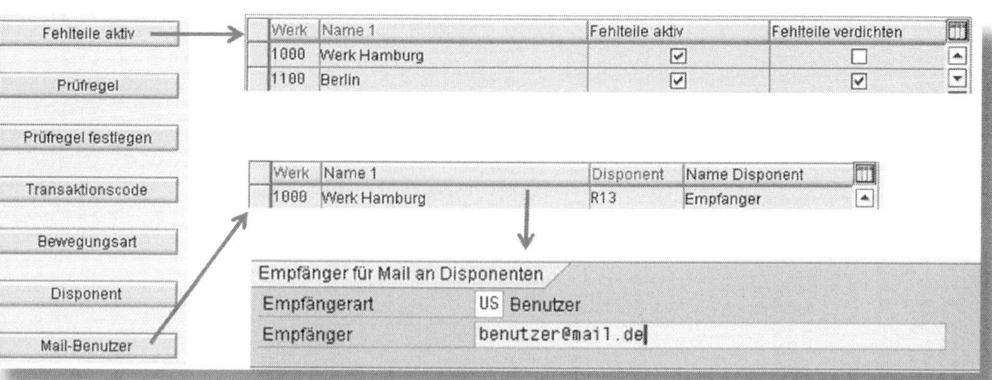

Abbildung 4.4: Einstellungen zur Fehlteilprüfung

5 Rücklieferung und Retoure

Materialien können aus verschiedenen Gründen zurückgesendet werden: Die Qualitätsprüfung kann negativ ausfallen, nach dem Buchen des Wareneingangs wird festgestellt, dass die falsche Ware geliefert wurde, oder die Ware wird einfach nicht mehr benötigt. Die verschiedenen Situationen sollen in diesem Kapitel näher erläutert werden.

5.1 Rücklieferung

Eine *Rücklieferung* erfolgt, wenn nach Wareneingang die Ware aus einem der eingangs genannten Gründe wieder an den Lieferanten zurückgesendet werden soll. Rücklieferungen werden in der Transaktion MIGO erfasst, als Vorgang wählen Sie RÜCKLIEFERUNG. Als Referenz sind hier der MATERIALBELEG des Wareneingangs oder die im Wareneingang erfasste LIEFERSCHEINNUMMER möglich. Durch den Vorgängerbeleg werden bei der Rücklieferung die Materialien und Positionen vorgeschlagen, welche zuvor mit Bezug zur Bestellung eingebucht wurden. Das SAP-System ermittelt automatisch eine der beiden dazugehörigen Bewegungsarten. Für die Rücklieferungen werden die beiden Bewegungsarten 122 RÜCKLIEFERUNG AN DEN LIEFERANTEN und 124 RÜCKLIEFERUNG AUS DEM WE-SPERRBESTAND verwendet. Im nächsten Schritt werden, wie bei einem Wareneingang, das OK-Kennzeichen für die gewünschten Positionen gesetzt sowie ggf. die Mengen angepasst und gebucht. Abbildung 5.1 zeigt den Ablauf des Wareneingangs zur Bestellung, die Rücklieferung und die darauffolgende Nachlieferung.

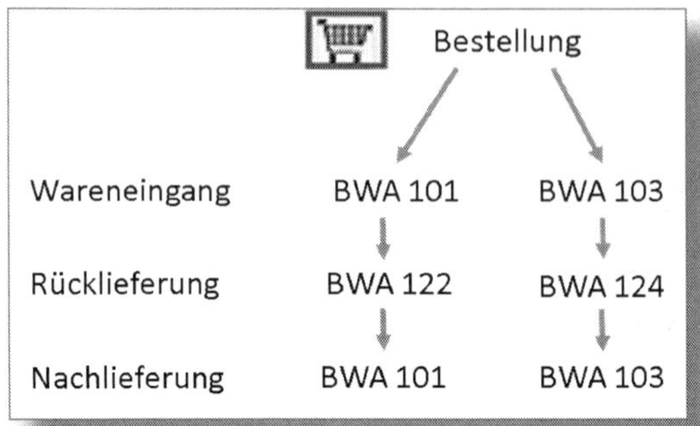

Abbildung 5.1: Ablauf Wareneingang – Rücklieferung – Nachlieferung

Mit der Bewegungsart 103 WARENEINGANG ZUR BESTELLUNG IN DEN WE-SPERRBESTAND (vgl. Abschnitt 1.8.6) wurde der Wareneingang unbewertet gebucht. Daher wird bei der Rücklieferung auch eine andere Bewegungsart ausgewählt, sodass auch die Rücklieferung unbewertet erfolgt. Hierbei finden keine FI-Buchungen im System statt. Anders beim Wareneingang mit der Bewegungsart 101 WARENEINGANG ZUR BESTELLUNG INS LAGER: Hier wurde beim Wareneingang das Material wert- und mengenmäßig eingebucht und ist daher mit der Rücklieferung wieder auszubuchen.

Rücklieferungen

- Wurde ein Wareneingang bewertet gebucht, muss die Rücklieferung auch bewertet erfolgen.
- Wurde der Wareneingang unbewertet gebucht, muss die Rücklieferung ebenfalls unbewertet gebucht werden.

Haben Sie die *wareneingangsbezogene Rechnungsprüfung* gewählt, so wird in der logistischen Rechnungsprüfung jeder Wareneingang in der (Rechnungsprüfungs-)Transaktion MIRO als separate Position zur Abrechnung vorgeschlagen.

Literaturtipp zur Transaktion MIRO

Ausführliche Informationen zur logistischen Rechnungsprüfung und der wareneingangsbezogenen Rechnungsprüfung erhalten Sie im Buch »Rechnungsprüfung mit SAP ERP (MM)« (Espresso Tutorials, 2. Auflage, 2022).

Bei einer Rücklieferung ist zu beachten, dass die Rechnung für eine bereits abgerechnete Position zu stornieren ist oder der nachfolgende Wareneingang mit Bezug zum Rücklieferungsbeleg gebucht wird. Über diesen Beleg wird der Bezug zur Rechnung automatisch hergestellt. Ob eine Rücklieferung bei einer bereits gebuchten Rechnung überhaupt möglich ist, muss im Customizing für jede der Bewegungsarten einzeln genehmigt werden. Soll dies nicht erlaubt sein, so ist eine Rücklieferung erst nach dem Storno der dazugehörigen Rechnung möglich. Die entsprechende Einstellung ist in der Customizing-Transaktion OMBZ je Bewegungsart zu erfassen (siehe Abbildung 5.2).

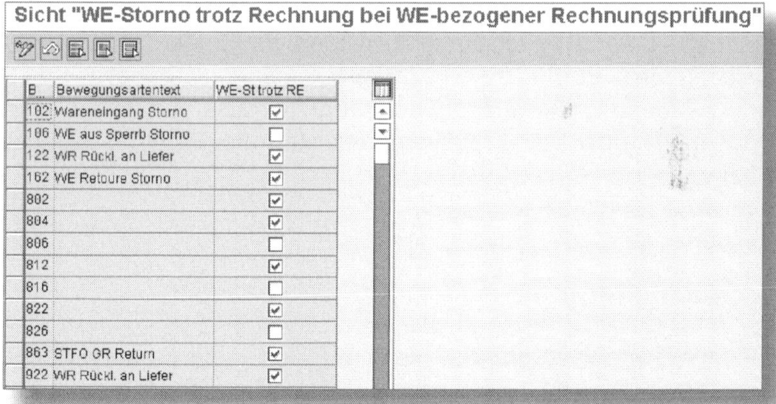
Sicht "WE-Storno trotz Rechnung bei WE-bezogener Rechnungsprüfung"

B...	Bewegungsartentext	WE-St trotz RE
102	Wareneingang Storno	☑
106	WE aus Sperrb Storno	☐
122	WR Rückl. an Liefer	☑
162	WE Retoure Storno	☑
802		☑
804		☑
806		☐
812		☑
816		☐
822		☑
826		☐
863	STFO GR Return	☑
922	WR Rückl. an Liefer	☑

Abbildung 5.2: OMBZ – WE-Storno trotz WE-bezogener Rechnungsprüfung

5.2 Grund der Bewegung

Um später auswerten zu können, warum Rücklieferungen ausgelöst wurden, ist im SAP-Standard auf den Positionsdetails der *Transaktion MIGO* für die Bewegungsarten 122 und 124 das Feld GRUND DER BEWEGUNG als Pflichtfeld definiert (siehe Abbildung 5.3).

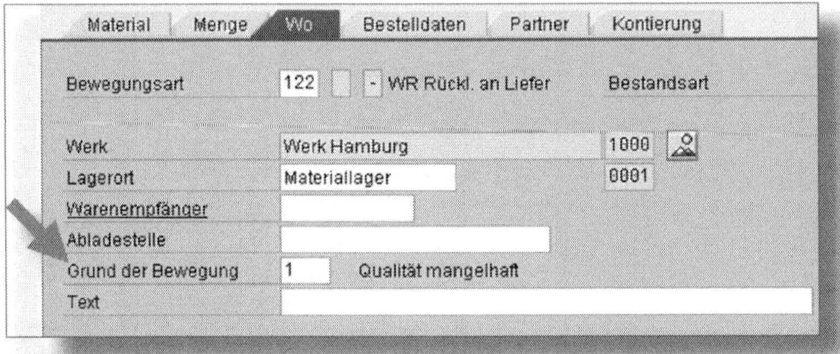

Abbildung 5.3: Grund der Bewegung

Die Eingabe des Grundes hat keine steuernden Eigenschaften, d. h., diese Eingabe dient lediglich der Auswertung. Es können im Customizing beliebig viele Gründe zu einer Bewegungsart hinterlegt werden. Ob der Bewegungsgrund eingegeben werden muss, kann oder dies nicht möglich ist sowie die Erstellung neuer Gründe, wird im Abschnitt 12.14 behandelt.

5.3 Nachlieferung

Sendet der Lieferant aufgrund unserer Rücklieferung Ersatzmaterial, so sollte diese erneute Lieferung als *Nachlieferung* mit Bezug zur Rücklieferung in der MIGO erfasst werden. Als Vorgang wählt man RÜCKLIEFERUNG und kann sich sodann als Referenz zwischen dem MATERIALBELEG oder dem LIEFERSCHEIN der Rücklieferung entscheiden (siehe Abbildung 5.4).

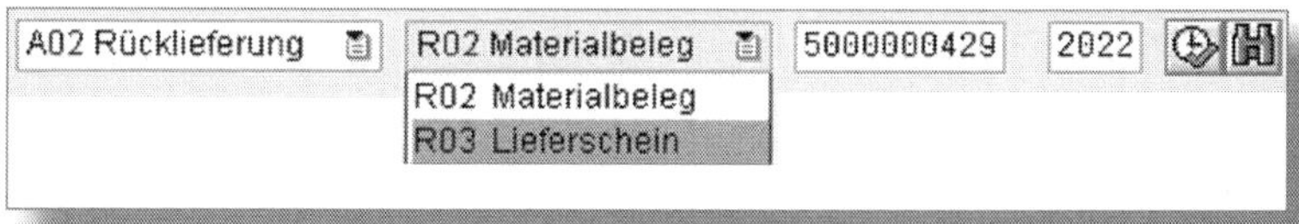

Abbildung 5.4: Vorgang Rücklieferung in der MIGO

Bezieht man sich auf einen der Vorgängerbelege, so werden die Materialien und Mengen der Rücklieferung vorgeschlagen. Eine erneute Eingabe ist nicht mehr nötig. Ebenso wird die Bewegungsart vom System automatisch ermittelt. Eine Nachlieferung ist nach einer Rücklieferung (BWA 122), einem Wareneingang (BWA 101) oder einem Storno des Wareneingangs (BWA 102) möglich. In der Bestellentwicklung wird eine Nachlieferung wie ein normaler Wareneingang angezeigt. In Abbildung 5.5 wird eine Bestellentwicklung gezeigt, die mehrere Aktivitäten aufweist (die aktuellsten Vorgänge stehen in der Bestellentwicklung an erster Stelle):

- Wareneingang zur Bestellung (BWA 101) 50 Stück
- Storno des Wareneingangsbelegs (BWA 102) 50 Stück
- erneuter Wareneingang (BWA 101) 100 Stück
- Rücklieferung (BWA 122) 10 Stück
- Nachlieferung mit Bezug zur Rücklieferung (BWA 101) 10 Stück

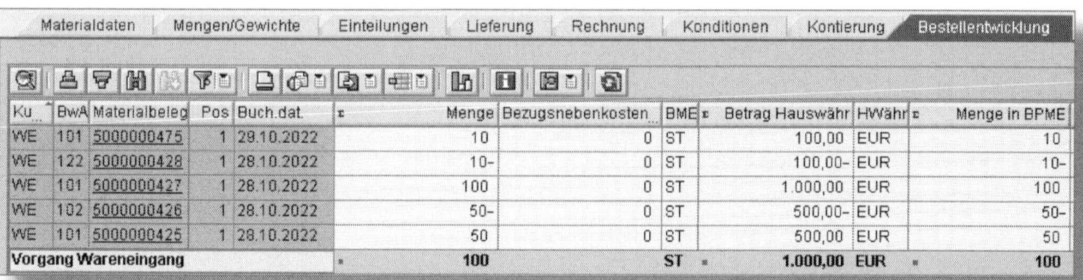

Ku...	BwA	Materialbeleg	Pos	Buch.dat.	Σ	Menge	Bezugsnebenkosten...	BME	Σ	Betrag Hauswähr	HWähr	Σ	Menge in BPME
WE	101	5000000475	1	29.10.2022		10	0	ST		100,00	EUR		10
WE	122	5000000428	1	28.10.2022		10-	0	ST		100,00-	EUR		10-
WE	101	5000000427	1	28.10.2022		100	0	ST		1.000,00	EUR		100
WE	102	5000000426	1	28.10.2022		50-	0	ST		500,00-	EUR		50-
WE	101	5000000425	1	28.10.2022		50	0	ST		500,00	EUR		50
Vorgang Wareneingang					▪	**100**		**ST**	▪	**1.000,00**	**EUR**	▪	**100**

Abbildung 5.5: Bestellentwicklung

5.4 Retoure

Eine *Retoure* ist ebenfalls eine Rücklieferung an unseren Lieferanten, unterscheidet sich im SAP-System jedoch dahingehend, dass zu ihr keine Nachlieferung, sondern eine Gutschrift erwartet wird. Dies kann verschiedene Gründe haben: Nach erneuter Schlechtleistung ist kein Ersatz der Ware erwünscht; diese wird nicht mehr benötigt oder auf anderen Wegen beschafft. Ebenfalls als Retoure kann gebucht werden, wenn mit dem Lieferanten eine Rücksendung von Materialien gegen Gutschrift vereinbart wurde, beispielsweise leere Tonerkartuschen, die der Lieferant zurücknimmt und erneut befüllen kann.

Eine Retoure wird in der MIGO mit dem Vorgang WARENEINGANG gebucht, allerdings mit der BWA 161 und umgekehrtem Kennzeichen (siehe Abbildung 5.6).

Zeile	Materialkurztext	OK	Menge in EME	E...	Lagerort	Bewertung	Be...	R	Bestandsart	Werk
1	Testmaterial	☐	20	ST	Materiallager		161	-	Frei verwendbar	Werk Hamburg

Abbildung 5.6: Retourenposition in der MIGO

Da mit der Retoure die Erwartung einer Gutschrift für das zurückgesendete Material verbunden ist, wird bei der Buchung ein Buchhaltungsbeleg erzeugt. Der Bestand nimmt ab (Menge x Bewertungspreis aus dem Materialstamm), und als Gegenbuchung wird das WE/RE-Konto belastet. Bei Erhalt der Gutschrift wird es mit dem Kreditorenkonto ausgeglichen. Abbildung 5.7 zeigt den Buchhaltungsbeleg der Materialbuchung, darunter sehen Sie in Abbildung 5.8 die Buchungen bis zum Ausgleich durch den Kreditor.

Bu...	Pos	BS	S	Konto	Bezeichnung	Betrag	Währg	St
1000	1	99		300000	Rohstoffe 1	200,00-	EUR	
	2	86		191100	WE/RE-Verrech.Fremdb	200,00	EUR	

Abbildung 5.7: Buchhaltungsbeleg zur Retoure bei der Bestandsbuchung

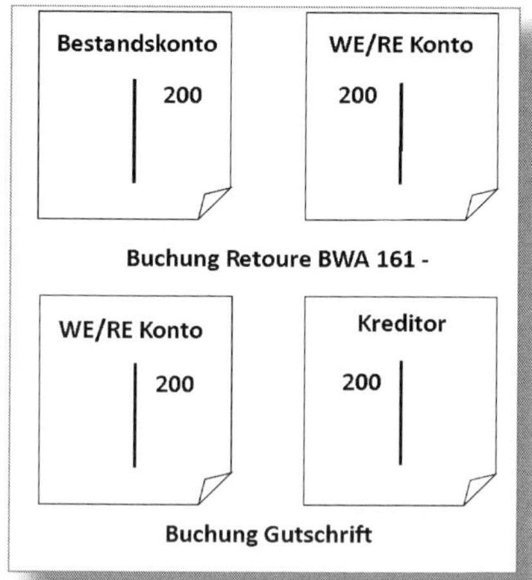

Abbildung 5.8: Konten der Buchung

Bevor die Retoure als Wareneingang gebucht werden kann, wird sie in der Bestelltransaktion ME21N erfasst. Hierbei wird die Retouren- wie eine normale Bestellposition behandelt. Um dem System mitzuteilen, dass es sich um eine Retoure handelt, setzt man in der jeweiligen Position das RETOURE-KENNZEICHEN (siehe Abbildung 5.9).

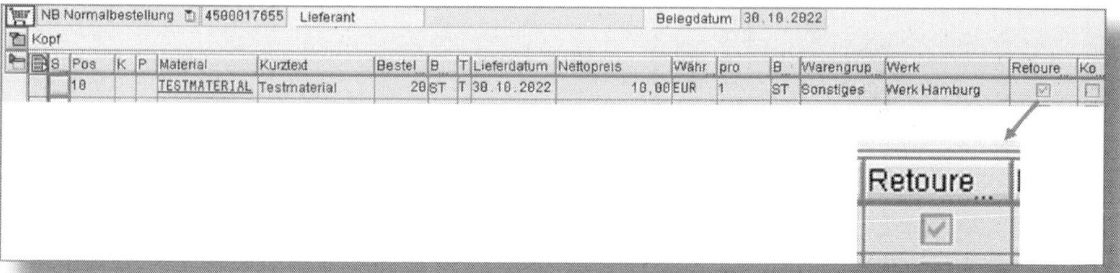

Abbildung 5.9: Retoure-Kennzeichen in der Bestelltransaktion ME21N

Falls die Retoure über den Versand abgewickelt wird, muss im Lieferantenstammsatz in den Daten der Einkaufsorganisation das Kennzeichen RETOURE ÜBER VERSAND aktiviert werden. Für eine weitere Vereinfachung der Retoure kann im Customizing eingestellt werden, dass für die Bewegungsart 161 eine automatische Bestellung im Moment der Warenbuchung erzeugt wird (siehe auch Abschnitt 12.5).

Folge von Rücklieferung oder Retoure

- Bei einer Rücklieferung wird eine Nachlieferung erwartet.
- Bei einer Retoure wird eine Gutschrift erwartet.

5.5 Storno eines Materialbelegs

Ein *Storno* wird erfasst, falls bei der Belegeingabe und anschließender Buchung ein Fehler unterlaufen ist. Da nach einer Buchung im Materialbeleg in Bezug auf Material und Menge keine Änderungen mehr möglich sind, muss die Änderung über einen Storno des Materialbelegs mit anschließender Neuerfassung erfolgen. Es ist zu empfehlen, den Storno mit Bezug zum Vorgängerbeleg zu erfassen. Das System erstellt dann einen Stornobeleg, in dem die zu stornierenden Positionen nur noch ausgewählt werden müssen. Die *Stornobewegungsart* ermittelt das System selbstständig, wie in Abbildung 5.10 zu sehen. Die Stornobewegungsart ergibt sich aus der zu stornierenden Bewegungsart +1. Einstellungen zur Bewegungsart im Customizing werden im Abschnitt 12.2 beschrieben.

	Bewegungsart	Stornobewegungsart
Wareneingang zur Bestellung	101	102
Wareneingang ohne Bestellung	501	502
Bestandsaufnahme	561	562

Abbildung 5.10: Stornobewegungsarten

Die Stornierung eines Materialbelegs wird in der Transaktion MIGO mit dem Vorgang STORNO und dem Bezug MATERIALBELEG erfasst. Anschließend setzt man das OK–Kennzeichen für die zu stornierenden Positionen (siehe Abbildung 5.11).

Abbildung 5.11: Erfassung des Stornos in der Transaktion MIGO

Die stornierte Menge wird wert- und mengenmäßig fortgeschrieben. Der Wert der stornierten Warenbewegung wird aus der Bestellung bzw. dem Fertigungsauftrag ermittelt. Die Stornierung ist in der Bestellentwicklung fortgeschrieben, wie in Abbildung 5.12 zu sehen. Der Einkäufer erkennt somit, dass der Wareneingang storniert wurde, die offene Bestellmenge erhöht sich durch diesen Vorgang wieder. Erkennbar ist der Storno an der Bewegungsart 102, und bei der Menge bzw. dem Wert ist die Richtung der Bewegung durch ein Minuszeichen angezeigt.

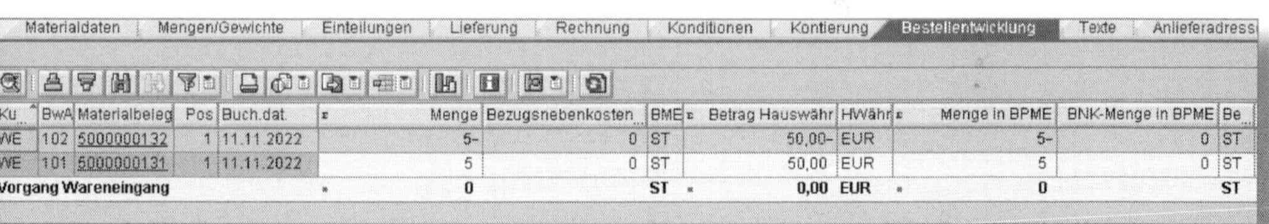

Ku..	BwA	Materialbeleg	Pos	Buch.dat.	Σ	Menge	Bezugsnebenkosten	BME	Σ	Betrag Hauswähr	HWähr	Σ	Menge in BPME	BNK-Menge in BPME	Be..
WE	102	5000000132	1	11.11.2022		5-	0	ST		50,00-	EUR		5-	0	ST
WE	101	5000000131	1	11.11.2022		5	0	ST		50,00	EUR		5	0	ST
Vorgang Wareneingang					•	**0**		**ST**	•	**0,00**	**EUR**	•	**0**		**ST**

Abbildung 5.12: Bestellentwicklung nach Wareneingangsstorno

Soll der Stornobeleg gelöscht werden, wird dieser ebenfalls mit dem Vorgang STORNO erfasst. Die Bewegungsart wird im Beispielfall wieder umgekehrt. Das bedeutet, dass die Stornobewegungsart 102 mit der Bewegungsart 101 storniert wird.

Falls Sie nicht die gesamte Position stornieren, sondern nur ein Teilstorno (Wareneingang 20 Stück – Storno 5 Stück) buchen möchten, erfassen Sie den Storno ohne Bezug zu einem Beleg. Als Vorgang wählen Sie den WARENEINGANG und als Bezug SONSTIGES. Die Stornobewegungsart muss nun manuell erfasst werden. Ebenso müssen das Werk und der Lagerort angegeben werden, um dem System mitzuteilen, wo der Storno des Materials erfolgen soll (siehe Abbildung 5.13).

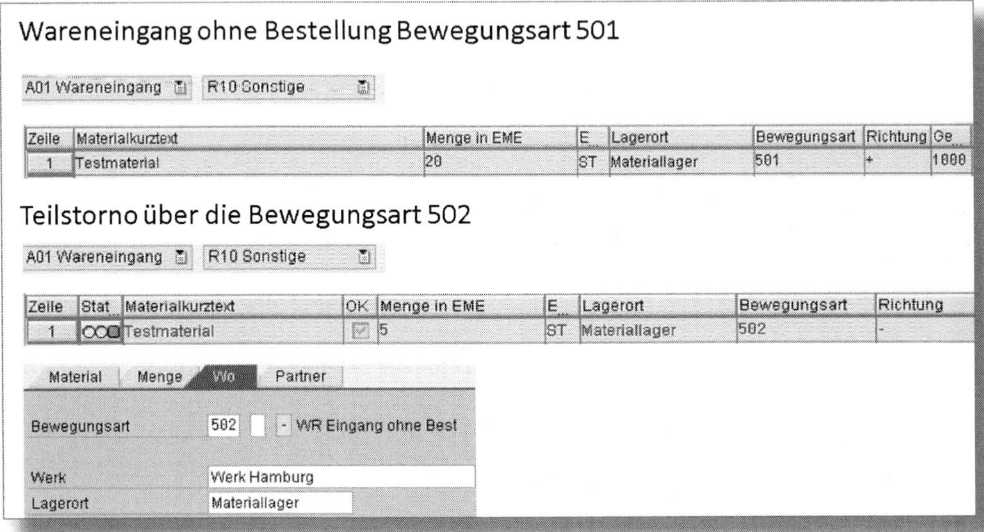

Abbildung 5.13: Manueller Teilstorno ohne Bezug zum Vorgängerbeleg

Zur Auswertung der stornierten Belege stellt das SAP-System in der Transaktion MBSM eine Liste zur Verfügung, aus der sowohl in die einzelnen Materialbelege als auch in die zugehörigen Buchhaltungsbelege verzweigt werden kann (siehe Abbildung 5.14).

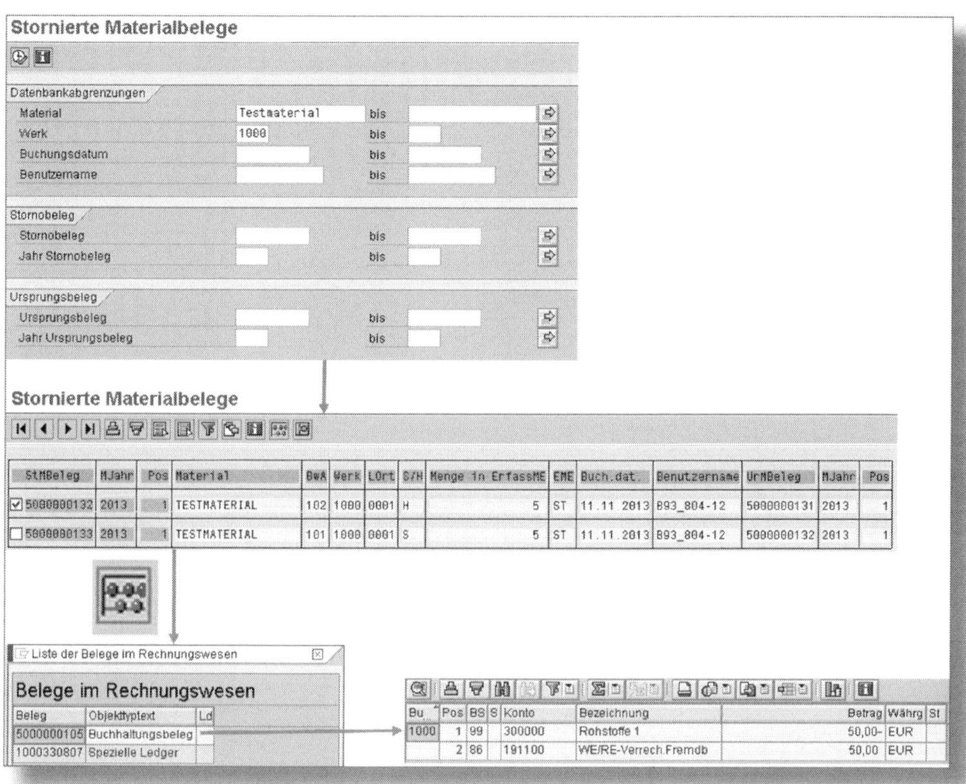

Abbildung 5.14: Liste der stornierten Materialbelege – Transaktion MBSM

5.6 Fazit

In diesem Kapitel wurde aufgezeigt, mit welchen Möglichkeiten im SAP-System abgebildet werden kann, wie bereits gelieferte und erfasste Waren zurückzusenden oder ein Wareneingang zurückzunehmen sind. Eine parallele Kommunikation zu den Lieferanten sollte hier – im eigenen Interesse – selbstverständlich sein, um bei einer eventuellen Rücklieferung nicht vor verschlossenen Türen zu stehen. Dies kann über die *Nachrichtenfindung* im SAP-System abgebildet werden, auf die ich im Rahmen dieses Kompaktwerks nicht weiter eingehen kann. Im nachfolgenden Kapitel erfahren Sie, welche Einstellungen Sie für die Buchung von Materialbelegen mit Mengen- oder Preisabweichungen zu den Vorgängerbelegen nutzen können.

6 Toleranzen und Prüfungen im Wareneingang

Die Bestandsführung von SAP bietet dem Mitarbeiter im Wareneingang verschiedene Wege, um trotz Abweichungen zu Bestellungen einen Wareneingang vollziehen zu können. Neben diesen Möglichkeiten stelle ich Ihnen die unterschiedlichen Toleranzen sowie die Funktion und Auswirkung des Endlieferkennzeichens vor.

6.1 Unterlieferung

Eine *Unterlieferung* wird im SAP-System als eine Teillieferung wahrgenommen und daher grundsätzlich zugelassen. Das System erwartet eine oder mehrere weitere Lieferung/en bis zum Erhalt der bestellten Menge. Um den verantwortlichen Mitarbeiter über die Unterlieferung zu informieren, muss in der MIGO vor dem Buchen der Beleg geprüft werden. Ist in der Bestellung in den Positionsdetails auf dem Reiter LIEFERUNG eine Unterlieferungstoleranz gepflegt, und liegt die zu buchende Menge im Wareneingang außerhalb dieser Toleranz, so gibt das System eine Warnmeldung aus. Der Wareneingang kann aber dennoch gebucht werden (siehe Abbildung 6.1).

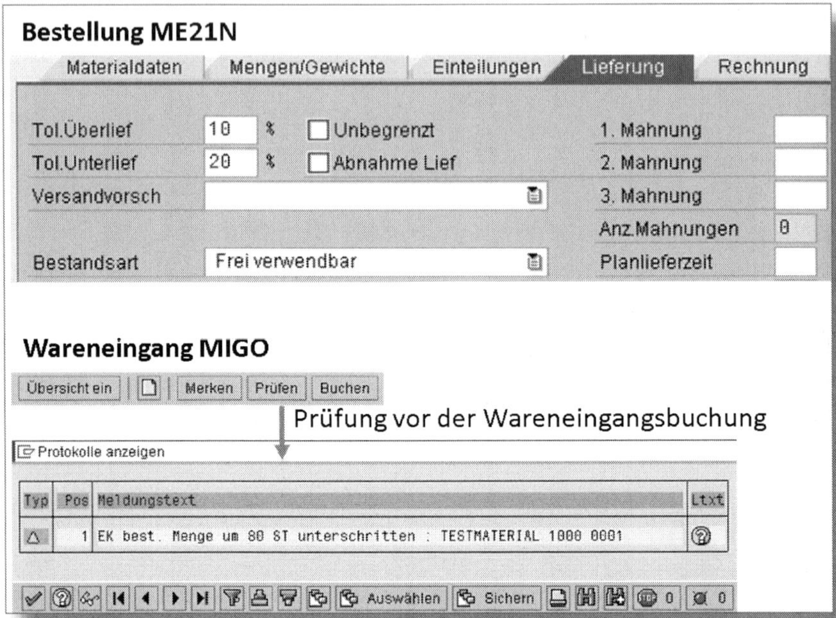

Bestellung ME21N

Materialdaten | Mengen/Gewichte | Einteilungen | Lieferung | Rechnung

Tol.Überlief	10 %	☐ Unbegrenzt	1. Mahnung	
Tol.Unterlief	20 %	☐ Abnahme Lief	2. Mahnung	
Versandvorsch			3. Mahnung	
			Anz.Mahnungen	0
Bestandsart	Frei verwendbar		Planlieferzeit	

Wareneingang MIGO

Übersicht ein | Merken | Prüfen | Buchen

Prüfung vor der Wareneingangsbuchung

Protokolle anzeigen

Typ	Pos	Meldungstext	Ltxt
△	1	EK best. Menge um 80 ST unterschritten : TESTMATERIAL 1000 0001	

Auswählen | Sichern

Abbildung 6.1: Prüfen des Wareneingangs auf Unterlieferung und Meldung bei Unterschreitung der Toleranzgrenze

Die Toleranzgrenzen sowohl für eine Über- als auch Unterlieferung können Sie in den Einkaufsdaten des Einkaufsinfosatzes über die Transaktion MB21 INFOSATZ ANLEGEN einstellen. Diese Toleranzen werden in die Bestellung als Vorschlagswerte übernommen, die dann manuell geändert werden dürfen (siehe Abbildung 6.2).

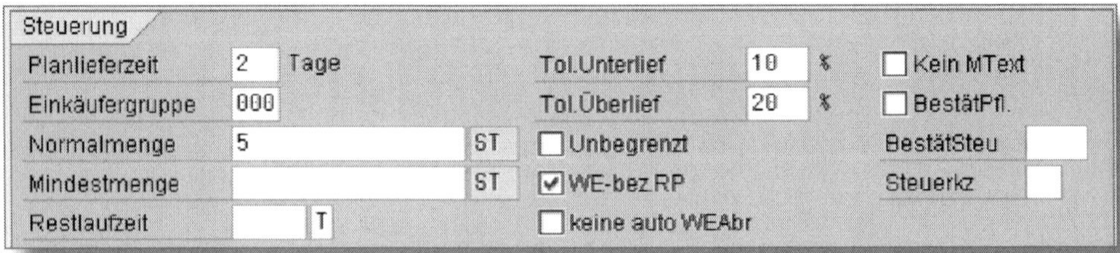

Steuerung

Planlieferzeit	2 Tage	Tol.Unterlief	10 %	☐ Kein MText	
Einkäufergruppe	000	Tol.Überlief	20 %	☐ BestätPfl.	
Normalmenge	5 ST	☐ Unbegrenzt		BestätSteu	
Mindestmenge	ST	☑ WE-bez.RP		Steuerkz	
Restlaufzeit	T	☐ keine auto WEAbr			

Abbildung 6.2: Steuerungsdaten EK-Infosatz – Toleranzgrenzen

Fehlt zur Kombination Lieferant-Material ein Einkaufsinfosatz, können die Toleranzen auch im Materialstammsatz eingegeben werden. Allerdings wird dort nicht die jeweilige Toleranzgrenze einzeln eingestellt, sondern muss in der Einkaufssicht über den *Einkaufswerteschlüssel* gepflegt werden (siehe Abbildung 6.3). Dieser wird im Customizing der Materialwirtschaft eingestellt (vgl. Abschnitt 12.6). Soll bei einer Unterlieferung eine bestimmte Mindestmenge gelten, unter der kein Wareneingang möglich ist, kann dies über den *Mindestlieferprozentsatz* eingerichtet werden.

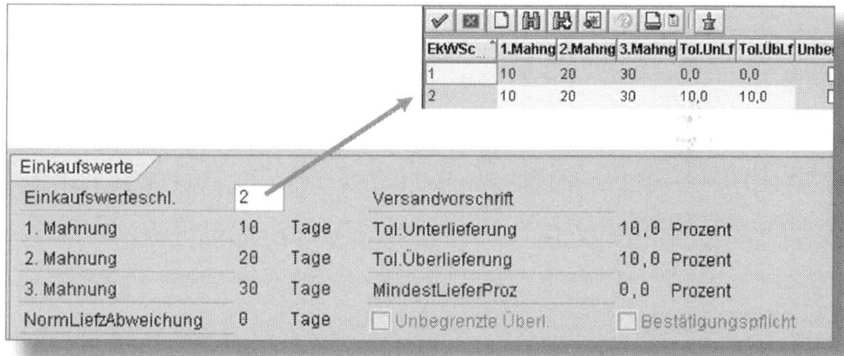

Abbildung 6.3: Einkaufswerteschlüssel im Materialstamm

6.2 Überlieferung

Schickt der Lieferant mehr Ware als bestellt wurde, so spricht man von einer *Überlieferung*. Die Toleranzen werden bei einer Überlieferung identisch zur Unterlieferung eingestellt. Anders als bei Unterlieferungen sind Überlieferungen jedoch nicht generell zugelassen. Sind keine Überlieferungstoleranzen gepflegt, so ist ein Wareneingang nur bis zur Bestellmenge möglich. Wird versucht, beim Wareneingang eine höhere Menge zu buchen, erhält der Benutzer eine Fehlermeldung (siehe Abbildung 6.4). Nur wenn eine Überlieferungstoleranz gepflegt ist, kann ein Wareneingang bis zu dieser Grenze gebucht werden.

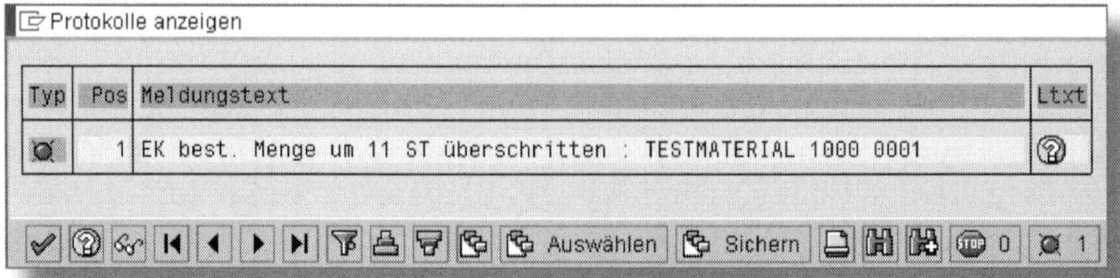

Abbildung 6.4: Fehlermeldung bei Überlieferung

Sollte nach bereits erfolgtem Wareneingang der Umfang der bestellten Menge erreicht sein, und der Lieferant möchte mit einer zweiten Lieferung die Überlieferungstoleranz ausreizen, ist auch dies nicht möglich. Sobald die Bestellmenge vollständig beliefert wurde, ist ein weiterer Wareneingang (selbst bei Einhalten der Toleranzgrenze) nicht buchbar (siehe Abbildung 6.5).

Bestellmenge: 100 Stück **Überlieferungstoleranz 10 %**

Bereits gelieferte Menge	Liefermenge	Wareneingang möglich?
50 Stück	60 Stück	ja
50 Stück	65 Stück	nein
95 Stück	10 Stück	Ja
100 Stück	5 Stück	nein

Abbildung 6.5: Wareneingang bei Überlieferungstoleranz möglich?

Liegt bei einem Wareneingang die gelieferte Menge innerhalb der eingestellten Unter- bzw. Überlieferungstoleranz, gibt das System keine Warn- bzw. Fehlermeldung aus. Soll eine nicht limitierte Überlieferung möglich sein, so ist ein Häkchen bei UNBEGRENZTE ÜBERLIEFERUNG zu setzen.

6.3 Endlieferkennzeichen

Bei Bestellungen mit unvollständigen Wareneingang kommt es vor, dass der Lieferant die Fehlmengen nicht mehr liefern kann. Damit bei einer anschließenden Bestellüberwachung keine Mahnung von Restliefermengen generiert wird, gibt es im SAP-System das *Endlieferkennzeichen*. Ist dies in der Bestellung aktiviert, so gilt die Bestellung als abgeschlossen, das System erwartet keinen weiteren Wareneingang (siehe Abbildung 6.6). Eine Position ohne offene Bestellmenge ist unabhängig vom Endlieferkennzeichen als erledigt anzusehen.

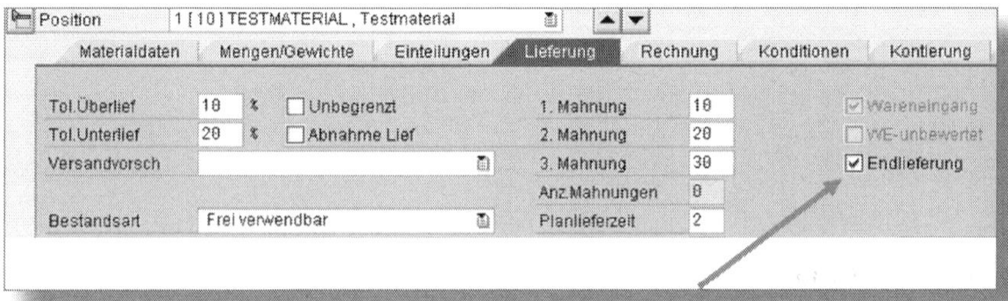

Abbildung 6.6: Endlieferkennzeichen in der Bestellung

Das Endlieferkennzeichen

Trotz Endlieferkennzeichens ist eine Wareneingangsbuchung bis zur jeweiligen Überlieferungstoleranz mit Bezug zur Position möglich. Ab SAP 6.0 EHP 4 kann mit der Systemmeldung M7 (ENDLIEFERKENNZEICHEN IN DER BESTELLPOSITION GESETZT) ein weiterer Wareneingang durch Setzen des Endlieferkennzeichens unterbunden werden. Hierfür ist die Meldung als Fehlermeldung einzustellen.

Das Endlieferkennzeichen kann vom Anwender, der den Wareneingang bucht, manuell in der MIGO gesetzt werden. Hierbei hat er folgende Auswahlmöglichkeiten:

- AUTOMATISCH SETZEN
- SETZEN
- NICHT SETZEN

Die Auswahl kann in der Positionsübersicht oder den Positionsdetails der Transaktion MIGO unter dem Reiter BESTELLDATEN (siehe Abbildung 6.7) vorgenommen werden.

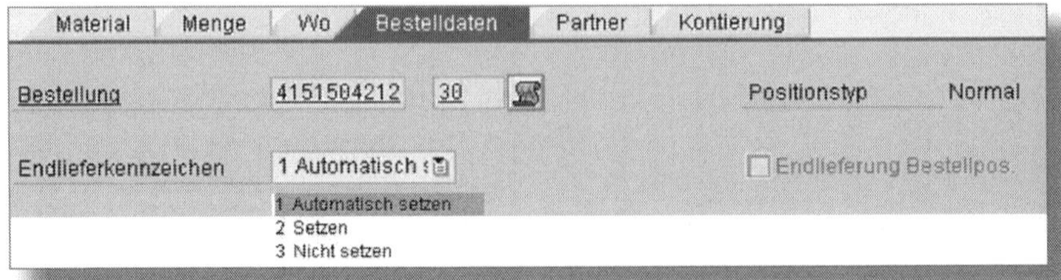

Abbildung 6.7: Endlieferkennzeichen in der MIGO setzen

Im Customizing wird je Werk eingestellt, ob das Endlieferkennzeichen bei Lieferungen innerhalb der Unter- und Überlieferungstoleranzen gesetzt wird oder nicht. Unabhängig von dieser Einstellung kann, wie oben beschrieben, das Endlieferkennzeichen stets manuell gesetzt werden. In Abschnitt 12.8 werde ich dies noch genauer beschreiben.

6.4 Toleranzschlüssel in der Bestellpreismengeneinheit

Bei Abweichungen der Bestellpreismenge im Wareneingang wird mit den beiden *Toleranzschlüsseln B1* und *B2* gearbeitet. Dazu wird in der Bestellung ergänzend zur Basismengeneinheit eine sogenannte *Bestellpreismengeneinheit* gepflegt.

Abweichung Naturprodukt

Es werden 10 Stück Serrano-Hinterschinken beim Erzeuger zu einem Preis von 12,00 € je kg bestellt. Jeder der Schinken soll ein Gewicht von 8 kg auf die Waage bringen (Bestellpreismenge 8 kg je Stück). Da der Schinken ein Naturprodukt ist und nicht immer genau 8 kg wiegt, kommt es zu Abweichungen. Um den genauen Preis je kg und nicht je Stück berechnen zu können, wird hier die *Bestellpreismenge* benötigt. Damit beim Wareneingang nicht zu schwere oder zu leichte Schinken angenommen werden, sind spezielle Toleranzschlüssel einzugeben.

Je Buchungskreis werden im Customizing die beiden Schlüssel B1 und B2 gepflegt.

- Der **Toleranzschlüssel B1** erzeugt bei einer prozentualen Unter- oder Obergrenze eine Fehlermeldung, die dazu führt, dass der Wareneingang nicht gebucht werden kann.
- Mit dem **Toleranzschlüssel B2** wird durch Verletzen der Unter- oder Obergrenze eine Warnmeldung erzeugt. Zusätzlich wird der Einkäufer per E-Mail über eine Bestellpreismengenabweichung informiert (siehe Abbildung 6.8).

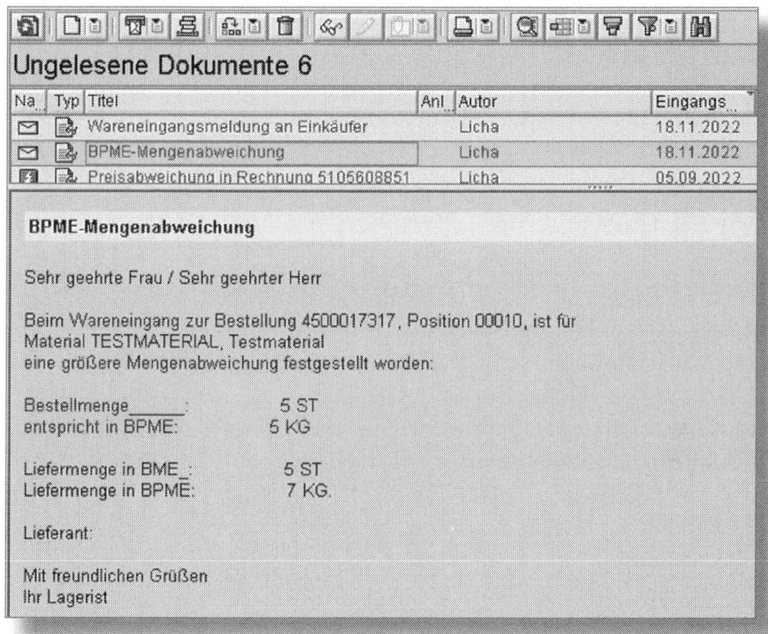

Abbildung 6.8: WE-Nachricht bei Bestellpreismengenabweichung

Abbildung 6.9 zeigt beide Meldungen (Warn- und Fehlermeldung).

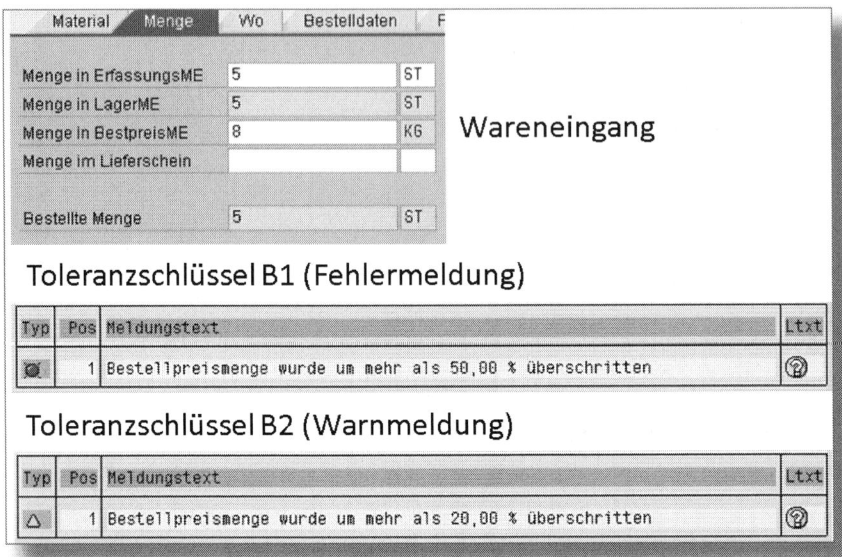

Abbildung 6.9: Meldungen der Toleranzschlüssel B1 und B2

Mit dem B1-Toleranzschlüssel entfällt die Benachrichtigung, da kein Wareneingang gebucht werden kann und es somit auch zu keiner Abweichung im System kommt. Damit der Einkäufer dennoch eine Benachrichtigung (per E-Mail) erhält, muss im Kopf der Bestelltransaktion das Kennzeichen WE-NACHRICHT aktiviert (siehe Abbildung 6.10) und im Customizing die Nachrichtenart MLMD gepflegt sein.

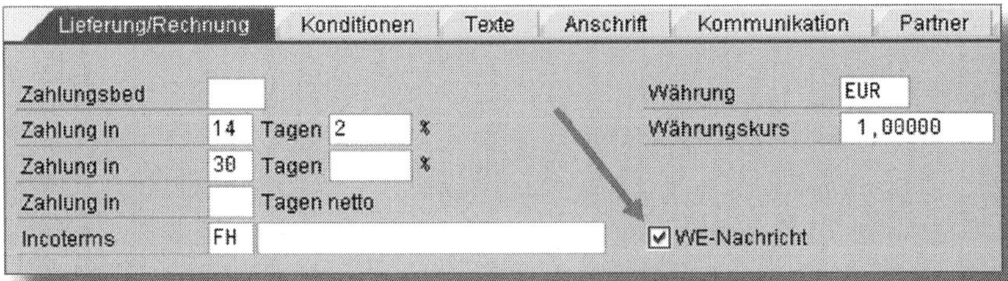

Lieferung/Rechnung | Konditionen | Texte | Anschrift | Kommunikation | Partner

Zahlungsbed
Zahlung in 14 Tagen 2 %
Zahlung in 30 Tagen %
Zahlung in Tagen netto
Incoterms FH
Währung EUR
Währungskurs 1,00000
WE-Nachricht

Abbildung 6.10: WE-Nachricht in der Bestelltransaktion

Die Einstellungen im Customizing zu den beiden Toleranzgrenzen der Bestellpreismengeneinheit werden im Abschnitt 12.9 beschrieben.

! Bestellungen mit Bestellpreismenge

Die Bestellpreismenge ist zwingend bei der Wareneingangsbuchung in den Positionsdetails zu pflegen.

6.5 Prüfungen auf Haltbarkeit und Restlaufzeit

Sollen beim Wareneingang Haltbarkeitsdaten von z. B. Lebensmitteln geprüft werden, bietet das SAP-System dazu zwei Methoden:

- Mindesthaltbarkeitsprüfung und
- Mindestrestlaufzeit.

Bei beiden Prüfungen soll der Erfasser des Wareneingangs nur dann einen Wareneingang buchen können, wenn gewisse Voraussetzungen erfüllt sind, d. h., wenn das einzulagernde Material noch eine bestimmte Zeit haltbar ist (etwa: »Der Joghurt muss noch mindestens 20 Tage haltbar sein.«).

6.5.1 Mindesthaltbarkeitsprüfung

Bei der Prüfung auf das Mindesthaltbarkeitsdatum (MHD) müssen vorab im Materialstamm auf der Sicht WERKSDATEN/LAGERUNG1 die MINDESTRESTLAUFZEIT sowie das PERIODENKENNZEICHEN eingetragen werden (siehe Abbildung 6.11).

Haltbarkeitsdaten

Max. Lagerungszeit		Zeiteinheit	
Mindestrestlaufzeit	20	Gesamthaltbarkeit	
Periodenkennz. MHD	T	Rundungsregel MHD	
Lagerprozentsatz			

Abbildung 6.11: Haltbarkeitsdaten im Materialstamm, Sicht Werksdaten/Lagerung1

Mit der *Mindestrestlaufzeit* wird die Dauer eingestellt, die ein Material beim Wareneingang mindestens noch haltbar sein muss, damit ein Wareneingang gebucht werden kann – in der Abbildung sind dies 20 Tage. Das Periodenkennzeichen kann dargestellt werden als:

- Jahr,
- Monat,
- Tag oder
- Woche.

Wenn als Periodenkennzeichen nicht »Tag« gewählt ist, wird die RUNDUNGSREGEL benötigt. Ist z. B. ein Material sechs Monate haltbar, so wird dem System über die Rundungsregel mitgeteilt, ob der Anfang oder das Ende der Periode (hier Monat) als Verfallsdatum angesehen werden soll. Beim Wareneingang wird – unter der Voraussetzung, dass im Materialstamm die Mindestrestlaufzeit gepflegt wurde – das Feld VERFALLSDATUM/MHD zur Pflichteingabe (siehe Abbildung 6.12).

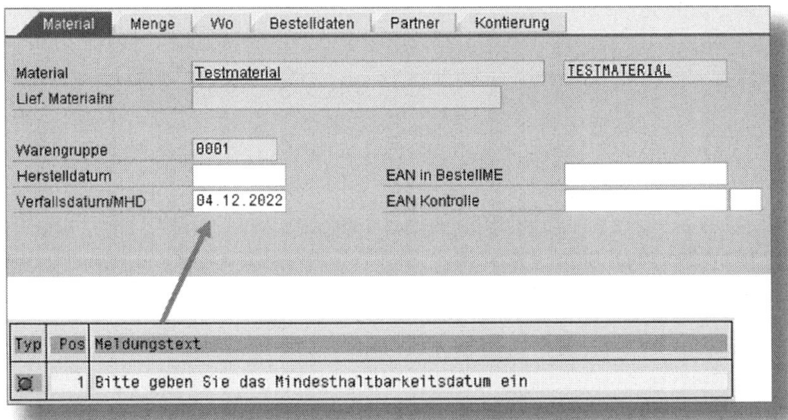

Abbildung 6.12: MHD beim Wareneingang in MIGO

Das eingegebene Mindesthaltbarkeitsdatum zusammen mit der Mindestrestlaufzeit aus dem Materialstamm dienen dem System zur Berechnung, ob ein Wareneingang möglich ist. Liegt das Verfallsdatum vor dem Wareneingangsdatum plus Mindestrestlaufzeit, so gibt SAP die folgende Fehlermeldung aus (siehe Abbildung 6.13):

Typ	Pos	Meldungstext
⊗	1	Restlaufzeit (20 Tag) ist in der akt. Position um 5 Tage unterschritt…

Abbildung 6.13: Fehlermeldung bei Unterschreiten der Mindestrestlaufzeit

In diesem Fall ist ein Wareneingang nicht möglich. Falls die Ware dennoch entgegengenommen werden soll, kann sie mit der Bewegungsart 103 in den Wareneingangssperrbestand gebucht und erst zu einem späteren Zeitpunkt entschieden werden, ob ein Wareneingang gebucht werden soll oder nicht (vgl. Abschnitt 1.8.6). Liegt das Mindesthaltbarkeitsdatum bei Wareneingang in der Zukunft, so wird dieser ohne weitere Meldung gebucht.

6.5.2 Mindestrestlaufzeitprüfung

Die zweite Möglichkeit, die Mindesthaltbarkeit einer Ware zu prüfen, ist die der *Mindestrestlaufzeit*. Hierbei ist die Gesamthaltbarkeit eines Artikels bereits bekannt, der Erfasser des Wareneingangs ergänzt nun das Herstelldatum. Nach aktueller Rechtslage darf z. B. ein Reifen nur als fabrikneu verkauft werden, wenn das Herstelldatum nicht länger als zwei Jahre zurückliegt. Da der Reifen möglichst innerhalb der nächsten sechs Monate verkauft werden soll, sind im Materialstamm als MINDESTRESTLAUFZEIT sechs Monate und als GESAMTHALTBARKEIT 24 Monate zu pflegen (siehe Abbildung 6.14).

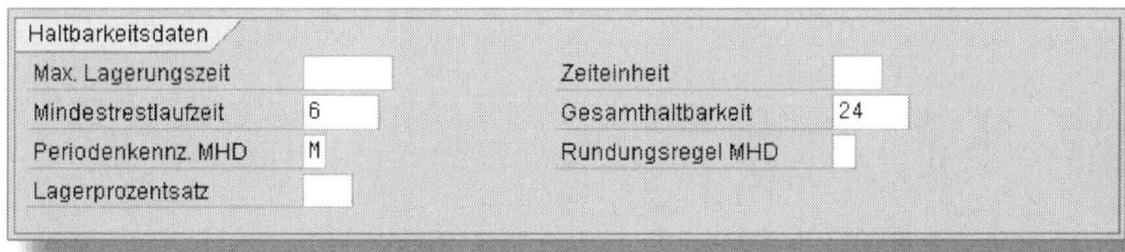

Abbildung 6.14: Haltbarkeitsdaten im Materialstamm Werksdaten/ Lagerung1

Beim Wareneingang wird demnach nicht das Verfalls-, sondern das Herstelldatum erfasst. Da dieses durch die Einstellungen im Materialstamm zum Pflichtfeld wurde, erscheint bei Nichteingabe eine Fehlermeldung wie in Abbildung 6.15.

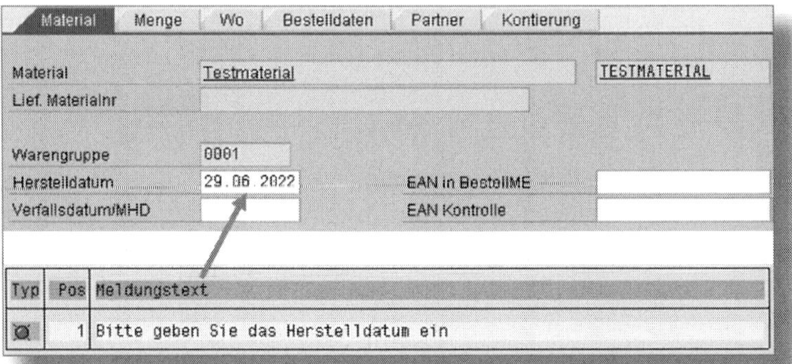

Abbildung 6.15: Herstelldatum beim Wareneingang in der MIGO

Analog zur Mindesthaltbarkeitsprüfung erzeugt das System eine Fehlermeldung bei Überschreiten des Mindesthaltbarkeitsdatums (siehe Abbildung 6.16). Eine Buchung in den Wareneingangssperrbestand mit späterem Entscheid ist auch hier möglich.

Typ	Pos	Meldungstext
	1	Das MHD in der akt. Position (29.06.2022) ist um 143 Tage überschritt...

Abbildung 6.16: Fehlermeldung bei Überschreiten der Mindesthaltbarkeit

6.6 Prüfungen auf zu frühe und zu späte Lieferung

Eine weitere Möglichkeit der Prüfung bei Wareneingang ist die der verspäteten oder der vorzeitigen Lieferung. Soll ein Wareneingang von Schokoladenosterhasen spätestens eine Woche vor Ostern noch gebucht werden können, so ist im Customizing die Meldung 163/M7 LETZTMÖGLICHES LIEFERDATUM entweder als Warn- oder als Fehlermeldung einzustellen. Zudem wird in der Bestellung in den Positionsdetails auf dem Reiter LIEFERUNG das spätestmögliche Wareneingangsdatum gepflegt (siehe Abbildung 6.17).

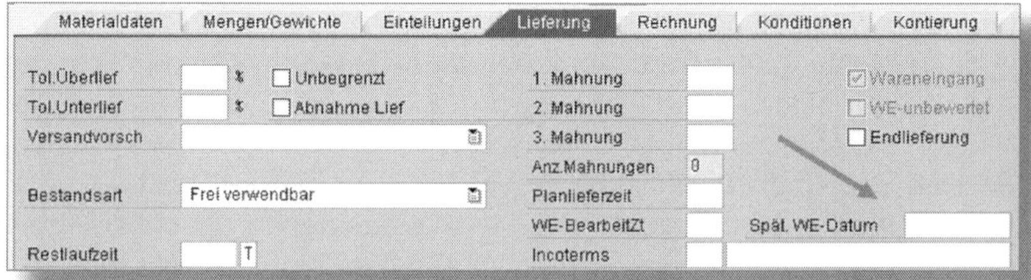

Abbildung 6.17: Spätestes Wareneingangsdatum in der Bestellung

Möchte man eine Ware, beispielsweise aufgrund begrenzter Kapazität des Lagers, nicht vor dem in der Bestellung ausgewiesenen Lieferdatum annehmen, so wird im Customizing die Meldungsnummer 254/M7 FRÜHESTMÖGLICHES LIEFERDATUM gepflegt. Die entsprechenden Customizing-Einstellungen werden im Abschnitt 12.10 näher erläutert. Unabhängig davon, ob eine *Warnmeldung* (siehe Abbildung 6.18) oder bei Wareneingang eine *Fehlermeldung* ausgegeben wird, kann das Material in den Wareneingangssperrbestand (vgl. Abschnitt 1.8.6) gebucht werden.

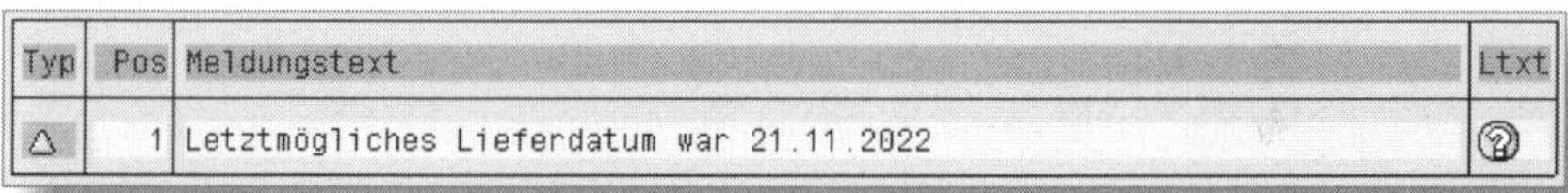

Abbildung 6.18: Warnmeldung bei Terminprüfung wegen verspäteter Lieferung

Warnmeldung bei Terminprüfung

Das System gibt eine Warnmeldung bei der Terminprüfung im Wareneingang nur aus, wenn der Beleg in der MIGO vor dem Buchen geprüft wird – der Wareneingang kann unabhängig von der Meldung dennoch gebucht werden. Ist die Meldung dagegen als Fehlermeldung eingestellt, so erscheint sie direkt beim Buchen – ein Wareneingang ist dann nicht möglich.

6.7 Fazit

Um den Mitarbeiter im Wareneingang bei der Arbeit zu unterstützen, lassen sich verschiedene Toleranzen und Prüfungen einstellen, die ihn auf Ereignisse oder Grenzen hinweisen. Diese Toleranzen können je nach Meldungstyp als Information dienen (Warnmeldung) oder die Ausführung einer Aktion verhindern (Fehlermeldung). Da diese Toleranzen material- bzw. bestellabhängig eingegeben werden können, ist eine sehr individuelle Bearbeitung möglich. Das nächste Kapitel befasst sich mit den direkt an einen Wareneingang anschließenden Schritten und zeigt die unterschiedliche Behandlung der Bestände.

7 Bestandsführung unterschiedlicher Material- und Bestandsarten

Das Buchen in der Bestandsführung ist nicht nur, wie bisher beschrieben, vom jeweiligen Vorgang und von der Bewegungsart abhängig. Auch die diversen Materialarten und deren Ausprägungen spielen eine wesentliche Rolle. Weitere Aspekte sind die Sonderbestandskennzeichen sowie verschiedene Kontierungsformen in der Bestellung.

7.1 Bewertetes und unbewertetes Material

Ob ein Material bewertet oder unbewertet im Bestand geführt wird, ist abhängig von den Einstellungen in der jeweiligen Materialart, die neben der Branche bei der Anlage eines Materials – beispielsweise in der Transaktion MM01 MATERIAL ANLEGEN – gewählt werden müssen (siehe Abbildung 7.1).

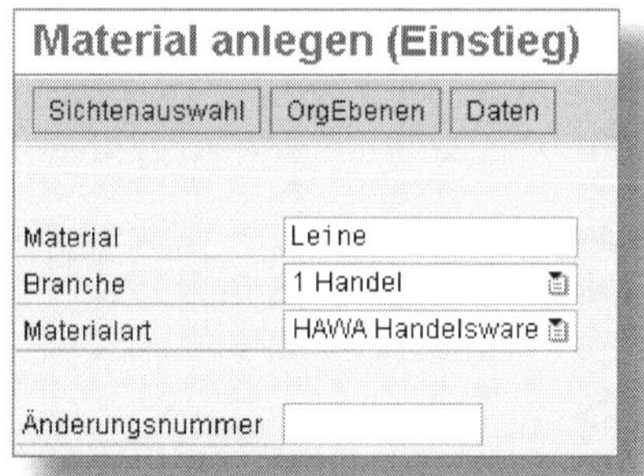

Abbildung 7.1: Transaktion MM01 Material anlegen – Einstiegsbild

Eine Materialart kann im Customizing (siehe Abschnitt 12.7) neu definiert werden oder deren Parameter lassen sich nachträglich ändern.

Eine Änderung der Materialart ist an vielfältige Bedingungen geknüpft. Solange das Material noch nicht benutzt und beispielsweise bei der Anlage versehentlich die falsche Materialart gewählt wurde, ist eine Änderung mittels der Transaktion MMAM möglich (siehe Abbildung 7.2). Das Material sowie die neue Materialart werden eingegeben. Die bisherige Materialart wird vom System ermittelt und durch Ausführen und Bestätigen der Warnmeldung in die richtige Materialart geändert.

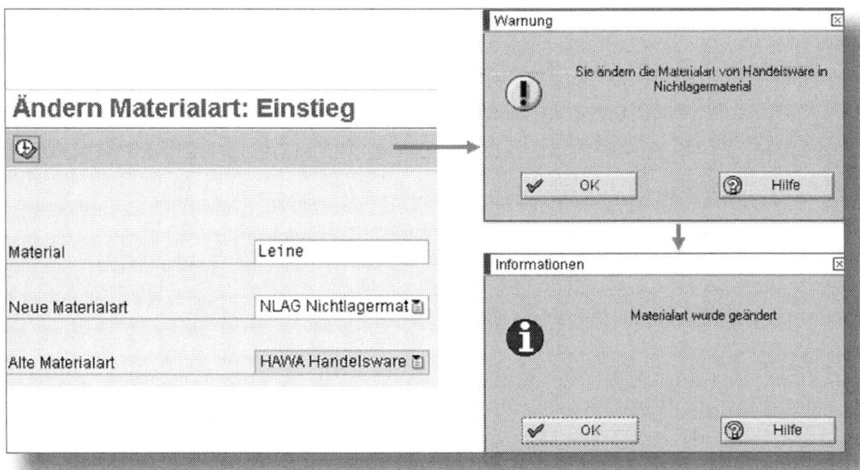

Abbildung 7.2: Ändern der Materialart

Sollte das Material bereits verwendet worden sein, oder es liegen Bestand, Einkaufsbelege (Bestellungen, Kontrakte etc.) bzw. Reservierungen vor, sind folgende Voraussetzungen für eine Änderung zu erfüllen:

- Der Bestandswert des Materials muss in der neuen Materialart auf das gleiche Sachkonto wie in der alten Materialart fortgeschrieben werden.
- Die Mengen- und Wertfortschreibung der alten und neuen Materialart müssen in sämtlichen Werken identisch sein.
- War die Qualitätsprüfung für die alte Materialart erlaubt, so muss sie auch in der neuen erlaubt sein.
- Ist in der Logistic Execution ein Transportauftrag noch nicht abgeschlossen, oder für das Material existieren *Quants* (= be-

nennbare Mengen eines bestimmten Materials), so muss in der neuen Materialart die Sicht LAGERVERWALTUNG erlaubt sein.

- Sind für die alte Materialart sowohl V- als auch S-Preissteuerung zugelassen, darf in der neuen Materialart der S-Preis nicht verbindlich eingestellt sein.

7.1.1 Bewertetes Material

Ein bewertetes Material muss einen Stammsatz haben, und die Sicht BUCHHALTUNG 1 muss gepflegt sein. Ein bewertetes Material wird mit dem Bewertungspreis im Materialstammsatz auf Werksebene geführt. Der Bestandswert des jeweiligen Materials ergibt sich aus dem Bewertungspreis multipliziert mit der Menge (siehe Abbildung 7.3). Um als bewertetes Material zu gelten, ist im Customizing für die Materialart die *Wertfortschreibung* zugelassen.

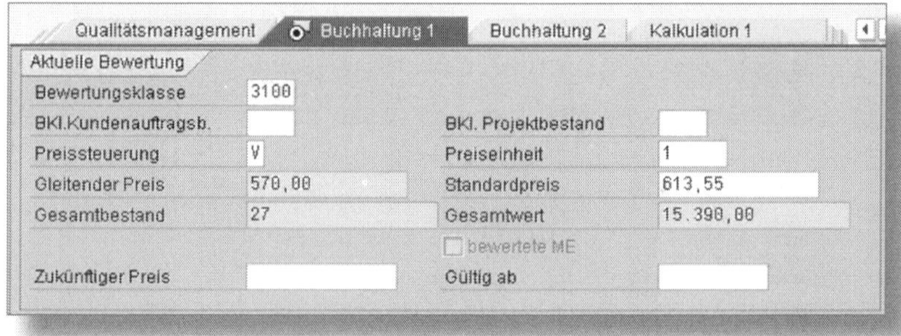

Abbildung 7.3: Buchhaltungssicht 1 eines bewerteten Materials

7.1.2 Unbewertetes Material

Unbewertete Materialien sind meist geringwertige Materialien, die nur mengenmäßig geführt werden, um zu überwachen, ob davon immer ausreichend Bestand vorhanden ist. Im Standard wird SAP mit der Materialart UNBW UNBEWERTETES MATERIAL ausgeliefert. Für diese Materialart sind die Sichten der Buchhaltung im Materialstamm nicht vorgesehen und eine wertmäßige Bestandsführung nicht zugelassen.

Bei einem unbewerteten Material wird die Menge des Materials fortgeschrieben, der Wert hingegen direkt auf eine Kontierung gebucht. Bereits in der Bestellung weist eine Fehlermeldung darauf hin, dass für unbewertete Materialien ein *Kontierungstyp* gepflegt werden muss (vgl. Abschnitt 12.12), damit der Wert in der Buchhaltung erfasst werden kann (siehe Abbildung 7.4).

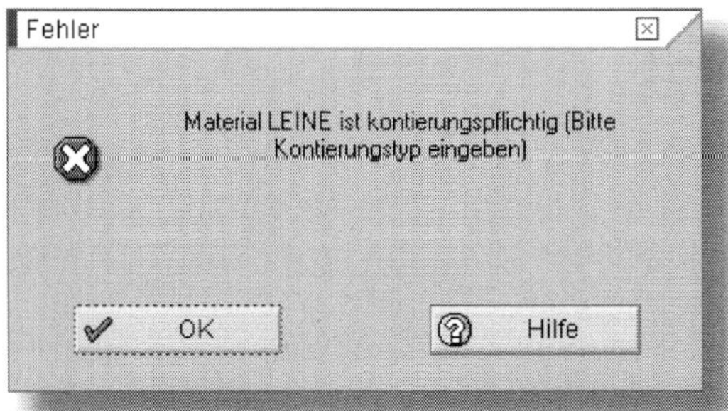

Abbildung 7.4: Fehlermeldung zur Kontierungspflicht von unbewertetem Material

! Unbewertetes Material

»Unbewertetes« Material bedeutet nicht, dass das Material nichts wert ist oder man nicht dafür bezahlen muss. Es sagt lediglich, dass bei Wareneingang die Buchungen nicht auf ein Bestandskonto, sondern direkt in den Verbrauch erfolgen.

7.2 Lager-, Nichtlager- und Verbrauchsmaterial

Weitere Kategorien für die Beschaffung und Lagerung von Materialien sind nachfolgend beschrieben.

7.2.1 Lagermaterial

Als *Lagermaterial* bezeichnet man Materialien, die im Lager vorgehalten werden, um kurzfristige Bedarfe ohne vorangehende Bestellungen oder Produktion realisieren zu können. Entnahmen von Lagermaterial sind über Reservierungen (nach erfolgter Verfügbarkeitsprüfung) im Voraus planbar. Für ein Lagermaterial gelten die folgenden Bedingungen:

- Es wird ein Materialstammsatz benötigt.
- Die Bestellposition darf nicht kontiert sein.
- Ein Wareneingang ist Pflicht.
- Der V-Preis kann angepasst werden.
- Der Wert des Materials wird auf das Bestandskonto gebucht (siehe Kapitel 11).
- Es erfolgt eine Mengen- und Wertfortschreibung im Materialstammsatz.

7.2.2 Nichtlagermaterial

Für das *Nichtlagermaterial* ist im Standard-SAP-System eine eigene Materialart vorgesehen. Ein Nichtlagermaterial kann nur fremdbeschafft werden. Auf Versuche, das Material über einen Fertigungsauftrag zu planen, wird vom System automatisch eine Bestellanforderung angelegt, die in eine Bestellung umzusetzen ist. Nichtlagermaterial kann, wie der Name ausdrückt, nicht im Lager erfasst werden und wird daher beim Wareneingang direkt in den Verbrauch gebucht. Eigenschaften des Nichtlagermaterials sind:

- Ein Materialstammsatz ist möglich, aber keine Voraussetzung.
- Die Beschaffung hat eine Kontierungspflicht.
- Ein Wareneingang kann optional gebucht werden, ist aber nicht erforderlich.
- Die Buchungen finden auf Verbrauchskonten statt.
- Es erfolgt keine Mengen- und Wertfortschreibung im Materialstammsatz.

7.2.3 Verbrauchsmaterial

Das *Verbrauchsmaterial* wird zu einem bereits feststehenden Zweck beschafft. Die Angabe des Zwecks erfolgt über den Kontierungstyp, der bei der *Bestellanforderung (Banf)*, der Bestellung, bei Kontrakten oder Lieferplänen auf der jeweiligen Position gepflegt werden muss. Ein Verbrauchsmaterial kann mit oder ohne Materialstamm beschafft werden. Existiert kein Materialstamm, so sind über den Kurztext sowohl eine Beschreibung des Materials anzugeben als auch eine Basismengeneinheit sowie eine Warengruppe manuell zu pflegen. Bei einem Material mit Stammsatz wird über den Kontierungstyp gesteuert, ob es sich um ein Verbrauchsmaterial handelt. Mehr zum Kontierungstyp und dessen Einstellungen wird im Abschnitt 12.12 beschrieben.

Lagermaterial als Verbrauchsmaterial

Wird ein Lagermaterial in einem Einkaufsbeleg mit einem Kontierungstyp versehen, so wird es automatisch zum Verbrauchsmaterial.

Einen Überblick über die verschiedenen Zuordnungen der beschriebenen Materialien sehen Sie in Abbildung 7.5:

Unterschiede Bewertung/Fortschreibungen Materialarten

	Lager-material	Verbrauchs-material	Unbewertetes Material (UNBW)	Nichtlager-material (NLAG)
Bewertung	muss	**kann**	nie	nie
Materialnummer	muss	**kann**	muss	muss
Wareneingang	muss	**kann**	**kann**	**kann**
Buchung auf...	Bestands-konto	Verbrauchskonto	Verbrauchskonto	Verbrauchskonto
Mengen-fortschreibung	muss	**kann**	**kann**	nie
Wert-fortschreibung	muss	nie	nie	nie
Anpassung V-Preis	Wird angepasst	nie	nie	nie

Abbildung 7.5: Unterschiede im Beschaffungsprozess

7.3 Sonderbestände

Sonderbestände lassen sich in eigene und fremde Sonderbestände unterteilen. Unter einem *Sonderbestand* versteht man Materialien, die nicht zum freien Lagerbestand gehören und einer bestimmten Verwendung zugeordnet bzw. aufgrund ihres Standorts (beim Kunden oder Lieferanten) getrennt geführt werden. Ein Beispiel sind Paletten oder Gitterboxen, die für den Transport verwendet, jedoch nicht mit dem darin befindlichen Material verkauft werden.

7.3.1 Eigener Sonderbestand

Eigene Sonderbestände werden bewertet im System geführt. Die Bestände müssen sich aber nicht physisch im eigenen Werk befinden. Dennoch ist eine Inventur der Bestände möglich. Dazu werden Sonderbestände in der Bestandsübersicht auf Werksebene geführt, da eine Zuordnung zu einem Lagerort (denn das Material liegt beim Kunden) nicht möglich ist. SAP unterscheidet bei eigenen Sonderbeständen:

- Kundenleihgutbestand,
- Lieferantenbeistellbestand,
- Kundenkonsignationsbestand.

Für die eigenen Sonderbestände sind die Bestandsarten FREI VERWENDBARER BESTAND und QUALITÄTSPRÜFBESTAND möglich. Der GESPERRTE BESTAND ist hier nicht zugelassen.

Unter *Kundenleihgut* (SONDERBESTANDSKENNZEICHEN V) sind Transportmaterialien wie Paletten, Gitterboxen oder Container zu verstehen, die für einen sicheren Versand benötigt werden, aber weiterhin im Eigentum des Verkäufers verbleiben. Eine Rückgabe dieser oder gleichartiger Behältnisse wird erwartet. Oft wird bei Übergabe der Ware eine Palette im Tausch zurückgenommen. Verbleibt die Palette ohne sofortigem Tausch beim Kunden, hängt es von der Vereinbarung mit dem Kunden ab, welche weiteren Maßnahmen zu verfolgen sind:

- Möchte der Kunde die Palette behalten oder hat er diese beschädigt, kann sie über eine *Leihgutnachbelastung* fakturiert und dem Kunden in Rechnung gestellt werden. Das Kundenleihgut wird über einen Warenausgang ausgebucht.
- Eine weitere spezielle Auftragsart ist die *Leihgutabholung.* Über eine Umbuchung und Abholung wird die Palette aus dem Kundenleihgutbestand wieder in den Werksbestand gebucht.
- Als Letztes steht eine *Leihgutbeschickung* zur Verfügung. In diesem Fall wird die Palette als eigene Position im Kundenauftrag erfasst und vom Werksbestand in den Kundenleihgutbestand gebucht. Eine Fakturierung erfolgt hier nicht, da davon ausgegangen wird, dass das Kundenleihgut zu einem späteren Zeitpunkt zurückgegeben wird. Da der Zeitpunkt der Rückgabe nicht bekannt ist, ist der Kundenleihgutbestand dispositiv nicht verfügbar.

Beim *Kundenkonsignationsbestand (W)* liegt eigenes Material im Lager des Kunden und wird erst bei Verbrauch berechnet. Für die Disposition wird der Bestand als verfügbar angesehen, da das Material jederzeit wieder abgeholt werden kann. Diese Vorgänge (Konsignationsbeschickung, Konsignationsabholung, Konsignationsentnahme) gehören in den Bereich des Vertriebs (SD).

Der *Kundenbeistellbestand (O)* ist eigenes Material, das der Lohnbearbeiter zur Bearbeitung eines Auftrags zur Verfügung gestellt bekommt. Näheres hierzu finden Sie im Abschnitt 9.2.9.

7.3.2 Fremder Sonderbestand

Bei fremden Sonderbeständen liegt das Material physisch im eigenen Werk, gehört aber dem Kunden. Fremde Sonderbestände werden auf Lagerortebene geführt und können ebenfalls bei der Inventur erfasst werden. Fremde Sonderbestände sind:

- Mehrwegtransportverpackung,
- Lieferantenkonsignationsbestand,

- Projektbestand und
- Kundenauftragsbestand.

Die *Mehrwegtransportverpackung (MTV)* mit dem SONDERBESTANDSKENNZEICHEN M ist das Gegenstück zum Kundenleihgut. Es handelt sich z. B. um einen Container oder eine Palette, der/die in das eigene Werk geliefert wurde und zurückgegeben werden muss. Da das Material dem Lieferanten gehört, ist die Mehrwegtransportverpackung unbewertet, wird aber mengenmäßig im Bestand geführt. Die Mehrwegtransportverpackung kann nur in den frei verwendbaren Bestand gebucht werden. Da bei einer Warenbestellung die Palette nicht mitbestellt wird, beim Wareneingang aber erfasst werden muss, kann in der Wareneingangstransaktion MIGO über den Button (Transporthilfsmittel) die Mehrwegtransportverpackung hinzugefügt werden. Das System schlägt in einer neuen Position automatisch die Bewegungsart 501 WA EINGANG MTV mit dem SONDERBESTANDSKENNZEICHEN M vor. Für die Palette, Gitterbox etc. muss zur Buchung des Wareneingangs ein Materialstamm vorliegen (siehe Abbildung 7.6).

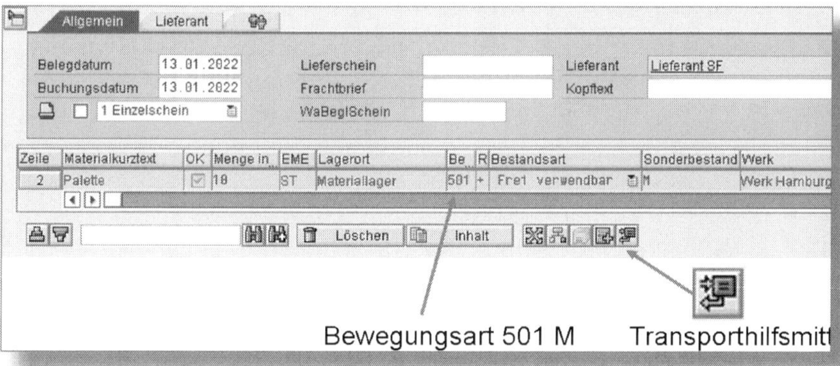

Abbildung 7.6: Eingabe der Transporthilfsmittel in der MIGO

In der Transaktion MMBE BESTANDSÜBERSICHT wird die Mehrwegtransportverpackung als SONDERBESTAND angezeigt. Die Zuordnung zu dem jeweiligen Lieferanten kann über die Schaltfläche Detailanzeige aufgerufen werden (siehe Abbildung 7.7).

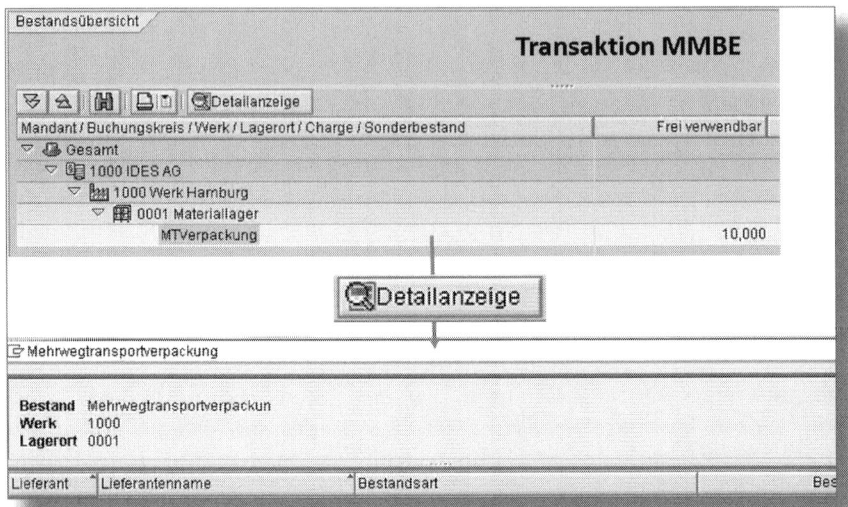

Abbildung 7.7: Detailanzeige Sonderbestände MMBE

Unter dem *Lieferantenkonsignationsbestand (K)* wird Material geführt, das unbewertet im eigenen Lager zur Verfügung steht, jedoch erst mit der Warenentnahme zur Zahlung fällig wird. Der Lieferantenkonsignationsbestand kann in alle drei Bestandsarten FREI VERWENDBARER BESTAND, QUALITÄTSPRÜFBESTAND und GESPERRTER BESTAND gebucht werden. Im Abschnitt 8.1 wird die Konsignation noch ausführlich behandelt.

Der *Projektbestand (Q)* wird einem PSP-Element fest zugewiesen und darf nur mit Bezug zu diesem Projekt entnommen werden. In der MIGO erfolgt die Zuweisung über das SONDERBESTANDSKENNZEICHEN Q. Eine Kontierung auf das Projekt erfolgt in den Positionsdetails auf der Registerkarte KONTIERUNG. Der Projektbestand kann als bewerteter oder unbewerteter Bestand geführt werden. Die Unterschiede ergeben sich aus dem Zeitpunkt der Buchung. Bei einem bewerteten Projektbestand be- oder entlasten die Kosten bei Warenbewegungen direkt das Konto des Projekts. Ist der Bestand hingegen unbewertet, werden alle Kosten auf einen Kostensammler gebucht. Es erfolgen bei Warenbewegungen keine FI-Buchungen. Am Ende einer Abrechnungsperiode kann vom

Controlling die Bestandsbewertung abgefragt werden. Dispositiv ist der Projektbestand nur für das jeweilige Projekt verfügbar.

Ein *Kundenauftragsbestand (E)* ähnelt dem Projektbestand. Es handelt sich hierbei um Material, das vom Kunden für einen Fertigungsauftrag zur Verfügung gestellt wird, und darf auch nur für diesen verwendet werden. Warenbewegungen, Bewertung, FI-Buchungen und Verfügbarkeit in der Disposition sind identisch wie beim Projektbestand.

7.4 Sonderbestandskennzeichen

Das *Sonderbestandskennzeichen* findet Anwendung, falls ein Material abseits vom normalen Lagerbestand geführt werden soll. In der Bestandsübersicht werden Bestände dieser Art getrennt dargestellt. Das Sonderbestandskennzeichen wird in der Transaktion MIGO bei Warenbewegungen direkt nach der Bewegungsart erfasst. Im SAP-System können die in Abbildung 7.8 dargestellten Sonderbestandsarten gebucht werden.

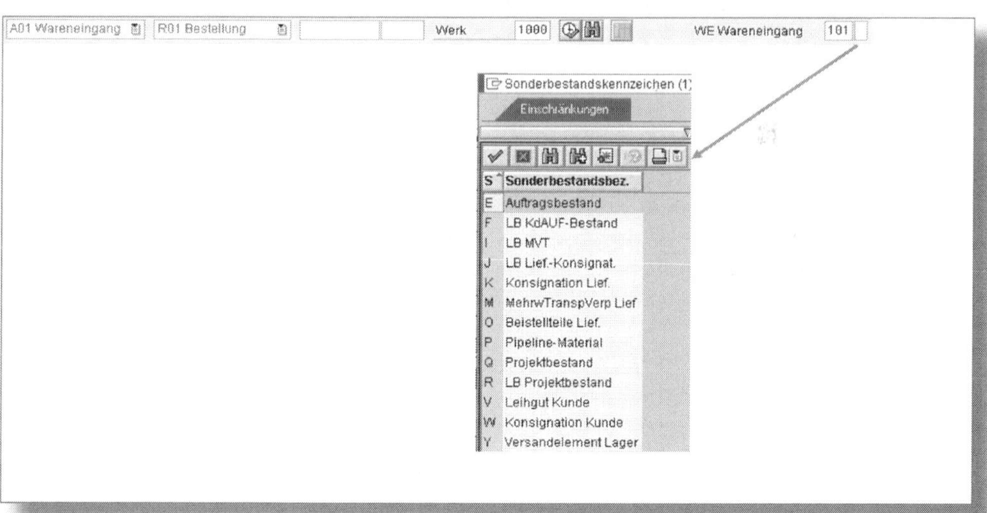

Abbildung 7.8: Sonderbestandskennzeichen in der MIGO

7.5 Negative Bestände

Im SAP-System gibt es die Möglichkeit, mehr Material aus dem Lager zu entnehmen, als der Buchbestand ausweist. Das kann beispielsweise passieren, wenn Material für eine Produktion geliefert und bereits vor der Wareneingangsbuchung entnommen wird. Dies sollte allerdings eine Ausnahme darstellen und der Wareneingang zeitnah nachgeholt werden (siehe Abbildung 7.9). Spätestens zum Zeitpunkt einer Inventur und bei jeglichen Abschlussarbeiten (z. B. Erstellung einer Bilanz) dürfen keine negativen Bestände existieren.

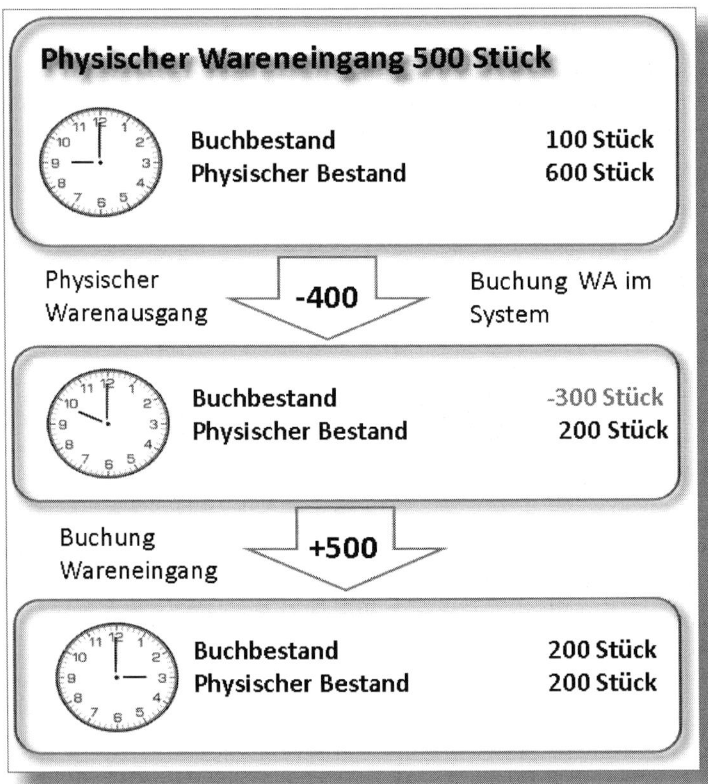

Abbildung 7.9: Negativer Bestand

Damit in den *negativen Bestand* gebucht werden darf, müssen im Customizing unter den Einstellungen für negative Bestände die

- Bewertungskreisebene,
- Werksebene,
- Lagerortebene und
- Sonderbestände

erlaubt werden (siehe Abbildung 7.10).

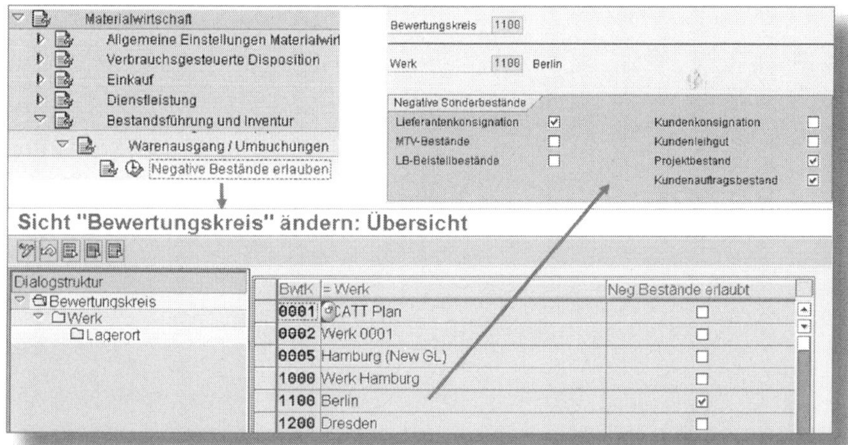

Abbildung 7.10: Einstellungen zu negativen Beständen im Customizing

Auf Werksebene ist zu pflegen, in welcher Stelle negative Bestände zugelassen werden. In einem Werk zugelassene negative Bestände umfassen im Standard den FREI VERWENDBAREN BESTAND und den GESPERRTEN BESTAND. Zusätzlich können folgende Sonderbestandsarten einzeln erlaubt werden (vgl. Abschnitt 7.3.):

- Lieferantenkonsignation (K)
- Kundenkonsignation (O)
- MTV-Bestände (M)
- Kundenleihgut (V)

- Lohnbearbeiter-Beistellbestände (O)
- Projektbestand (Q)
- Kundenauftragsbestand (E)

Außerdem muss für das jeweilige Material das Buchen in den negativen Bestand erlaubt sein. Die Einstellung hierfür finden Sie im Materialstamm auf der Sicht WERKSDATEN/LAGERUNG 2 (siehe Abbildung 7.11).

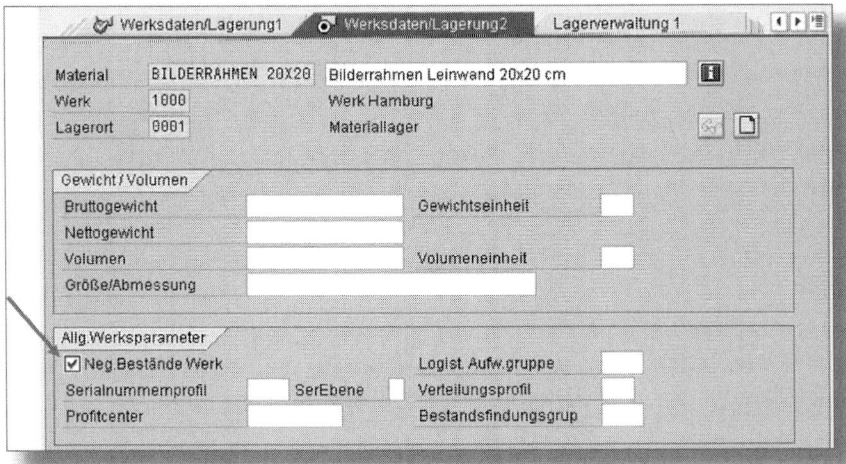

Abbildung 7.11: Erlauben des negativen Bestands im Materialstamm

Bei Warenausgangsbuchungen werden die Materialien mit dem im Materialstamm hinterlegten Bewertungspreis (S-Preis oder V-Preis, vgl. Abschnitt 1.4) ausgebucht. Dies ist auch bei Buchungen in den negativen Bestand der Fall. Bei einem Standardpreis gibt es bei erneutem Wareneingang und Auflösen des negativen Bestands nichts weiter zu beachten. Ist das Material allerdings mit einem gleitenden Durchschnittspreis bewertet, so darf der neu zu errechnende Bewertungspreis nicht über dem ursprünglichen Einkaufspreis liegen. Im Fall der *nachträglichen Wareneingangsbuchung* befindet sich nicht ausreichend Bestandsdeckung im Lager. Der neue Gesamtwert wird nicht berechnet, sondern, analog zur S-Preissteuerung bei einer Bestandsaufnahme, mit Menge x Einzelpreis gebucht. Der daraus resultierende neue V-Preis ist der tatsächliche Preis aus der Beschaffung. Die Differenz wird auf ein Preisdifferenzkonto gebucht.

Im Beispiel (siehe Abbildung 7.12) befinden sich 15 Stück im Lager mit einem Bewertungspreis von 1,00 €/St. Durch den Warenausgang von 20 St. befindet sich der Bestand im negativen Bereich. Der Warenausgang wurde mit dem aktuellen Bewertungspreis von 1,00 €/St. durchgeführt. Im darauffolgenden Wareneingang über 25 St. zu je 5,00 € werden die 125,00 € geteilt: 105,00 € werden auf das Bestandskonto gebucht; 5,00 €, um den negativen Bestandswert auf null zu setzen +100,00 € (20 St. x 5,00 €) für den neuen Bestandswert. Die auftretende Differenz von 20,00 € wird auf das Preisdifferenzkonto gebucht.

	Buchbestand	Gesamtwert	V-Preis / St.
Ausgangssituation	15 St.	15,- Euro	1,- Euro
1. Warenausgang 20 St	-5 St	-5,- Euro	1,- Euro
2. Wareneingang 25 St. Preis je St. 5 €	20 St	100,- Euro	5,- Euro

Berechnungen:

	Buchbestand	Gesamtwert	V-Preis / St.
Ausgangssituation	15 St.	15,- Euro	1,- Euro
1. Berechnung WA	*15-20=* -5 St	*15-20=* -5,- Euro	1,- Euro
2. Berechnung WE	*-5+25 =* 20 St	*20 St.x5 Euro =*100 Euro	5,- Euro

Buchungen:

Bestandskonto		WE/RE		Verbrauchskonto		Preisdifferenz	
	WA 20 €		WE 125 €	WA 20 €		WE 20 €	
WE 105 €							

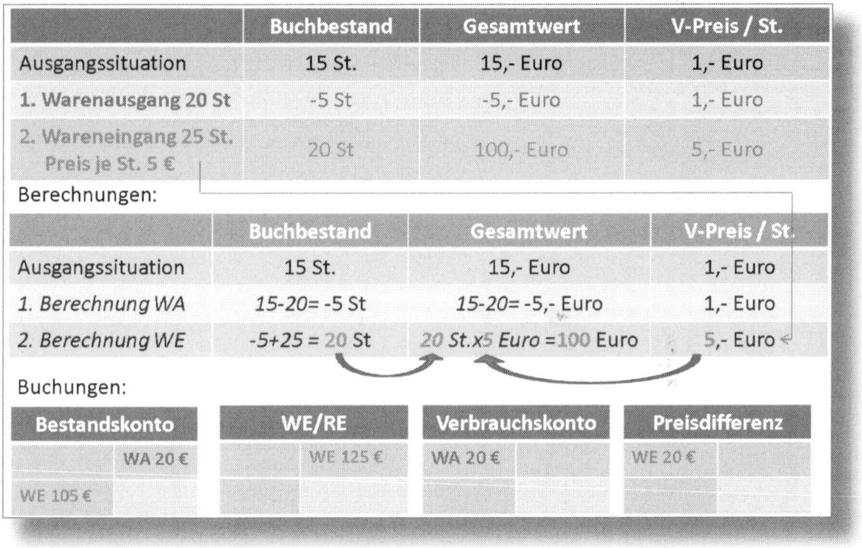

Abbildung 7.12: Berechnung V-Preis nach negativem Bestand

Beim Buchen in den negativen Bestand erhält der Erfasser des Warenausgangs vom System eine entsprechende Warnmeldung (siehe Abbildung 7.13).

Typ	Pos	Meldungstext	Ltxt
△	1	LG frei verwendbar um 5 ST unterschritten : BILDERRAHMEN 20X20 1100 0...	?

Abbildung 7.13: Warnmeldung beim Buchen in den negativen Bestand

Die negativen Bestände können, wie in Abbildung 7.14, in den Bestandslisten angezeigt und ausgewertet werden. Im Kapitel 9 werde ich auf die vielfältigen Handhabungen der Listen eingehen.

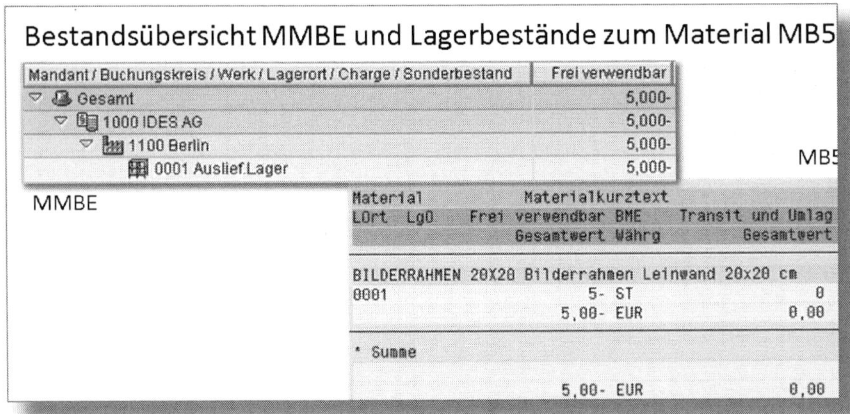

Bestandsübersicht MMBE und Lagerbestände zum Material MB5

Mandant / Buchungskreis / Werk / Lagerort / Charge / Sonderbestand	Frei verwendbar
Gesamt	5,000-
1000 IDES AG	5,000-
1100 Berlin	5,000-
0001 Auslief.Lager	5,000-

MMBE

MB5

```
Material          Materialkurztext
LOrt  LgO   Frei verwendbar BME    Transit und Umlag
            Gesamtwert Währg            Gesamtwert

BILDERRAHMEN 20X20 Bilderrahmen Leinwand 20x20 cm
0001                    5- ST                   0
                  5,00- EUR                  0,00

* Summe

                  5,00- EUR                  0,00
```

Abbildung 7.14: Auswertungen negativer Bestände

7.6 Materialstatus

Im Materialstamm kann ein *Materialstatus* hinterlegt werden, der die Verwendbarkeit eines Materials einschränkt. Für die Materialwirtschaft lässt sich der Materialstatus auf Werksebene oder werksübergreifend pflegen. Der werksübergreifende Materialstatus wird auf der Sicht GRUNDDATEN 1 im Materialstamm gepflegt, für den werksbezogenen sind verschiedene Sichten möglich (siehe Abbildung 7.15):

- Kalkulation
- Disposition
- Fertigungshilfsmittel

- Einkauf
- Qualitätsmanagement
- Arbeitsvorbereitung

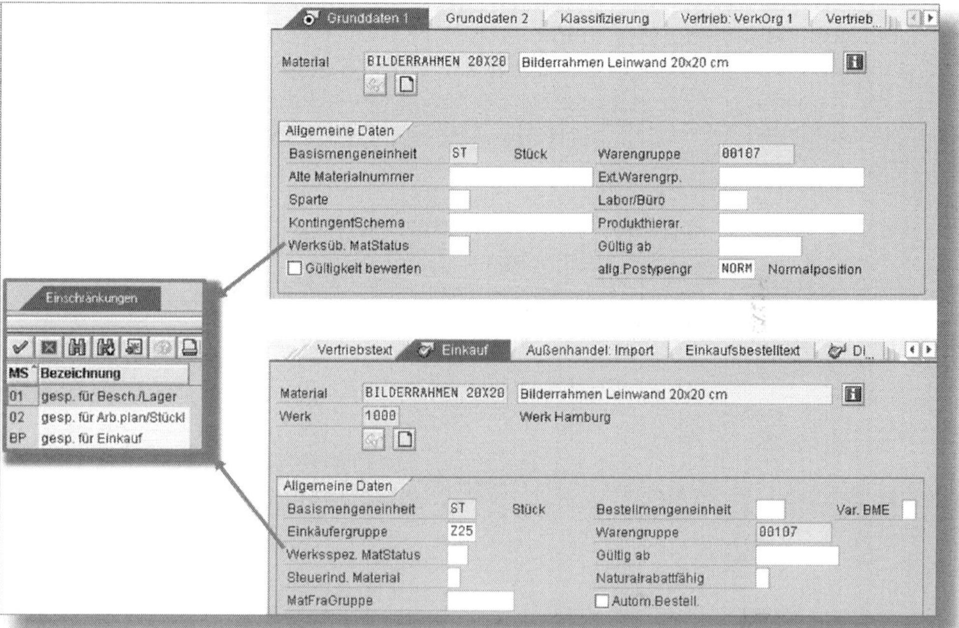

Abbildung 7.15: Materialstatus im Materialstamm

Über die Feldauswahlhilfe F4 kann der jeweils zuvor im Customizing definierte Materialstatus gewählt werden. Für den *werksübergreifenden* und den *werksbezogenen Materialstatus* gelten die gleichen Einstellungen.

Werksbezogener Materialstatus

Auf welcher der Sichten im Materialstamm der werksbezogene Materialstatus gesetzt wird, ist nicht von Bedeutung. Es reicht aus, diesen auf einer Sicht zu hinterlegen. Er wird sodann automatisch in die jeweils anderen Sichten übernommen, da es sich überall um das gleiche Dynprofeld MARC-MMSTA handelt.

Soll im Vertrieb ein Materialstatus gepflegt werden, so werden beide Status in den Vertriebsorganisationsdaten eingegeben. Hier handelt es sich um den *vertriebslinienübergreifenden* oder *vertriebslinienspezifischen Materialstatus.*

Je nach Einstellung im Customizing (siehe Abschnitt 12.13) wird bei Eintreten des Materialstatus eine Warn- oder Fehlermeldung ausgegeben. Abbildung 7.16 zeigt einen werksbezogenen Materialstatus, der die Beschaffung und Einlagerung sperrt: links als Fehler-, rechts als Warnmeldung.

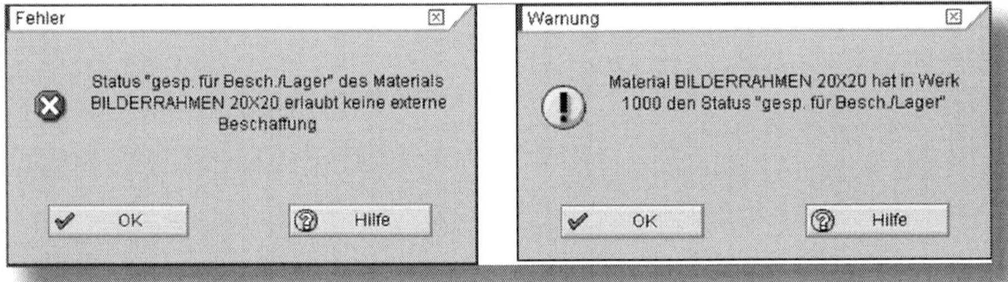

Abbildung 7.16: Fehler- bzw. Warnmeldung zum Materialstatus

7.7 Fazit

Die Bestandsführung unterscheidet im Standard zwischen vielen Bestandsarten, deren Ausprägungen vom jeweiligen betriebswirtschaftlichen Vorgang abhängen. Der Anwender hat zahlreiche Möglichkeiten, auf die Bestandsführung Einfluss zu nehmen, um Materialien differenziert im Lager abbilden zu können. Wie Warenbewegungen gebucht werden, ist daher abhängig von den Vorgängen, Materialarten und der Kontierung. Die Sonderformen der Beschaffung Konsignation, Pipeline und Lohnbearbeitung sowie deren Bestandsführung werden im nachfolgenden Kapitel gesondert beschrieben.

8 Konsignation, Pipeline und Lohnbearbeitung

Nachdem Sie in Kapitel 7 bereits einiges über Sonderbestände erfahren haben, wird Ihnen nun die Verbindung zu den Prozessen der wichtigsten Sonderbeschaffungsformen Konsignation, Pipeline und Lohnbearbeitung aufgezeigt. In diesem Zusammenhang wenden wir uns den Charakteristika der Mengen- und Wertfortschreibung in der Bestandsführung und deren Auswirkungen auf diese drei Beschaffungsarten zu. Weitere Beschaffungen über Umlagerungen aus anderen Werken wurden bereits erwähnt. Die Eigenfertigung wird hier nicht behandelt.

8.1 Lieferantenkonsignation

Wie bereits im Abschnitt 7.3.1 erläutert, versteht man unter einer Lieferantenkonsignation Material, das im eigenen Lager liegt, jedoch dem Lieferanten gehört. Der Lieferant stellt das Material zur Verfügung, es muss aber erst mit dem Verbrauch fakturiert werden.

8.1.1 Beschaffung einer Lieferantenkonsignation

Um einen Beschaffungsprozess von Konsignationsmaterial vornehmen zu können, müssen die nachfolgenden Stammdaten gepflegt sein:

- Materialstamm
- Lieferantenstamm
- Konsignationsinfosatz

Für den Materialstamm und den Lieferantenstamm sind keine besonderen Einstellungen nötig. Ein Material kann sowohl im eigenen als auch im Kundenkonsignationsbestand geführt werden. In der Bestelltransaktion ME21N wird über den POSITIONSTYPEN K bestimmt, dass es sich hierbei um eine Konsignationsbestellung handelt (siehe Abbildung 8.1).

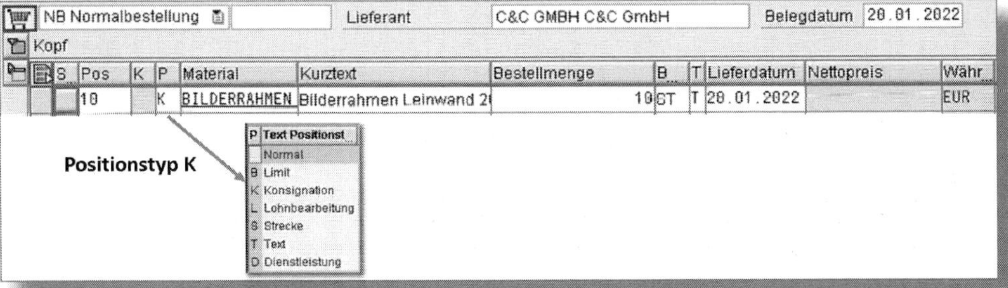

Abbildung 8.1: Bestelltransaktion ME21N mit Positionstyp K

Da bei der Bestellung kein Einkaufspreis (NETTOPREIS) gepflegt werden kann (das Feld ist grau hinterlegt und damit nicht eingabebereit), wird für die Preisfindung im Beschaffungsprozess der *Konsignationsinfosatz* benötigt – allerdings erst später, bei der Umbuchung in den eigenen Bestand und der damit verbundenen Abrechnung. Eine Bestellung kann auch ohne einen Konsignationsinfosatz erzeugt werden. Das System weist den Ersteller mit einer Warnmeldung auf das Fehlen des Stammsatzes hin (siehe Abbildung 8.2).

Typ	Meldungstext	Ltxt
	Position 10	
△	Der Konsignationsinfosatz C&C GMBH BILDERRAHMEN 20X20 1000 ist nicht...	?

Abbildung 8.2: Warnmeldung bei fehlendem Konsignationsinfosatz in der Bestellung

Ein Konsignationsinfosatz wird genauso wie ein normaler Einkaufsinfosatz mit der Transaktion ME11 angelegt. Der einzige Unterschied ist, dass bei der Neuanlage als INFOTYP die KONSIGNATION gewählt werden muss (siehe Abbildung 8.3) Die weiteren Einstellungen der zeitabhängigen Preise, Staffeln, Rabatte etc. sind identisch. Zu einem Material können mehrere Einkaufsinfosätze mit unterschiedlichen INFOTYPEN parallel angelegt werden. Über den POSITIONSTYP in der Bestellung wird dann automatisch vom SAP-System der richtige Einkaufsinfosatz gewählt.

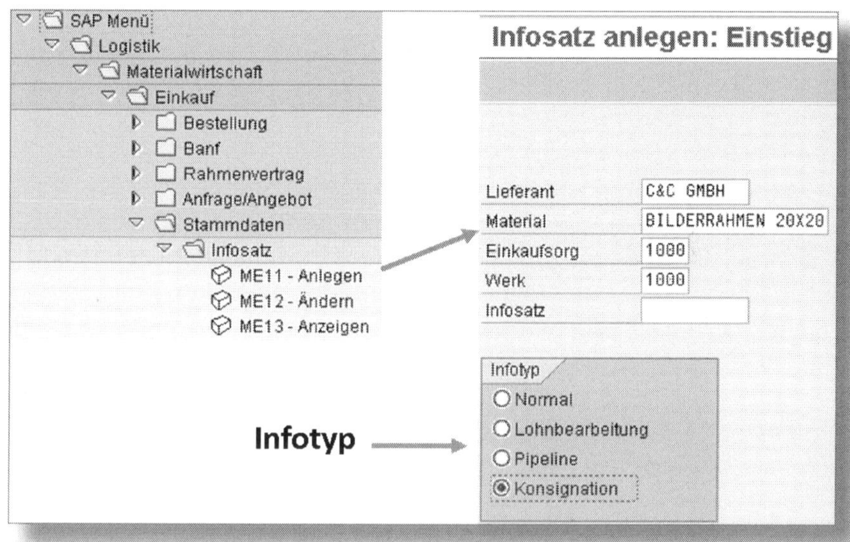

Abbildung 8.3: Infotyp beim Einkaufsinfosatz

8.1.2 Bestandsführung der Lieferantenkonsignation

Wareneingänge in den Konsignationsbestand können entweder mit oder ohne Bezug zu einer Konsignationsbestellung oder als Bestandsaufnahme mit dem SONDERBESCHAFFUNGSKENNZEICHEN K in alle drei Bestandsarten (FREI VERWENDBARER BESTAND, QUALITÄTSPRÜFBESTAND und GESPERRTER BESTAND) gebucht werden. Beim Wareneingang in das Lager mit Bezug zur vorangegangenen Konsignationsbestellung schlägt SAP die BEWEGUNGSART 101 mit dem SONDERBESTANDSKENNZEICHEN K – WE ZUM KONSIBESTAND vor. Nach dem Pflegen des Lagerorts kann der Wareneingang gebucht werden (siehe Abbildung 8.4).

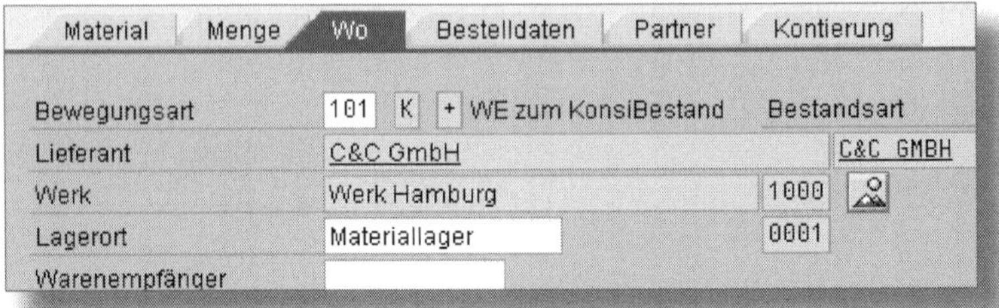

Abbildung 8.4: Wareneingang mit BWA 101 K

WE in den Konsignationsbestand

Das Sonderbestandskennzeichen K kann auch manuell beim Wareneingang gesetzt werden, um in den Konsignationsbestand zu buchen. Soll ohne Vorgängerbeleg in den Konsignationsbestand gebucht werden, muss der Lieferant zur genauen Zuordnung ebenfalls manuell eingegeben werden.

Spätestens bei der Wareneingangsbuchung muss der Konsignationsinfosatz gepflegt sein, sonst ist kein Wareneingang möglich. Die Fehlermeldung in Abbildung 8.5 weist auf den fehlenden Konsignationsinfosatz hin.

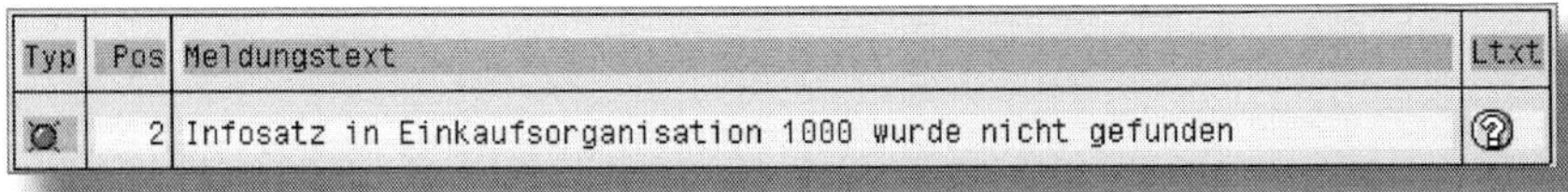

Abbildung 8.5: Fehlermeldung beim Wareneingang

Da das Material weiterhin dem Konsignationslieferanten gehört, es physisch aber im eigenen Lager liegt, wurde kein Buchhaltungsbeleg erstellt. Das Material ist als fremder Sonderbestand unbewertet. In der Bestellentwicklung ist der Wareneingang daher mit einem Wert von 0,00 € zu sehen (siehe Abbildung 8.6).

Materialdaten | Mengen/Gewichte | Einteilungen | Lieferung | Bestellentwicklung | Anlieferadresse | Be

Ku...	BwA	Materialbeleg	Pos	Buch.dat.	Σ	Menge	Bezugsnebenkosten...	BME	Σ Betrag Hauswähr	HWähr
WE	101	5000000148	1	20.01.2022		10	0	ST	0,00	EUR
Vorgang Wareneingang					■	**10**		**ST**	■ **0,00**	**EUR**

Abbildung 8.6: Bestellentwicklung nach erfolgtem Wareneingang

Das Material wird in der Bestandsführung in der Transaktion MMBE BESTANDSÜBERSICHT als eigener SONDERBESTAND verwaltet. Dabei wird für jeden Konsignationsgeber ein eigener Bestand angelegt. Über die Schaltfläche [Detailanzeige] gelangt man zu einer Übersicht, in der die Bestände den jeweiligen Konsignationslieferanten zugeordnet sind (siehe Abbildung 8.7).

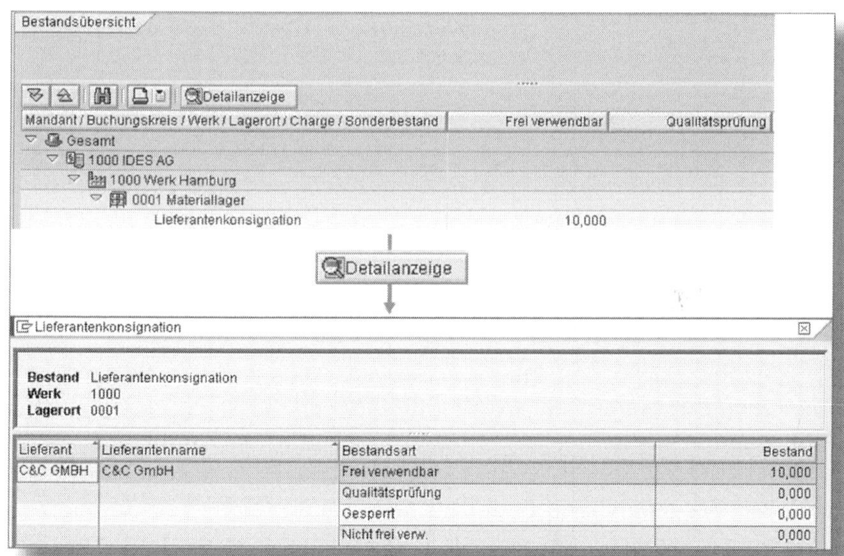

Abbildung 8.7: Konsignationsbestand in der MMBE

Der Konsignationsbestand kann aus jeder Bestandsart in jede Bestandsart gebucht und umgelagert werden, sofern er sich im selben

Werk befindet. Eine Umbuchung WERK AN WERK ist nur aus dem frei verwendbaren Bestand in den frei verwendbaren Bestand möglich. Dabei ist zu beachten, dass eine Umlagerung LAGERORT AN LAGERORT und WERK AN WERK jeweils nur im Einschrittverfahren (vgl. Abschnitt 2.1) möglich ist. Entnahmen aus dem Konsignationsbestand oder eine Umbuchung in den eigenen Bestand sind ebenfalls nur aus dem frei verwendbaren Bestand möglich. Eine Entnahme für Stichproben und zur Verschrottung kann aus allen drei Bestandsarten erfolgen (siehe Abbildung 8.8).

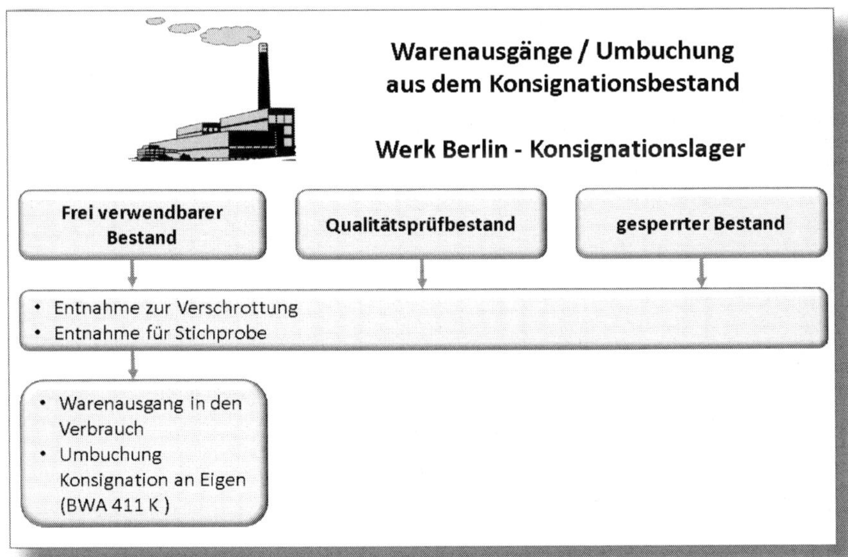

Abbildung 8.8: Möglichkeiten der Entnahme aus dem Konsignationslager

Wird ein Warenausgang bzw. eine Umbuchung aus dem Konsignationsbestand gebucht, hat das zur Folge, dass dieser Bestand mengenmäßig abnimmt, während der eigene Bestand oder Verbrauch zunimmt. Gleichzeitig mit der Buchung entsteht eine Verbindlichkeit gegenüber dem Konsignationsgeber in Höhe der Menge x Preis. Der Preis stammt aus den zum Zeitpunkt der Entnahme gültigen Konditionen im Konsignationsinfosatz des jeweiligen Konsignationslieferanten.

Im nachfolgenden Beispiel (siehe Abbildung 8.9) werden fünf Stück der Bilderrahmen mit der Transaktion MIGO aus dem Konsignationsbestand mit der Bewegungsart 411 K in den eigenen Bestand gebucht.

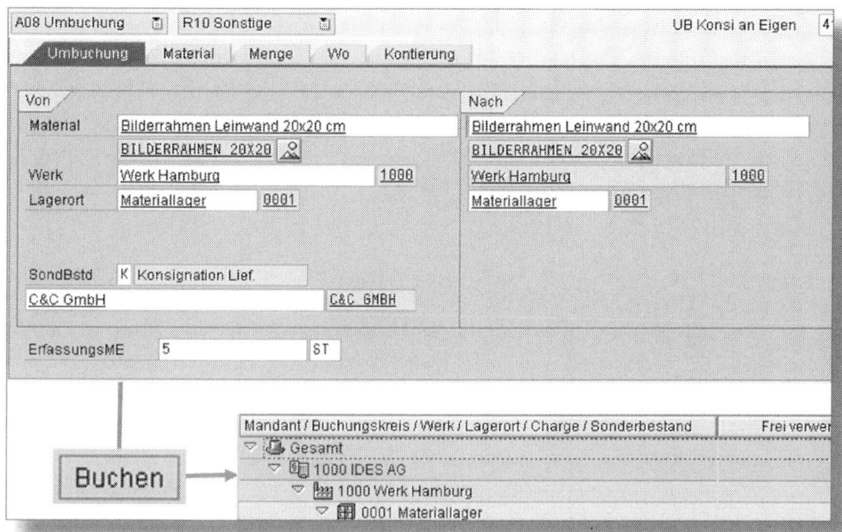

Abbildung 8.9: Umbuchung BWA 411 »Konsignation an Eigen«

Mit der Buchung wird der Konsignationsbestand um fünf verringert; der eigene frei verwendbare Bestand nimmt zu, wie in der Bestandsübersicht zu sehen ist. Damit das System erkennt, aus welchem Konsignationsbestand entnommen wird, muss bei der Umbuchung der Konsignationslieferant angegeben werden. Wird dies vergessen, ist die Umbuchung/der Warenausgang nicht möglich, und SAP erzeugt eine Fehlermeldung (siehe Abbildung 8.10).

Typ	Pos	Meldungstext	Ltxt
	1	Geben Sie für Sonderbestand K Lieferanten ein	

Abbildung 8.10: Fehlermeldung bei fehlendem Lieferanten

Da eine Buchung des Materials in den eigenen Bestand/Verbrauch erfolgt, wird für diesen Vorgang ein Buchhaltungsbeleg erzeugt.

8.1.3 Rechnungsprüfung der Lieferantenkonsignation

Die in der Bestandsführung entstandenen Verbindlichkeiten durch Entnahmen/Umbuchungen aus dem Konsignationsbestand werden über ein Gutschriftverfahren mit dem Konsignationsgeber verrechnet. Ein Rechnungseingang wird nicht erwartet. Da der Konsignationsgeber nicht immer den Überblick über die Entnahme aus dem Lager hat, wird die Gutschrift vom Konsignationsnehmer erstellt. In der Regel wird nicht für jede Entnahme eine Gutschrift erzeugt, sondern die Verbindlichkeiten aus den Entnahmen werden über einen vorab verhandelten Zeitraum gesammelt und dann gebündelt abgerechnet (siehe Abbildung 8.11).

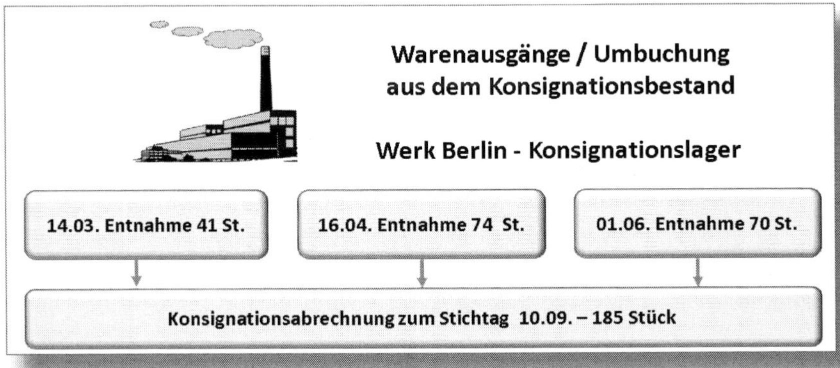

Abbildung 8.11: Abrechnung Lieferantenkonsignation

Der Lieferant erhält über die Nachrichtenausgabe einen Gutschriftbeleg in Höhe der abgerechneten Menge.

☛ Nachrichtenausgabe zur Konsignation

Über die Nachrichtenfindung kann für die Konsignationsabrechnung unter der Nachrichtenart KONS eine Nachrichtenausgabe erzeugt werden.

Die Abrechnung zur Konsignation (und im Übrigen auch zur in Abschnitt 8.2.1 behandelten Pipeline) wird über eine eigene Transaktion MRKO VERBINDLICHKEIT vorgenommen. Die Transaktion befindet sich im SAP Easy Access unter MATERIALWIRTSCHAFT • BESTANDSFÜHRUNG

• UMFELD • KONSIGNATION • LIEFERANTENKONSIGNATION • VERBINDLICHKEIT. Im Einstiegsbild kann angegeben werden, ob eine Konsignations- oder eine Pipeline-Abrechnung erfolgen oder ob zunächst nur die abrechenbaren Positionen angezeigt werden sollen. Um nicht alle abzurechnenden Positionen angezeigt zu bekommen, stehen die nachfolgenden Selektionskriterien zur Auswahl:

- Buchungskreis
- Lieferant
- Werk
- Belegdatum
- Buchungsdatum
- Materialbeleg

Zur weiteren Prüfung kann aus der Ausgabeliste der MRKO (siehe Abbildung 8.12) auf die Materialbelege der Warenausgänge/Umbuchungen, auf den Konsignationsinfosatz und auf den Lieferantenstammsatz zugegriffen werden. Außerdem lassen sich die Ausgabelisten sortieren und deren Layout anpassen. Diese Einstellungen werden im Kapitel 9 genauer beschrieben.

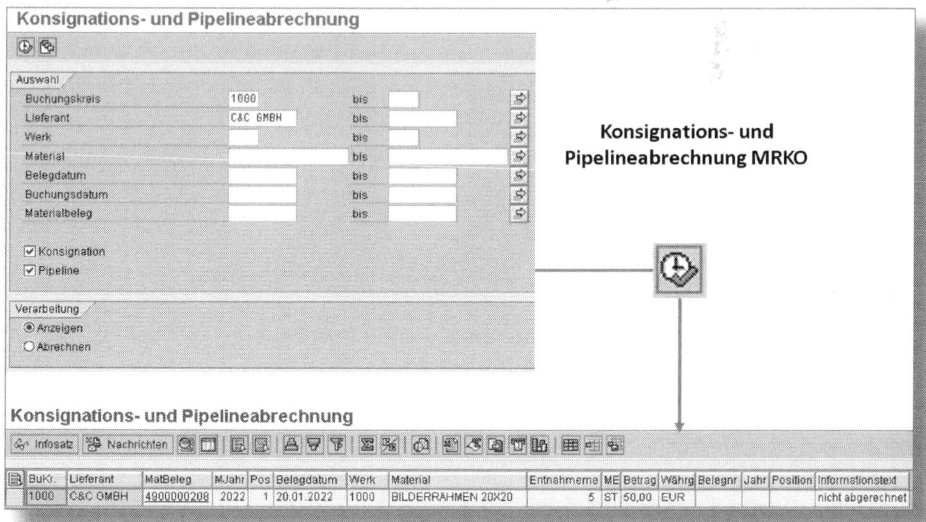

BuKr.	Lieferant	MatBeleg	MJahr	Pos	Belegdatum	Werk	Material	Entnahmemenge	ME	Betrag	Währg	Belegnr	Jahr	Position	Informationstext
1000	C&C GMBH	4900000208	2022	1	20.01.2022	1000	BILDERRAHMEN 20X20	5	ST	50,00	EUR				nicht abgerechnet

Abbildung 8.12: Auswahl und Listanzeige der MRKO

Die entsprechenden Buchungen zur Beschaffung über die Konsignation stellt Abbildung 8.13 dar.

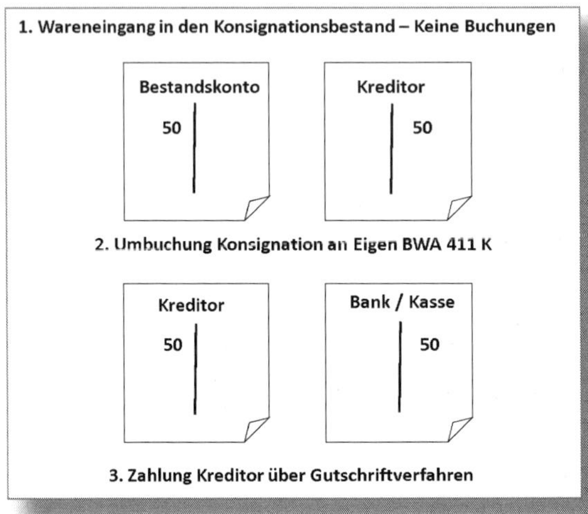

Abbildung 8.13: Buchungen in der Konsignationsbeschaffung

8.2 Pipeline

Als *Pipelinematerial* wird Material bezeichnet, das zu jeder Zeit ohne Bestellung in unbegrenzter Menge vorhanden ist. Beispiele hierfür sind Strom, Wasser oder Gas, die über eine Leitung zur Verfügung gestellt werden. Pipelinematerial kann nicht gelagert werden.

8.2.1 Bestandsführung der Pipelineabwicklung

Die Abwicklung und Entnahme des Pipelinematerials ist ähnlich der Konsignation: Mit der Entnahme entsteht eine Fälligkeit gegenüber dem Anbieter des Pipelinematerials. Über einen Zähler werden die entnommene Menge ermittelt und eine Gutschrift erzeugt. Gültige Konditionen im Einkaufsinfosatz mit dem Infotyp PIPELINE sind zwingend erforderlich. Ohne diese ist eine Entnahme nicht möglich. Gibt es zum Pipelinematerial mehrere Einkaufsinfosätze, wählt das System bei Entnahme automatisch den Lieferanten mit den günstigsten Konditionen. Eine Ausnahme stellt der Eintrag in das *Orderbuch* dar. Wird im Orderbuch ein Lieferant eindeutig identifiziert, wird nur dieser vorgeschlagen. Eine Entnahme wird in der MIGO als Warenausgang mit dem SONDERBESTANDSKENNZEICHEN P und dem Lieferanten erfasst. Da eine Entnahme aus der Pipeline erfolgt, ist kein Lagerort zu pflegen (siehe Abbildung 8.14).

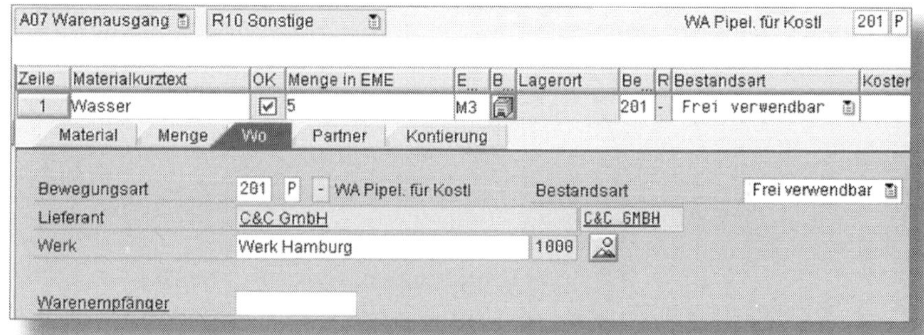

Abbildung 8.14: Warenausgang aus der Pipeline

Für die Pipelineabwicklung sind nur die Bewegungsarten

- 201 Verbrauch für Kostenstelle,
- 261 Verbrauch für Auftrag,
- 281 Verbrauch für Netzplan und
- 291 Verbrauch für alle Kontierungen aus der Pipeline

möglich. Die Entnahme mindert nicht die Verfügbarkeit des Materials.

Im SAP-Standard existiert die Materialart PIPE für Pipelinematerial. Diese steuert die nachfolgenden Punkte:

- Die Pipelineabwicklung ist obligatorisch, es dürfen nur die oben genannten Bewegungsarten zu dieser Materialart durchgeführt werden.
- Es ist keine Bestandsführung möglich (keine Lagerung).
- Es ist keine Beschaffung oder Disposition möglich.

- Material steht jederzeit in unbegrenzter Menge zur Verfügung.
- Eine retrograde Entnahme ist erlaubt.
- Eine Inventarisierung ist nicht möglich.

8.2.2 Abrechnung nach Pipeline-Entnahme

Die Pipeline-Abrechnung folgt dem gleichen Schema wie die der Konsignation: Durch die Entnahmen entstehen beim Lieferanten Verbindlichkeiten, die in vereinbarten Zeiträumen gesammelt und danach beglichen werden (siehe Abbildung 8.15).

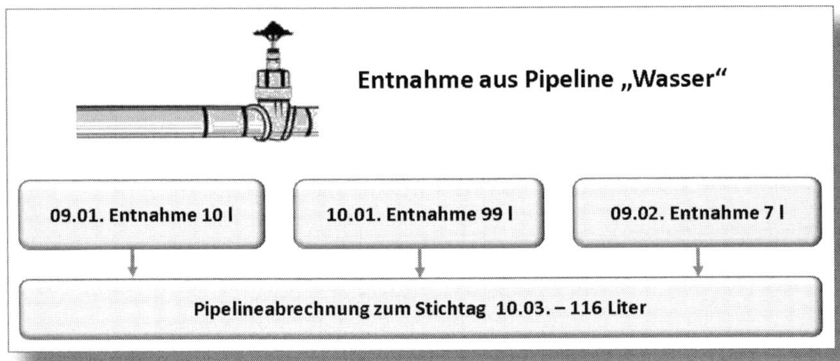

Abbildung 8.15: Abrechnung nach Pipeline-Entnahme

Die Abrechnung erfolgt ebenfalls in der Transaktion MRKO, in der zwischen Konsignationsabrechnung und Pipeline-Abrechnung gewählt werden kann. Die zusätzliche Gutschriftanzeige kann mit der Nachrichtenart KONS ausgegeben werden. Diese Vorgänge wurden bereits im Abschnitt 8.1.3 behandelt. Die Buchung erfolgt beim Pipelineprozess nicht auf Bestandskonten, sondern direkt auf Verbrauchskonten (siehe Abbildung 8.16).

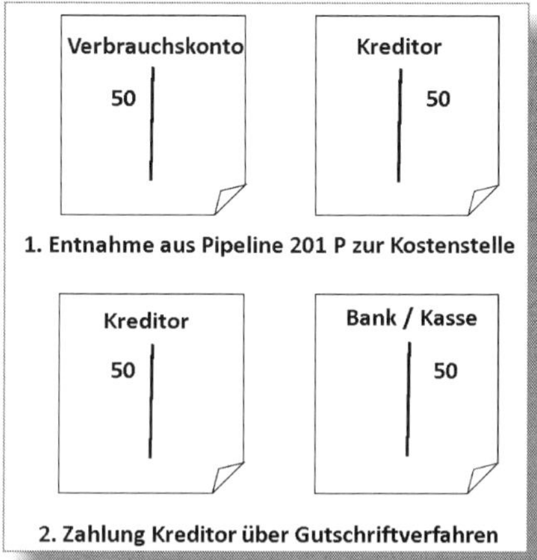

Abbildung 8.16: Buchungen im Pipelineprozess

8.3 Lohnbearbeitung

Einen weiteren Sonderbeschaffungsprozess stellt die *Lohnbearbeitung* dar. Sie ist dadurch gekennzeichnet, dass die Bearbeitung eines Materials von einem Lohnbearbeiter durchgeführt wird. Im Gegensatz zu einer *Dienstleistungsbestellung* muss bei der Lohnbearbeitung mindestens ein Material zur Verfügung gestellt werden. Weitere Materialien können zusätzlich vom Lohnbearbeiter selbst für die Bearbeitung bereitgestellt und abgerechnet werden.

Zusammenbau von Bilderrahmen

Holzleisten, Leinwand und das Glas werden gestellt, den Leim beschafft der verarbeitende Betrieb und stellt ihn zusammen mit der Arbeitsleistung in Rechnung. Das Schema in Abbildung 8.17 bildet den gesamten Lohnbearbeitungsprozess für dieses Beispiel ab.

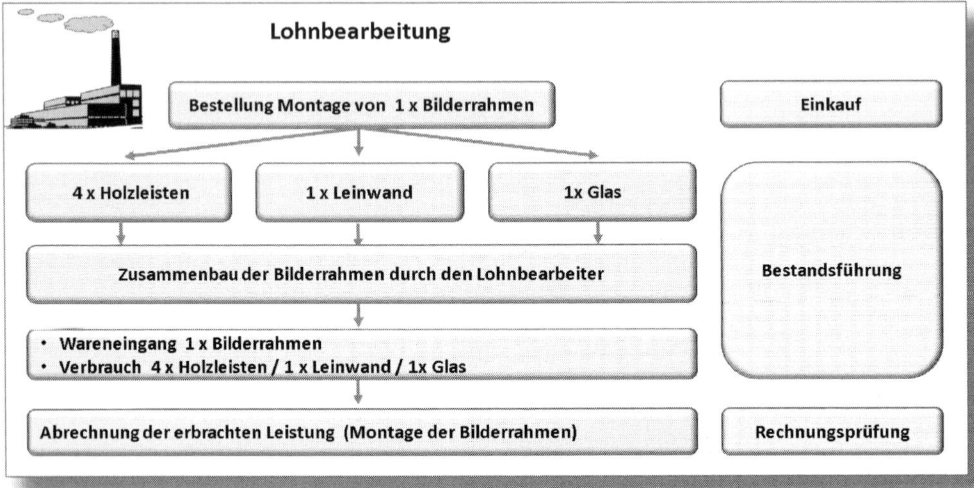

Abbildung 8.17: Ablauf der Lohnbearbeitung

8.3.1 Beschaffung über die Lohnbearbeitung

Im Einkauf steuert der Positionstyp L, der in der jeweiligen Position im Bestellbeleg eingetragen wird, die Lohnbearbeitung. Mit dessen Eingabe müssen für jede Lohnbearbeiterposition eine oder mehrere zur Bearbeitung benötigte Komponenten gepflegt werden. Diese können manuell mit dem Button (KOMPONENTEN) oder über eine Auflösung der Stückliste über das Icon (STÜCKLISTE AUFLÖSEN) im Reiter MATERIALDATEN in den Positionsdetails erfasst werden (weitere Informationen zur Stückliste vgl. Abschnitt 1.10.3). Ohne Zuordnung der Komponenten erhält man eine Fehlermeldung, wie in Abbildung 8.18 zu sehen.

Typ	Meldungstext	Typ
	Position 10 Einteilung 1	
	Es konnten keine Komponenten ermittelt werden	E

Abbildung 8.18: Fehlermeldung fehlender Komponenten

Bestellt wird beispielsweise ein fertiger Bilderrahmen. Für die Preisfindung in der Lohnbearbeitung wird ein Einkaufsinfosatz mit dem INFOTYP LOHNBEARBEITUNG benötigt. Darin wird nur der Preis für die Lohnbearbeitung (den Zusammenbau des Bilderrahmens) erfasst und nicht der Gesamtpreis des fertigen Produkts, da die zum Bau erforderlichen Komponenten bereitgestellt werden (Beistellung der Komponenten). Soll das fertige Produkt ohne Beistellung gekauft werden, ist der Preis im Einkaufsinfosatz mit dem POSITIONSTYP NORMAL zu pflegen.

Einkaufsinfosatz

Für einen Lieferanten können zum gleichen Material verschiedene Einkaufsinfosätze mit unterschiedlichen Infotypen angelegt werden. Über den Positionstyp oder das Sonderbestandskennzeichen wird der jeweils benötigte Satz automatisch gewählt.

8.3.2 Bestandsführung der Lohnbearbeitung

Da bei einem Wareneingang des bestellten Materials gleichzeitig die Komponenten in den Verbrauch gebucht werden, müssen die zur Lohnbearbeitung benötigten Komponenten in den *Lohnbearbeiterbeistellbestand* gebucht werden. Ansonsten ist der Wareneingang nicht möglich. Das System gibt die in Abbildung 8.19 gezeigte Fehlermeldung bei keinem oder einem zu geringem Beistellbestand aus.

Typ	Pos	Meldungstext	Ltxt
	1	Sonderbestand 0 C&C GMBH GLAS 20X20 dieses Materials ist nicht vorh...	
	1	Sonderbestand 0 C&C GMBH HOLZLEISTE dieses Materials ist nicht vorh...	
	1	Sonderbestand 0 C&C GMBH LEINWAND dieses Materials ist nicht vorhan...	

Abbildung 8.19: Fehlermeldung »kein Sonderbestand«

Die Komponenten können auf verschiedene Weise in den Lohnbearbeiterbeistellbestand gebucht werden:

- Umbuchung mit Bezug zur Bestellung

- Umbuchung ohne Bestellbezug
- Über die Lohnbearbeiter-Bestandsüberwachung
- Beistellung direkt vom Lieferanten

Umbuchungen aus dem eigenen Bestand in den Lohnbearbeiterbeistellbestand dürfen nur aus dem FREI VERWENDBAREN BESTAND erfolgen. Der Beistellbestand selbst darf Teil der Bestandsarten FREI VERWENDBARER BESTAND und QUALITÄTSPRÜFBESTAND sein. Vor Einbau der Komponenten soll beispielsweise durch den Lohnbearbeiter eine Qualitätsprüfung durchgeführt werden. Die Umbuchung erfolgt in der Transaktion MIGO (ab SAP ERP 6.0 EHP 4) und kann mit der Bewegungsart 541 unter zusätzliche Angabe des Sonderbestands »O« im Einschrittverfahren oder mit den Bewegungsarten 30A bzw. 30C +O im Zweischrittverfahren erfasst werden. Für die Umbuchung in älteren Systemen mit Bezug zur Bestellung muss die Transaktion MB1B verwendet werden.

! Storno der Bewegungsarten 30A und 30C

Abweichend von der Regel
Stornobewegungsart = Bewegungsart + 1
sind die Stornobewegungsarten

- für BWA 30A = 30B,
- für BWA 30C = 30D.

Abbildung 8.20 zeigt die Selektionskriterien der Lohnbearbeiter-Bestandsüberwachung in der Transaktion ME2O. Die Transaktion erreicht man im SAP Easy Access unter LOGISTIK • MATERIALWIRTSCHAFT • EINKAUF • BESTELLUNG • AUSWERTUNG • LB-BESTÄNDE ZUR LIEFERUNG. Als Selektionskriterien stehen der LIEFERANT, die BEISTELLKOMPONENTE (Materialnummer), die BAUGRUPPE (eine Baugruppe beinhaltet über eine Stückliste mehrere Komponenten), das WERK und der BEDARFSTERMIN zur Verfügung.

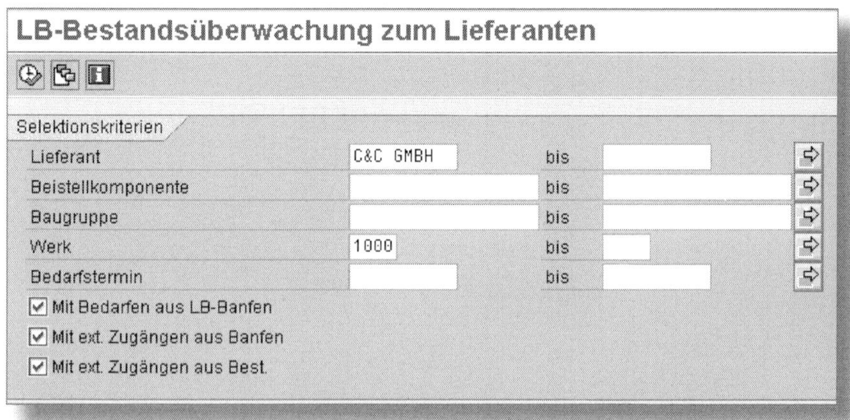

Abbildung 8.20: Selektionskriterien in der Transaktion ME2O

Nach erfolgter Selektion wird eine Liste ausgegeben, die die Menge des aktuellen Sonderbestands »Lohnbearbeitung« (O) zum jeweiligen Lieferanten anzeigt. Rot hinterlegte Mengen (siehe Abbildung 8.21) geben Fehlmengen an, die der Lohnbearbeiter benötigt, um vorhandene Bestellungen ausführen zu können. Über die Schaltflächen Lieferung anlegen und Warenausgang buchen im Folgebildschirm kann aus dem frei verwendbaren Bestand in den Lohnbearbeiterbeistellbestand umgebucht werden.

- Über LIEFERUNG ANLEGEN wird bei Einsatz des SAP-Moduls LE/WM eine Lieferung angelegt, zu der ein Transportauftrag und eine Auslieferung erstellt werden können.
- Bei WARENAUSGANG BUCHEN wird hingegen direkt der Warenausgang gebucht.

In beiden Fällen müssen für jede Position die auszubuchende Menge und der Abgangslagerort gepflegt und bestätigt werden. Die Positionen in der Liste sind bei ausreichender Bestandsdeckung im Sonderbestand grün hinterlegt. Ist die Bestandsmenge der Materialien im LB-Bestand höher als die aktuell benötigte, wird die überzählige Menge angezeigt. So sind z. B. in Abbildung 8.21 auf der ersten Position 9 St. Glas mehr vorhanden als benötigt.

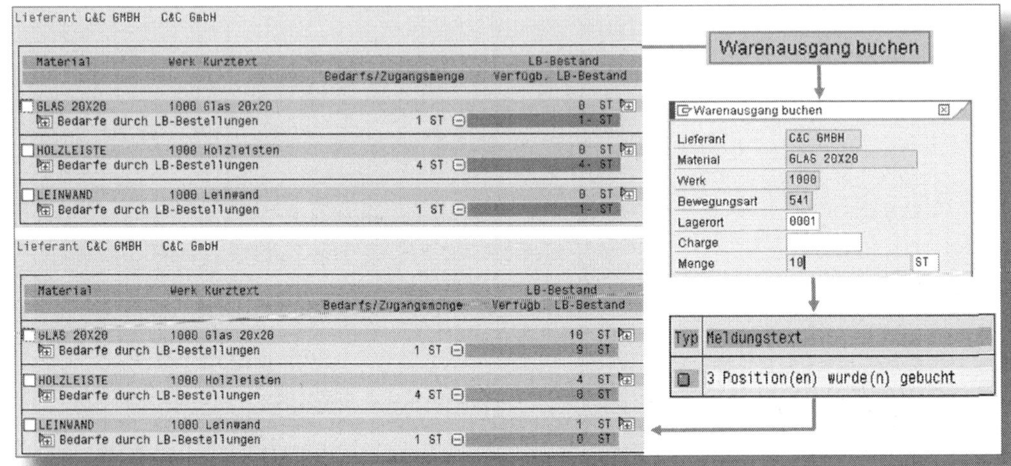

Abbildung 8.21: Buchen in den LB-Bestand

👉 Bestellentwicklung

Das Buchen der Komponenten in den Lohnbearbeiterbeistellbestand wird in der Bestellentwicklung nicht angezeigt. Will der Einkäufer die Buchung nachvollziehen, muss er die Transaktion ME2O aufrufen.

Der Lieferantenbeistellbestand ist bewertet, dispositiv verfügbar und liegt physisch beim Lohnbearbeiter. In der Bestandsübersicht MMBE wird für jeden Lohnbearbeiter ein eigener Bestand ausgewiesen.

Sobald die Komponenten dem Lohnbearbeiter in ausreichender Menge zur Verfügung stehen, kann nach erfolgter Bearbeitung des Auftrags durch den Lohnbearbeiter der Wareneingang gebucht werden. Im Beispiel aus Abbildung 8.22 wird der Bilderrahmen in der Transaktion MIGO als Wareneingang über die Bewegungsart BE 101 mit Bezug zur Bestellung in das Lager gebucht. Die Komponenten werden in entsprechender Menge aus der Stückliste/Bestellung mit der Bewegungsart

543 +O in den Verbrauch gebucht. Die Menge kann bei einem Mehr- oder Minderverbrauch (z. B. Glas bei Verarbeitung gesprungen) individuell angepasst werden. Voraussetzung hierfür ist ein ausreichender Bestand beim Lohnbearbeiter.

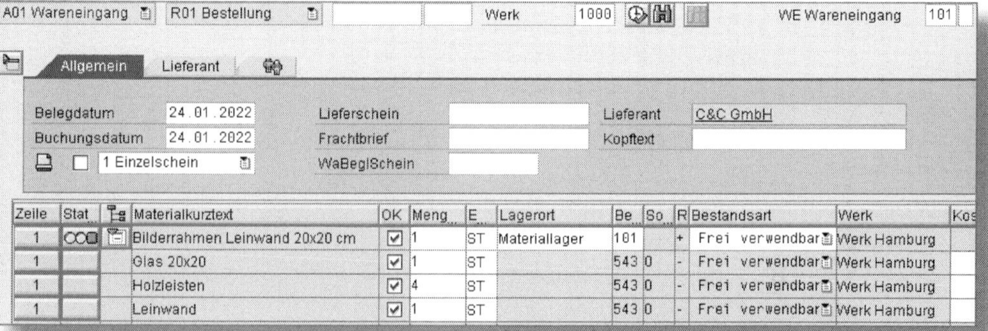

Abbildung 8.22: Wareneingangsbuchung zur LB-Bestellung

Falls der Lohnbearbeiter den Mehr- oder Minderverbrauch erst nach der Wareneingangsbuchung des Endprodukts meldet, wird diese in der MIGO als *Nachverrechnung* mit Bezug zur Bestellung gebucht. Über das gleichnamige Kennzeichen wird gesteuert, ob es sich um einen Mehr- oder Minderverbrauch handelt.

Als Alternative kann über den *Lohnbearbeitungsmonitor (LB-Monitor)* mit der Transaktion ADSUBCON der gesamte Lohnbearbeitungsprozess von der Banf bis zum Wareneingang abgebildet werden.

! Lohnbearbeitungsmonitor

Um den Lohnbearbeitungsmonitor über ADSUBCON nutzen zu können, muss die BUSINESS FUNCTION LOG_EAM_ROTSUB aktiviert sein. Die Bedeutungen der Symbole im Lohnbearbeitungsmonitor beschreibt Abbildung 8.23.

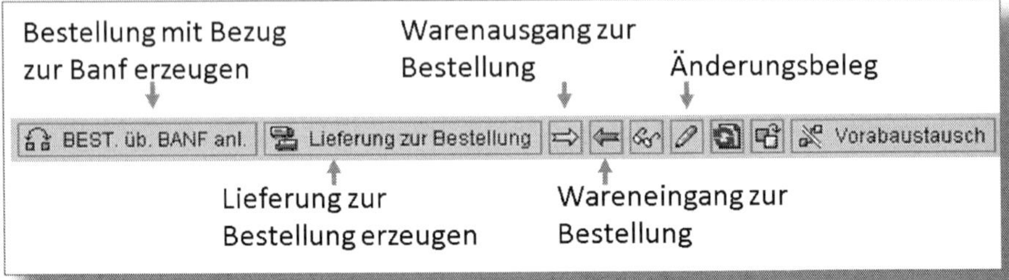

Abbildung 8.23: Symbolleiste im Lohnbearbeitungsmonitor

Der Lohnbearbeitungsmonitor ermöglicht die Erzeugung derselben Belege, die zuvor in den drei Transaktionen ME21N (BESTELLUNG ANLEGEN), ME20 (BEISTELLUNG KOMPONENTEN) und MIGO erstellt wurden, sowie den darauffolgenden Wareneingang in der MIGO. Der Einstieg in den LB-Monitor erfolgt über eine Auswahlmaske mit WERK, LIEFERANT, EINKAUFSORGANISATION, MATERIAL und anderen Kriterien. In Abbildung 8.24 ist der LB-Monitor mit der bereits bekannten Bestellung zu sehen.

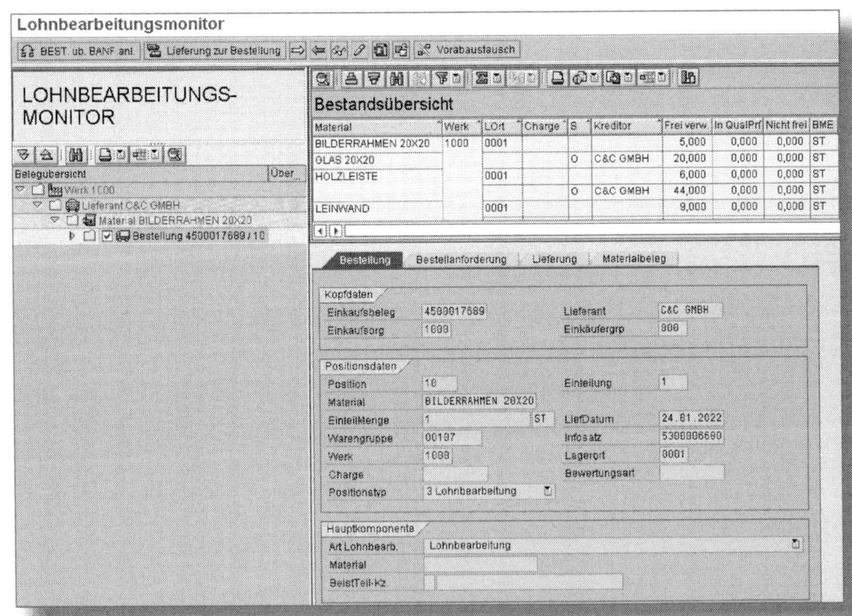

Abbildung 8.24: Transaktion ADSUBCON – Lohnbearbeitungsmonitor

8.3.3 Rechnungsprüfung bei der Lohnbearbeitung

Die Rechnungsprüfung zur Lohnbearbeitungsbestellung erfolgt wie bei einer Normalbestellung über die *logistische Rechnungsprüfung* MIRO. Die beigestellten Komponenten werden bereits beim Wareneingang in den Verbrauch gebucht und nicht berechnet. Der Lohnbearbeiter gibt in der Rechnung seine Leistung und eventuell selbst beigestellte Komponenten an.

8.4 Fazit

Bei einigen Sonderbeschaffungsformen muss auch die Bestandsführung auf eine besondere Weise abgebildet werden. Der vorgelagerte Einkauf gibt die Richtung vor, woraufhin die Bestandsführung bei Warenbewegungen die Zuordnung zu den einzelnen Lieferanten erfasst bzw. übernimmt, damit bei der Abrechnung die richtigen Lieferanten bezahlt werden. Für den Positionstyp, der bei der Bestellung und den nachfolgenden Prozessen das steuernde Element ist, dürfen im Customizing – außer der Bezeichnung – keine Eigenschaften verändert werden. Im nächsten Kapitel werden die Auswertungen und Listen im Standard sowie in Bezug auf die vorgestellten Sonderbeschaffungsprozesse beschrieben.

9 Bestandslisten und Auswertungen

Die Bestandsführung hat Bestände und Warenbewegungen zu überwachen und auf Konsistenz zu prüfen. SAP unterstützt diese Aufgaben mit Auswertungsfunktionen und Listen zum Vorhandensein der verschiedenen Artikel und Sonderbestände.

Im SAP Easy Access finden sich unter dem Pfad LOGISTIK • MATERIALWIRTSCHAFT • BESTANDSFÜHRUNG • UMFELD Informationen zu Warenbewegungen, Beständen und Sonderbeständen. Im UMFELD untergliedert sich der Baum unter anderem in:

- Listanzeigen,
- Bestand,
- Auskunft,
- Saldendarstellung,
- Konsignation.

9.1 Beleglisten

Die meisten Listen in der Bestandsführung werden mit dem *SAP List Viewer* dargestellt. Diese Ansicht kann über die Icons (ANZEIGEVARIANTE) und (DETAILLISTE) an die eigenen Belange angepasst werden, bzw. der Viewer ermöglicht auch die Auswahl eines eigenen Layouts. Die verschiedenartigen Listen werden mit den folgenden Transaktionen aufgerufen:

- MB51 (Materialbelege)
- MR51 (Buchhaltungsbelege zum Material)
- MBAL (Archivierte Materialbelege)
- MBSM (Stornierte Materialbelege)
- MBGR (Grund der Bewegung)

Je nach Transaktion erscheinen im Einstiegsbild verschiedene Auswahlmöglichkeiten. In Abbildung 9.1 sind dies beispielhaft für Transaktion MB51 die Felder MATERIAL, WERK, LAGERORT, LIEFERANT etc. Zudem können Intervalle (z. B. BUCHUNGSDATUM) angegeben oder über das Icon (Mehrfachselektion) Einzelwerte und Intervalle selektiert bzw. ausgeschlossen werden. Liegt eine Mehrfachselektion vor, wird diese am entsprechenden Schalter durch ein grünes Symbol angezeigt.

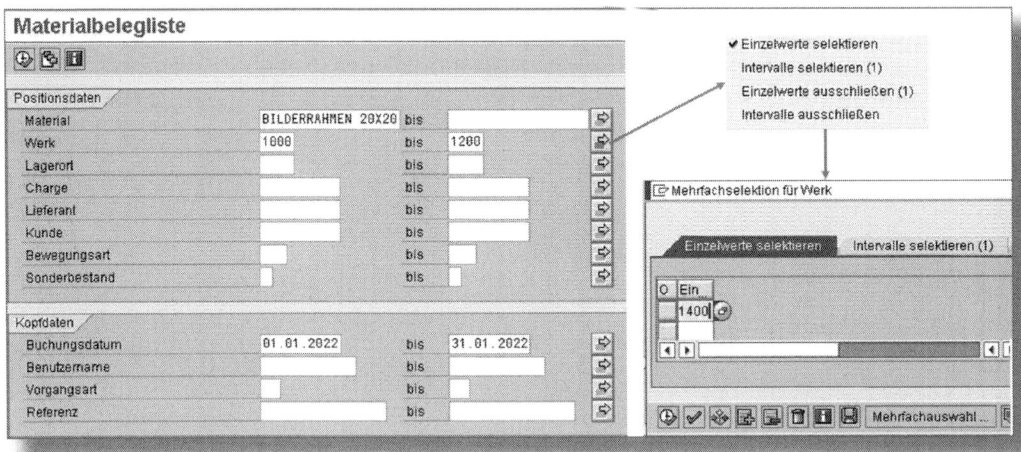

Abbildung 9.1: Auswahl der Anzeigekriterien

Nachfolgend sind exemplarisch einige der Listen genauer beschrieben.

9.1.1 MB51 – Materialbelegliste

In der *Materialbelegliste* sind zu einem oder mehreren Materialien alle Warenbewegungen mit Belegnummer, Bewegungsart, Menge und Buchungsrichtung aufgeführt. In dieser Liste lassen sich Summen und Zwischensummen bilden, Filter setzen sowie direkt in die Ansicht der Belege verzweigen (siehe Abbildung 9.2).

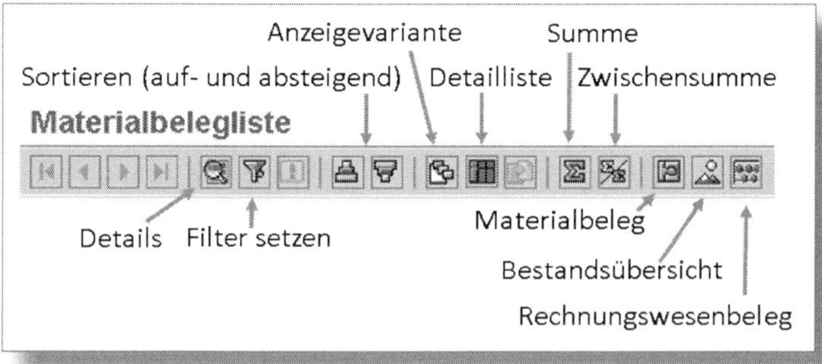

Abbildung 9.2: Symbolleiste der Materialbelegliste

Die Listanzeige der Materialbelegliste in Abbildung 9.3 präsentiert uns die Bewegungen des Materials »Bilderrahmen«. Zeile eins und zwei zeigen einen Wareneingang von je 1 St. mit der Bewegungsart 101. In den Zeilen drei und vier erkennt man über die Bewegungsart 102 einen Wareneingangsstorno: Die Menge wird mit jeweils -1 ausgegeben. Zeile fünf ist ein Wareneingang in den Konsignationsbestand (Bewegungsart 101 + K) von 10 St. Die Zeilen sechs und sieben stellen eine Umbuchung dar: 411 + K ist eine Umbuchung »Konsignation an Eigen«. Schließlich weist die letzte Zeile die aktuelle Summe der Menge aller ausgewählten Bestandsbewegungen aus.

Materialbelegliste

Material	Werk	LOrt	BwA	S	Materialbeleg	Pos	Buch.dat.	Menge in ErfassME	EME
BILDERRAHMEN 20X20	1000	0001	101		5000000159	1	21.01.2022	1	ST
BILDERRAHMEN 20X20	1000	0001	101		5000000161	1	21.01.2022	1	ST
BILDERRAHMEN 20X20	1000	0001	102		5000000160	1	21.01.2022	1-	ST
BILDERRAHMEN 20X20	1000	0001	102		5000000162	1	21.01.2022	1-	ST
BILDERRAHMEN 20X20	1000	0001	101	K	5000000148	1	20.01.2022	10	ST
BILDERRAHMEN 20X20	1000	0001	411		4900000208	2	20.01.2022	5	ST
BILDERRAHMEN 20X20	1000	0001	411	K	4900000208	1	20.01.2022	5-	ST
								10	**ST**

Abbildung 9.3: Materialbelegliste

Auswahlmöglichkeiten, Anzeigeversionen und Regeln zur Materialbelegliste können prinzipiell im Customizing eingestellt werden.

9.1.2 MR51 – Buchhaltungsbelege zum Material

Die Auswertung von Buchhaltungsbelegen erfolgt mit dem Report MR51. Mit einer Selektion nach Material, Buchungskreis, Bewertungskreis, Buchungsdatum, Belegdatum und Belegart wird die Liste erstellt. Die Symbolleiste weicht leicht von der der Materialbelegliste ab (siehe Abbildung 9.4).

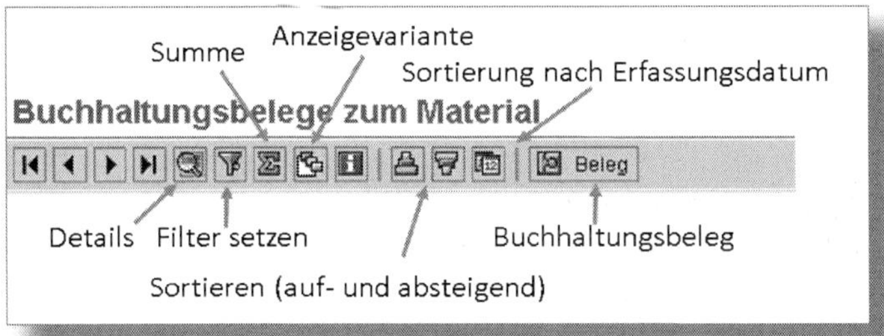

Abbildung 9.4: Symbolleiste Listanzeige »Buchhaltungsbelege«

Die in Abbildung 9.5 gezeigte Liste der Buchhaltungsbelege zum Material »Bilderrahmen« enthält die Belegart (WE bzw. WA) mit nachfolgender Belegnummer, Position und dem Buchungsdatum. Im Unterschied zum Materialbeleg sind hier zusätzlich zu den gebuchten Mengen auch die Werte und die Währung aufgeführt, mit der gebucht wird. Die Liste ist in zwei Bereiche unterteilt: Die oberen fünf Datensätze wurden im Bewertungskreis 1000 gebucht, die beiden unteren Buchhaltungsbelege gehören zum Bewertungskreis 1100. Da beide Buchungskreise übereinstimmen, muss der Bewertungskreis die Werksebene sein.

9.1.3 MBAL – Archivierte Materialbelege

Wie lange ein Materialbeleg im System verbleiben soll, wird über die *Verweildauer* im Customizing der Bestandsführung eingestellt. Standardmäßig beträgt die voreingestellte Verweildauer 200 Tage. Bei Löschung des Eintrags wird über den Parameter SYS_TAGE im ABAP-Programm RM07MMR1 die Verweildauer bestimmt. Der Standard hier beträgt 9999 Tage. Mit dem Objekt MM_MATBEL werden die Belege archiviert und gelöscht, wobei jede Belegart ihr eigenes Archivierungs-

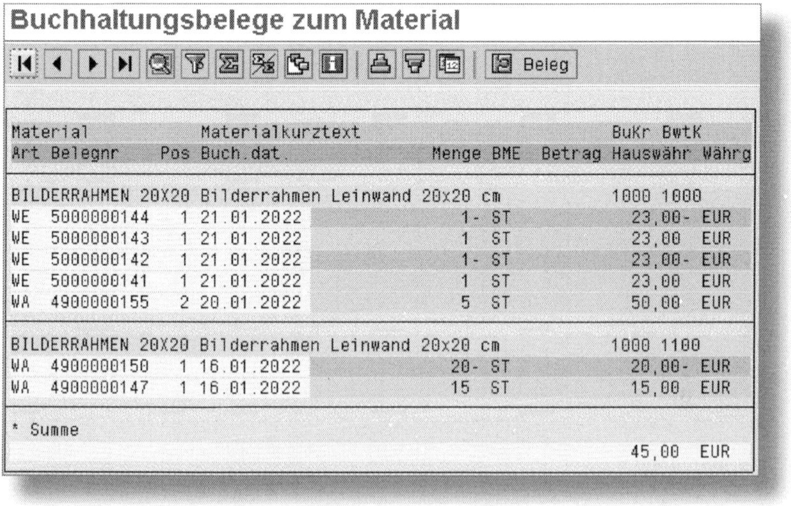

Buchhaltungsbelege zum Material

Beleg

Material			Materialkurztext				BuKr	BwtK
Art	Belegnr	Pos	Buch.dat.	Menge	BME	Betrag	Hauswähr	Währg
BILDERRAHMEN 20X20			Bilderrahmen Leinwand 20x20 cm				1000	1000
WE	5000000144	1	21.01.2022	1-	ST		23,00-	EUR
WE	5000000143	1	21.01.2022	1	ST		23,00	EUR
WE	5000000142	1	21.01.2022	1-	ST		23,00-	EUR
WE	5000000141	1	21.01.2022	1	ST		23,00	EUR
WA	4900000155	2	20.01.2022	5	ST		50,00	EUR
BILDERRAHMEN 20X20			Bilderrahmen Leinwand 20x20 cm				1000	1100
WA	4900000150	1	16.01.2022	20-	ST		20,00-	EUR
WA	4900000147	1	16.01.2022	15	ST		15,00	EUR
* Summe								
							45,00	EUR

Abbildung 9.5: Liste der Buchhaltungsbelege

objekt (Inventurbelege, z. B. MM_INVBEL) hat. Die so archivierten Materialbelege können über den Report MBAL aufgerufen werden. Die Selektionskriterien der Liste sind:

- Archive,
- Materialbeleg,
- Materialbelegjahr,
- Material,
- Werk und
- das Buchungsdatum.

9.1.4 MBSM – Stornierte Materialbelege

Materialbelege, die über die Funktion STORNIEREN VON MATERIALBELEGEN storniert wurden, können mit diesem Report angezeigt werden. Nach Selektion über die Belegnummern, das Material, Werk, Buchungsdatum oder den Erfasser des Stornobelegs werden sowohl die Belegnummer des Storno- als auch die des stornierten Vorgängerbelegs mit Erfassungsmenge, Buchungsdatum und Jahr angezeigt. Die Symbolleiste umfasst alle Möglichkeiten der weiteren Bearbeitung (siehe Abbildung 9.6).

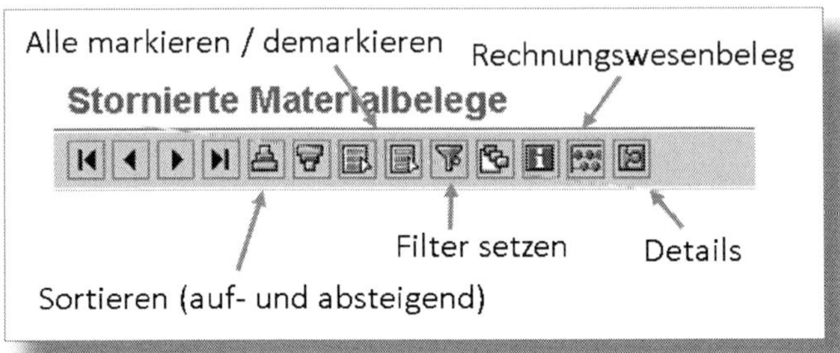

Abbildung 9.6: Symbolleiste Listanzeigen »Stornierte Materialbelege«

Wird in der Liste ein Datensatz selektiert, lassen sich über den Button (DETAIL) weitere Daten aus dem stornierten Beleg anzeigen, wie z. B. die Beträge (siehe Abbildung 9.7).

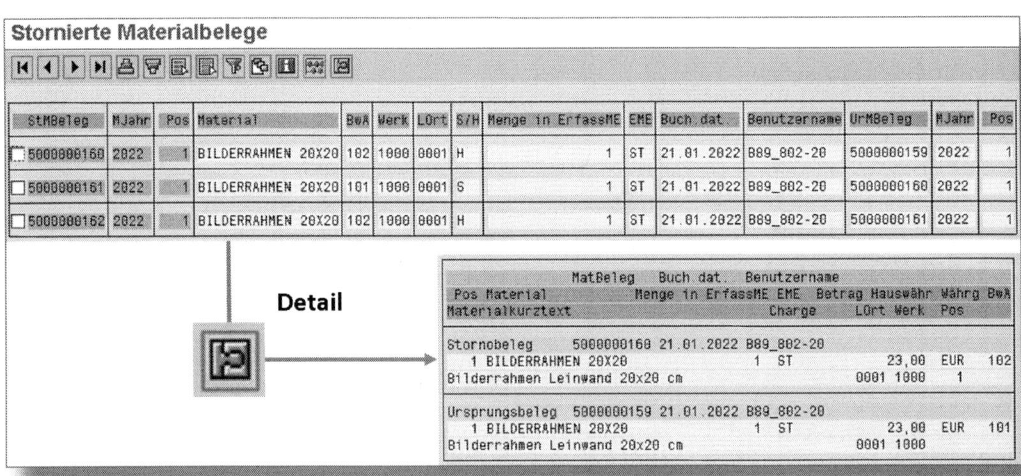

Stornierte Materialbelege

StMBeleg	MJahr	Pos	Material	BwA	Werk	LOrt	S/H	Menge in ErfassME	EME	Buch.dat.	Benutzername	UrMBeleg	MJahr	Pos
5000000160	2022	1	BILDERRAHMEN 20X20	102	1000	0001	H	1	ST	21.01.2022	B89_802-20	5000000159	2022	1
5000000161	2022	1	BILDERRAHMEN 20X20	101	1000	0001	S	1	ST	21.01.2022	B89_802-20	5000000160	2022	1
5000000162	2022	1	BILDERRAHMEN 20X20	102	1000	0001	H	1	ST	21.01.2022	B89_802-20	5000000161	2022	1


```
                 MatBeleg   Buch.dat.  Benutzername
 Pos Material               Menge in ErfassME EME  Betrag Hauswähr Währg BwA
Materialkurztext                          Charge     LOrt Werk  Pos

Stornobeleg      5000000160 21.01.2022 B89_802-20
   1 BILDERRAHMEN 20X20                   1  ST           23,00  EUR   102
Bilderrahmen Leinwand 20x20 cm                       0001 1000    1

Ursprungsbeleg   5000000159 21.01.2022 B89_802-20
   1 BILDERRAHMEN 20X20                   1  ST           23,00  EUR   101
Bilderrahmen Leinwand 20x20 cm                       0001 1000
```

Abbildung 9.7: MBSM – Stornierte Materialbelege

9.1.5 MBGR – Grund der Bewegung

In Abschnitt 5.2 wurde beschrieben, dass bei einer Rücklieferung mit der Bewegungsart 122 ein GRUND DER BEWEGUNG als Pflichtfeld zu erfassen ist. Dieser Grund hat keine steuernden Eigenschaften im System, sondern ist für Auswertungen z. B. in der Transaktion MBGR gedacht, wo er neben dem Werk, Material und Lieferanten als Auswahlkriterium angegeben werden kann. Die Bearbeitungsmöglichkeiten im SAP List Viewer zeigt Abbildung 9.8.

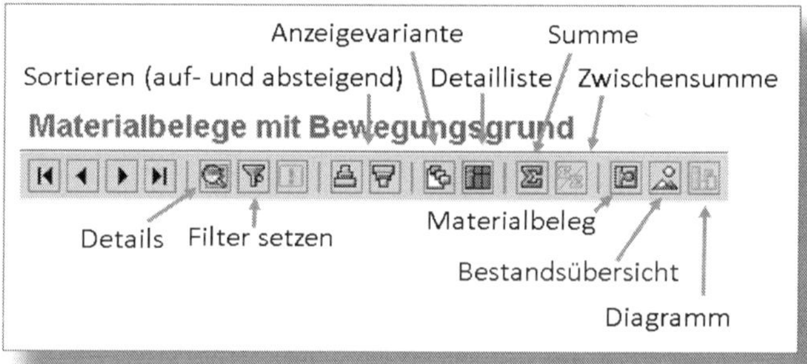

Abbildung 9.8: Symbolleiste »Grund der Bewegung«

In der darauffolgenden Liste werden all die Positionen eines Belegs mit der Bewegungsart angezeigt, bei denen ein GRUND DER BEWEGUNG hinterlegt wurde (siehe Abbildung 9.9).

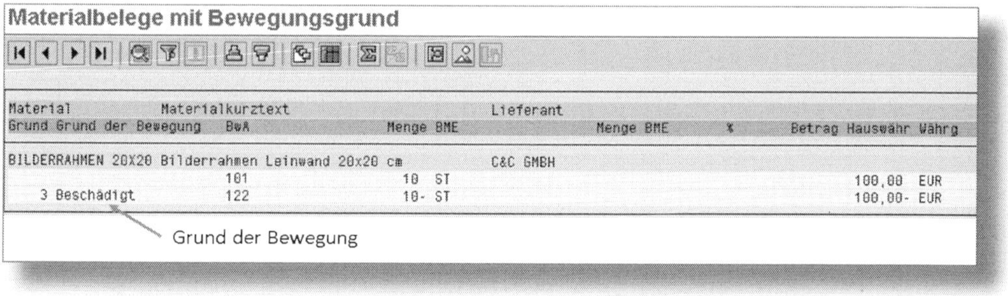

Materialbelege mit Bewegungsgrund

```
Material          Materialkurztext                       Lieferant
Grund Grund der Bewegung  BwA           Menge BME                 Menge BME     %     Betrag Hauswähr Währg

BILDERRAHMEN 20X20 Bilderrahmen Leinwand 20x20 cm        C&C GMBH
                          101           10  ST                                          100,00  EUR
   3 Beschädigt           122           10- ST                                          100,00- EUR
```

Grund der Bewegung

Abbildung 9.9: MBGR – Liste zum Grund der Bewegung

9.2 Bestandslisten

Die in SAP im Standard angebotenen Bestandsauswertungen sind sehr vielfältig. Folgende Bestände lassen sich aufrufen:

- MMBE Bestandsübersicht
- MD04 Aktuelle Bedarfs- und Bestandsliste
- MB53 Werksverfügbarkeit
- CO09 Verfügbarkeitsübersicht
- MB52 Lagerbestand
- MB5M Mindesthaltbarkeitsdatum-Liste
- MB5B Bestand zum Buchungsdatum
- MB5T Transitbestand
- MBBS Bewerteter Sonderbestand
- MBLB Lohnbearbeiter-Beistellbestand

Bei allen die Bestände betreffenden Auswertungen erfolgt, entsprechend den Listanzeigen, die Selektion der Bestände über Material, Werk, Lagerorte, Kreditoren, Haltbarkeitsdaten, Bewertungskreis, Belegarten und vieles mehr auf dem Einstiegsbild. In einigen Bestandslisten können außerdem Summen gebildet, Filter eingerichtet und Details angezeigt werden.

9.2.1 MMBE Bestandsübersicht

Die *Bestandsübersicht* ist eine der wichtigsten Listen in der Bestandsführung. Wie der Name bereits ausdrückt, werden die Bestände und Sonderbestände eines Materials über alle gewählten Organisationsebenen hinweg angezeigt. Mittels DETAILANZEIGE lassen sich die Bestandsmengen sämtlicher Bestandsarten aufrufen. Abbildung 9.10 gibt einen Überblick über die Vielzahl der Bestandsarten.

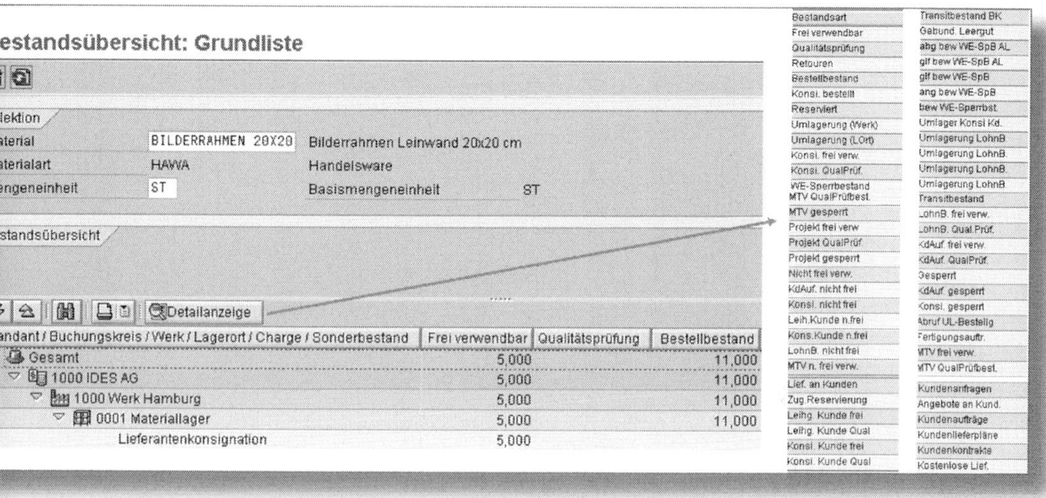

Abbildung 9.10: MMBE – Bestandsübersicht

9.2.2 MD04 – Aktuelle Bedarfs- und Bestandsliste

Die aktuelle Bedarfs- und Bestandsliste gibt Auskunft über die aktuelle Bedarfssituation eines Materials in einem Dispobereich oder Werk. Es werden nicht nur die Bestände, sondern auch Beschaffungselemente wie Bestellanforderungen, Bestellungen, Plan- und Fertigungsaufträge sowie Reservierung ausgegeben. Die Liste dient der Disposition, um den Bestand sowie Bedarfe/Zugänge auch zu einem zukünftigen Datum aufzurufen. Über den Button (AUFFRISCHEN) kann die Liste aktualisiert werden. In Abbildung 9.11 sind neben dem aktuellen Warenbestand (W-BEST) zwei Bestellungen (BS-EIN), eine Bestellanforderung (BS-ANF) und eine Reservierung (MR-RES) in der Bedarfs- und Bestandsliste zu sehen.

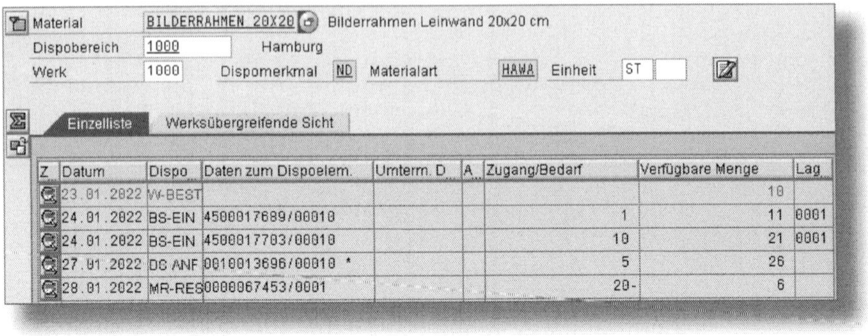

Material BILDERRAHMEN 20X20 Bilderrahmen Leinwand 20x20 cm
Dispobereich 1000 Hamburg
Werk 1000 Dispomerkmal ND Materialart HAWA Einheit ST

Einzelliste | Werksübergreifende Sicht

Z	Datum	Dispo	Daten zum Dispoelem.	Umterm. D	A.	Zugang/Bedarf	Verfügbare Menge	Lag
	23.01.2022	W-BEST					10	
	24.01.2022	BS-EIN	4500017689/00010			1	11	0001
	24.01.2022	BS-EIN	4500017703/00010			10	21	0001
	27.01.2022	DC ANF	0010013696/00010 *			5	26	
	28.01.2022	MR-RES	0000067453/0001			20-	6	

Abbildung 9.11: MD04 – Aktuelle Bedarfs- und Bestandsliste

9.2.3 MB53 – Werksverfügbarkeit

Mit der *Werksverfügbarkeit* wird das ausgewählte Material im FREI VERWENDBAREN BESTAND des angefragten Werks dargestellt. Die angezeigte Menge entspricht der Menge, die auch zur Berechnung in der statischen Verfügbarkeitsprüfung (vgl. Abschnitt 4.1) herangezogen wird.

9.2.4 CO09 – Verfügbarkeitsübersicht

Die *Verfügbarkeitsübersicht* zeigt die verfügbaren Mengen des Materials aus Sicht der dynamischen Verfügbarkeitsprüfung (siehe Abschnitt 4.2). Die Übersicht ähnelt der der Bedarfs- und Bestandsliste. Zusätzlich wird das Datum der Wiederbeschaffungszeit gelistet (siehe Abbildung 9.12). Die Transaktion CO09 steht nur Materialien zur Verfügung, für die eine Prüfgruppe im Materialstamm gepflegt wurde.

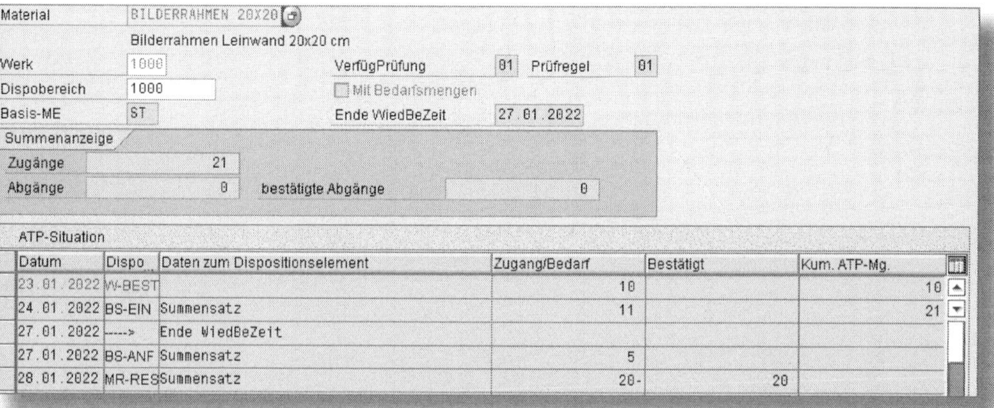

Abbildung 9.12: CO09 – Verfügbarkeitsübersicht

9.2.5 MB52 – Lagerbestand

Mithilfe der Transaktion *Lagerbestand* werden ein oder mehrere Materialien ausgewählter Lagerorte angezeigt. Neben einer Eingrenzung auf Werk, Lagerort und Charge kann zur Überwachung von Fehlbeständen (vgl. Abschnitt 7.5) das Kennzeichen NUR NEGATIVE BESTÄNDE ANZEIGEN ausgewählt werden.

9.2.6 MB5B – Bestand zum Buchungsdatum

Mit der Transaktion MB5B lassen sich in einem selektierten Zeitraum die Bestände zu ihrem jeweiligen Buchungsdatum ausgeben. In der Liste werden die einzelnen Belege mit deren Beständen angezeigt. In Abbildung 9.13 sind die Belege des Zeitraums 01.01.2022 bis 28.01.2022 selektiert und werden mit Zwischensummen zum jeweiligen Buchungsdatum dargestellt. Somit lassen sich nicht nur aktuelle, sondern auch Bestandsmengen zu einem in der Vergangenheit liegenden Stichtag auswerten.

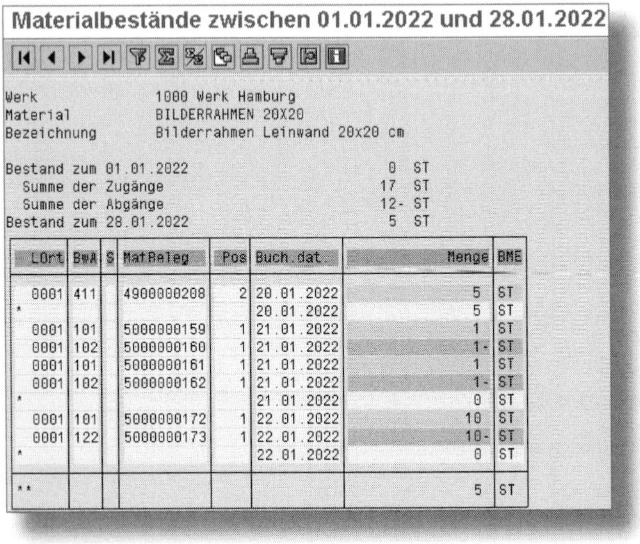

Materialbestände zwischen 01.01.2022 und 28.01.2022

```
Werk                 1000 Werk Hamburg
Material             BILDERRAHMEN 20X20
Bezeichnung          Bilderrahmen Leinwand 20x20 cm

Bestand zum 01.01.2022                     0  ST
  Summe der Zugänge                       17  ST
  Summe der Abgänge                       12- ST
Bestand zum 28.01.2022                     5  ST
```

LOrt	BwA	S	MatBeleg	Pos	Buch.dat.	Menge	BME
0001	411		4900000208	2	20.01.2022	5	ST
*					20.01.2022	5	ST
0001	101		5000000159	1	21.01.2022	1	ST
0001	102		5000000160	1	21.01.2022	1-	ST
0001	101		5000000161	1	21.01.2022	1	ST
0001	102		5000000162	1	21.01.2022	1-	ST
*					21.01.2022	0	ST
0001	101		5000000172	1	22.01.2022	10	ST
0001	122		5000000173	1	22.01.2022	10-	ST
*					22.01.2022	0	ST
**						5	ST

Abbildung 9.13: MB5B – Materialbestände zum Buchungsdatum

9.2.7 MB5T – Transitbestand

Der *Transitbestand* wird bei einer Umlagerungsbestellung erzeugt (vgl. Abschnitt 2.1.3) und mit diesem Report ausgegeben. Je nach Selektion ist dies auch für bereits endgelieferte oder gelöschte Bestellungen möglich.

9.2.8 MBSS – Bewerteter Sonderbestand

Projekt- (Q) und *Kundenauftragsbestände (E)* lassen sich mit dieser Transaktion selektieren und je Bewertungskreis und Bewertungsart anzeigen.

9.2.9 MBLB – Lohnbearbeiterbeistellbestand

Für den Beschaffungsprozess der Lohnbearbeitung müssen, wie in Abschnitt 8.3 beschrieben, Materialien in den Beistellbestand gebucht werden, damit der Lohnbearbeiter diese zur Bearbeitung nutzen kann. Die Transaktion MBLB zeigt die Lohnbearbeiterbestände mit Mengen und jeweiligem Wert. Anders als bei der Transaktion ME2O wird hier die Liste nur ausgegeben, Bestände können nicht umgebucht werden (siehe Abbildung 9.14).

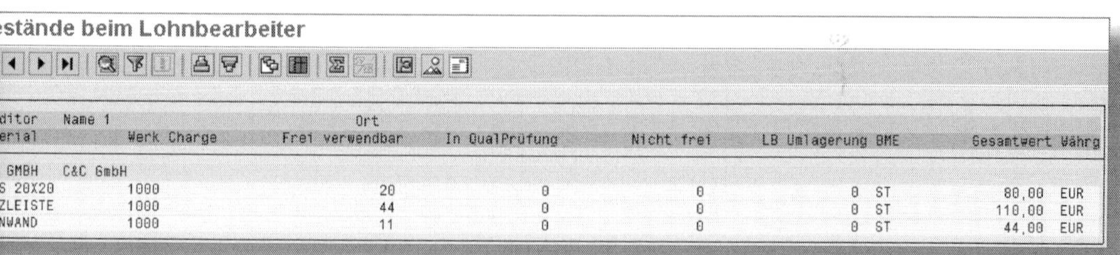

estände beim Lohnbearbeiter

editor erial	Name 1 Werk	Charge	Ort Frei verwendbar	In QualPrüfung	Nicht frei	LB Umlagerung	BME	Gesamtwert	Währg
: GMBH	C&C GmbH								
S 20X20	1000		20	0	0	0	ST	80,00	EUR
ZLEISTE	1000		44	0	0	0	ST	110,00	EUR
NWAND	1000		11	0	0	0	ST	44,00	EUR

Abbildung 9.14: MBLB – Bestände beim Lohnbearbeiter

9.3 Fazit

SAP bietet im Standard eine Vielzahl von Listen und Analysetransaktionen, die sich hinsichtlich ihrer Selektionskriterien und Ausgabeformate unterscheiden. Diese Transaktionen lassen sich über das Layout noch weiter an die persönlichen Bedarfe anpassen und als Layout sichern. In den erstellten Auswertungen können Daten allerdings nicht mehr geändert werden, hierzu sind andere Transaktionen nötig. Diese Form der Auswertungen und Listanzeigen bietet sich besonders dann an, wenn der Benutzer zwar Daten sehen und auswerten, aber an ihnen keine Bearbeitung oder Änderung vornehmen darf.

10 Getrennte Bewertung

Mit der getrennten Bewertung können Sie innerhalb eines Bewertungskreises ein und dasselbe Material mit unterschiedlichen Bewertungspreisen im System abbilden. Wo dies sinnvoll sein kann und welche Auswirkungen die unterschiedlichen Einstellungen in einer getrennten Bewertung haben, wird nachfolgend erläutert.

10.1 Anwendungsmöglichkeiten der getrennten Bewertung

In einigen Situationen ist es durchaus sinnvoll, die Bestände von Materialien unterschiedlich zu bewerten. Im Standard werden die nachfolgenden Bewertungstypen angeboten:

- Herkunftsland
- Beschaffungsart
- Qualität

Anschaffung von Bilderrahmen

Zur Veranschaulichung betrachten wir im Weiteren das folgende Beispiel: Die Bilderrahmen aus Italien sind billiger als die gleichen Rahmen aus Deutschland. Beide Bestände sollen jeweils unter dem Material »Bilderrahmen«, bewertungstechnisch jedoch getrennt nach den Ländern geführt werden. Als Beschaffungsart ist eine Unterscheidung zwischen Fremdbeschaffung und Eigenfertigung vorgesehen. Die Qualität der Bilderrahmen wird in die Klassen A, B und C eingeteilt.

Da eine Kombination der drei Bewertungstypen nicht möglich ist, muss sich der Bearbeiter zunächst auf der Buchhaltungssicht im Materialstamm für einen Bewertungstyp entscheiden. Die Auswahl der zuvor im Customizing definierten Bewertungstypen erfolgt unter ALLGEMEINE DATEN in der Sicht BUCHHALTUNG 1 (siehe Abbildung 10.1).

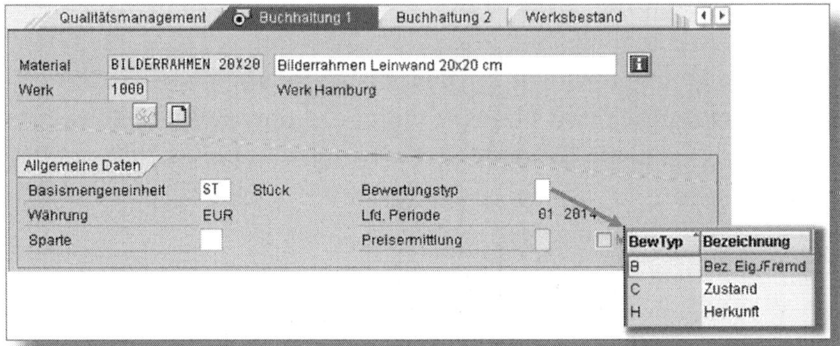

Abbildung 10.1: Bewertungstyp im Materialstamm

Im nächsten Schritt wird zum Material mit der Transaktion MM01 MATERIAL ANLEGEN die entsprechende BEWERTUNGSART ergänzt. Beim sogenannten *Erweitern des Materials* kann zum jeweiligen BEWERTUNGSTYP (hier HERKUNFT) unter den erlaubten BEWERTUNGSARTEN (Italien, Deutschland, Frankreich in Abbildung 10.2) gewählt werden. Die bereits gepflegten Bewertungsarten sind am Kreuz zu erkennen.

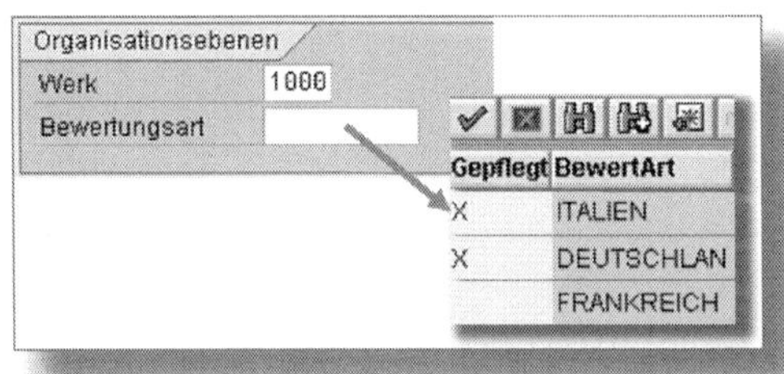

Abbildung 10.2: Material erweitern

Bei der getrennten Bewertung existiert immer ein allgemeiner Stammsatz, der zwingend mit der Preissteuerung V (gleitender Durchschnittspreis) angelegt wird. Dieser enthält als Gesamtbestand alle getrennt zu bewertenden Materialien sowie den tatsächlichen Wert aller Materialien zum jeweiligen Bewertungspreis. Bei den zugehörigen erweiterten Materialien kann zwischen dem gleitenden Durchschnittspreis (V) und dem Standardpreis (S) gewählt werden. In welcher BEWERTUNGSART sich das Material befindet, ist im Stammsatz unterhalb der Felder MATERIAL und WERK erkennbar (siehe Abbildung 10.3).

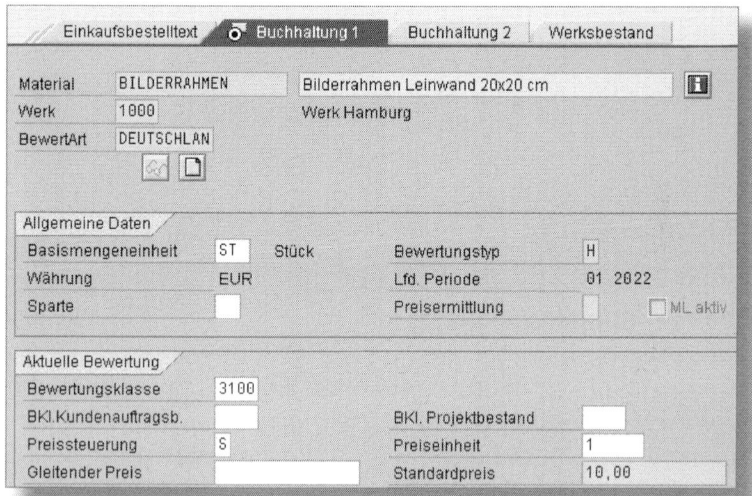

Abbildung 10.3: Materialstamm – getrennte Bewertung nach Herkunft (Bewertungstyp) aus Deutschland (Bewertungsart)

10.2 Getrennte Bewertung in der Bestandsführung

Wenn ein Material getrennt bewertet ist, muss bei einer Warenbewegung die Bewertungsart aus dem Materialstamm erfasst werden, um eine eindeutige Zuordnung gewährleisten zu können. Durch eine Fehlermeldung weist das System auf die fehlende Bewertungsart hin, und eine Warenbewegung ohne deren vorherige Eingabe ist nicht möglich (siehe Abbildung 10.4).

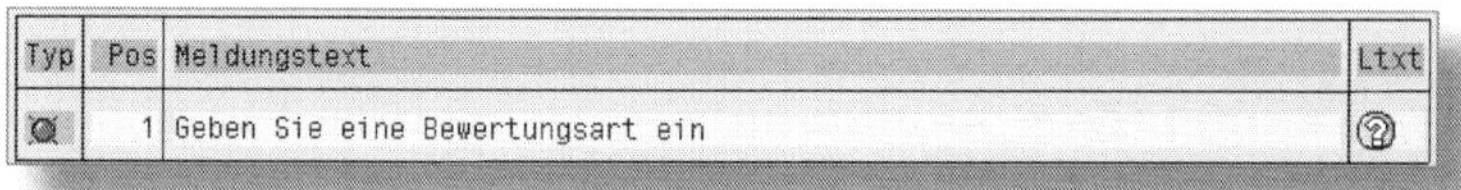

Abbildung 10.4: Fehlermeldung bei fehlender Bewertungsart

Dazu stehen in der Positionsübersicht oder den Positionsdetails der Warenbewegungstransaktion die BEWERTUNGSARTEN zur Auswahl, die zuvor in den erweiterten Materialstammsätzen erfasst wurden (siehe Abbildung 10.5).

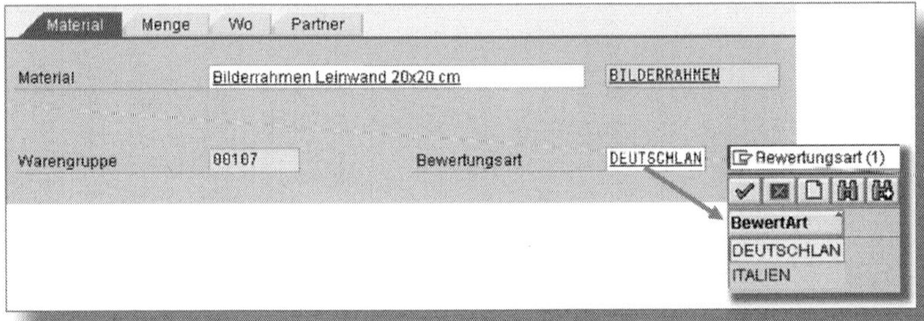

Abbildung 10.5: Positionsdetails der MIGO

Die Materialien dürfen sich trotz getrennter Bewertung auf dem gleichen Lagerort befinden. Die Bestandsführung kann sie jederzeit durch die Bewertungsart unterscheiden. In der Bestandsübersicht MMBE werden, wie in Abbildung 10.6 zu sehen, die getrennt bewerteten Materialien jeweils als *Charge* dargestellt.

Selektion

Material	BILDERRAHMEN	Bilderrahmen Leinwand 20x20 cm	
Materialart	HAWA	Handelsware	
Mengeneinheit	ST	Basismengeneinheit	ST

Bestandsübersicht

Detailanzeige

Mandant / Buchungskreis / Werk / Lagerort / Charge / Sonderbestand	Frei verwendbar
Gesamt	40,000
1000 IDES AG	40,000
1000 Werk Hamburg	40,000
0001 Materiallager	30,000
DEUTSCHLAN	10,000
ITALIEN	20,000
0002 Fertigwarenlager	10,000
DEUTSCHLAN	5,000
ITALIEN	5,000

Abbildung 10.6: MMBE bei getrennter Bewertung

Wie bereits erwähnt, wird für jede Bewertungsart der Materialstamm mit der Sicht BUCHHALTUNG 1 erweitert. Im nachfolgenden Beispiel liegen 25 Bilderrahmen aus Italien mit einem V-Preis von je 5,00 € im Lager: ein Gesamtwert von 125,00 €. Bilderrahmen mit dem BEWERTUNGSTYP Herkunft und der BEWERTUNGSART Deutschland sind in einer Menge von 15 Stück vorhanden und werden mit dem S-Preis von 10,00 € bewertet. Dies entspricht einem Gesamtwert von 150,00 €. Im allgemeinen Materialstamm werden diese Werte aufsummiert und ein neuer V-Preis ermittelt. Daraus ergeben sich ein Gesamtbestand von 40 Stück (25 Italien und 15 Deutschland) und ein Gesamtwert von 275,00 € (125,00 € Italien und 150,00 € Deutschland). Die Berechnung des V-Preises ergibt 6,88 € (275/40 = 6,88). Abbildung 10.7 zeigt Ausschnitte aller drei Buchhaltungssichten der unterschiedlichen Bewertungsarten Italien, Deutschland und Gesamtbestand (hier »Allgemein«).

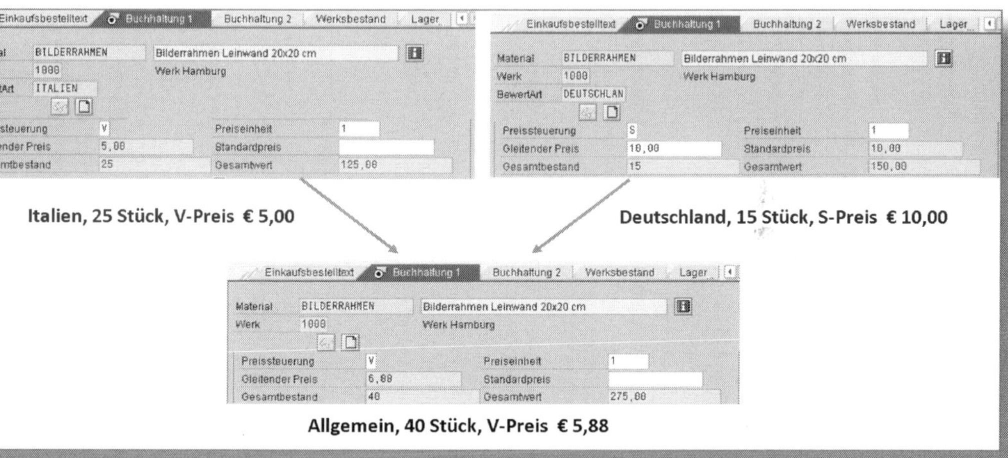

Abbildung 10.7: Ansichten von »Buchhaltung 1« bei getrennter Bewertung

Jegliche Änderung der Teilbestände durch Warenein- bzw. -ausgänge, Inventurdifferenzen oder andere Warenbewegungen hat somit Auswirkung auf den Bewertungspreis des allgemeinen Stammsatzes.

10.3 Fazit

Damit ein Material auch gemäß seinen verschiedenen Beschaffungsformen, seiner Herkunft, Qualität oder Ähnlichem in der Bestandsführung abgebildet werden kann, wurde das Instrument der getrennten Bewertung eingeführt. Mit ihrer Hilfe lässt sich, trotz preislicher Unterschiede, der mengenmäßige Bestand beispielsweise für eine Verfügbarkeitsprüfung zusammenführen. Für Kalkulationen und das Controlling sind diese Preisunterschiede wichtige Entscheidungskriterien – etwa im Hinblick auf die Frage, ob es sinnvoll ist, ein Material weiterhin selbst zu fertigen oder auf Fremdbezug umzustellen.

Im nächsten Kapitel befassen wir uns damit, nach welchem Schema das SAP-System bei Buchungen in der Materialwirtschaft die Konten in den Buchhaltungsbelegen ermittelt und welche Einstellungen hierzu vorgenommen werden können bzw. welche nicht.

11 Kontenfindung in der Materialwirtschaft

Für einen reibungslosen Ablauf von Beschaffungsvorgängen, Umbuchungen und weiteren Warenbewegungen, bei denen ein Buchhaltungsbeleg erzeugt werden soll, müssen zuvor in der Kontenfindung die zu bebuchenden Konten eingerichtet werden. Das folgende Kapitel beschreibt die notwendigen Einstellungen, anhand derer die beim Buchen vorzunehmenden Eingaben automatisch ermittelt werden.

Bei den verschiedensten Vorgängen in der Materialwirtschaft werden Buchhaltungsbelege erzeugt, auf denen die Konten und Beträge abgebildet sind. Abbildung 11.1 zeigt exemplarisch einen Warenausgang aus dem Lager. Das Bestandskonto 310000 HANDELSWAREN verringert sich um 570,00 €, der Verbrauch nimmt auf dem Sachkonto VERBR. ROHSTOFFE SCM um 570,00 € zu.

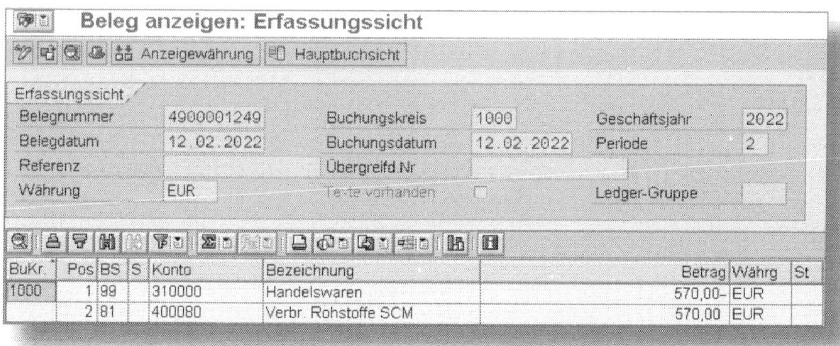
Beleg anzeigen: Erfassungssicht

Anzeigewährung | Hauptbuchsicht

Erfassungssicht

Belegnummer	4900001249	Buchungskreis	1000	Geschäftsjahr	2022
Belegdatum	12.02.2022	Buchungsdatum	12.02.2022	Periode	2
Referenz		Übergreifd.Nr			
Währung	EUR	Texte vorhanden		Ledger-Gruppe	

BuKr.	Pos	BS	S	Konto	Bezeichnung		Betrag	Währg	St
1000	1	99		310000	Handelswaren		570,00-	EUR	
	2	81		400080	Verbr. Rohstoffe SCM		570,00	EUR	

Abbildung 11.1: Buchhaltungsbeleg eines Warenausgangs

Das System soll diese beiden Konten bei den folgenden Vorgängen immer automatisch ermitteln:

- Wareneingang
- Warenausgang

- Umbuchungen
- Preisänderungen
- Eingangsrechnung
- Kontenpflege
- Be- bzw. Entlastungen eines Materials

Die hierzu nötigen Einstellungen und Einflussfaktoren möchte ich Ihnen im Folgenden erläutern.

☛ Ebene der automatischen Kontenfindung

Die Einstellungen der Kontenfindung werden auf Mandantenebene vorgenommen.

11.1 Einflussfaktoren auf die Kontenfindung

11.1.1 Einflussfaktor Kontenplan

Der *Kontenplan* ist das unternehmensindividuelle, systematische Verzeichnis aller Sachkonten, das in einem oder mehreren Unternehmen verwendet wird. Im Kontenplan werden alle Sachkonten gepflegt, auf die gebucht werden soll. Für jeden Kontenplan müssen in der automatischen Kontenfindung die Sachkonten getrennt eingestellt werden. Kontenplan und Sachkonten werden im Customizing des Finanzwesens erstellt, und der Kontenplan wird anschließend einem Buchungskreis zugewiesen. Ein Kontenplan kann auch für mehrere Buchungskreise gleichzeitig zugelassen werden, sodass sich der Erfassungsaufwand verringert (siehe Abbildung 11.2).

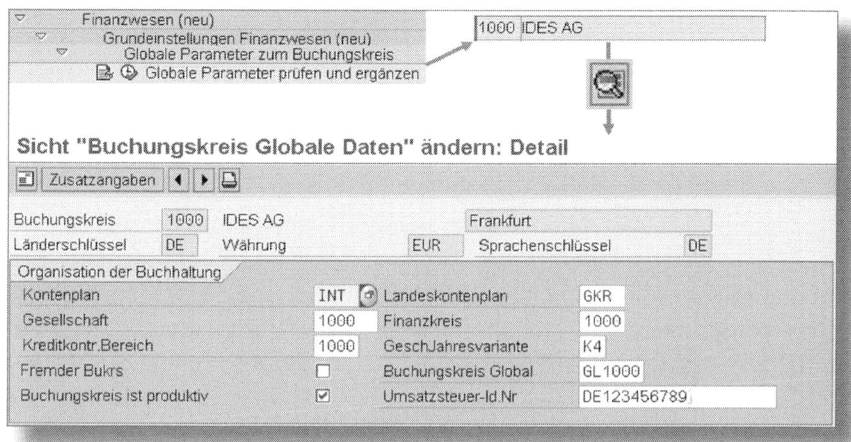

Abbildung 11.2: Zuweisung Kontenplan zum Buchungskreis

11.1.2 Einflussfaktor Bewertungskreis

Die Bewertung des Materials findet auf der Organisationsebene des Bewertungskreises statt. Als Bewertungsebene kann der Buchungskreis oder das Werk gewählt sein (vgl. Abschnitt 1.2). Die Kontenfindung in der Bewertungsebene Werk kann beispielsweise so eingestellt werden, dass in zwei Werken des gleichen Buchungskreises trotz eines identischen Vorgangs (Wareneingang, Warenausgang etc.) auf verschiedene Konten gebucht wird. Diese Einstellung wird über den Schlüssel der *Bewertungsmodifikationskonstante* erreicht. Um mit dieser Konstante arbeiten zu können, muss sie vorab im System aktiviert werden. Die Aktivierung nehmen Sie in der Customizing-Transaktion OMWM unter MATERIALWIRTSCHAFT • BEWERTUNG UND KONTIERUNG • KONTENFINDUNG • KONTENFINDUNG OHNE ASSISTENT • BEWERTUNGSSTEUERUNG FESTLEGEN vor. Abbildung 11.3 zeigt die im Standard aktivierte BEWERTUNGSMODIFIKATIONSKONSTANTE.

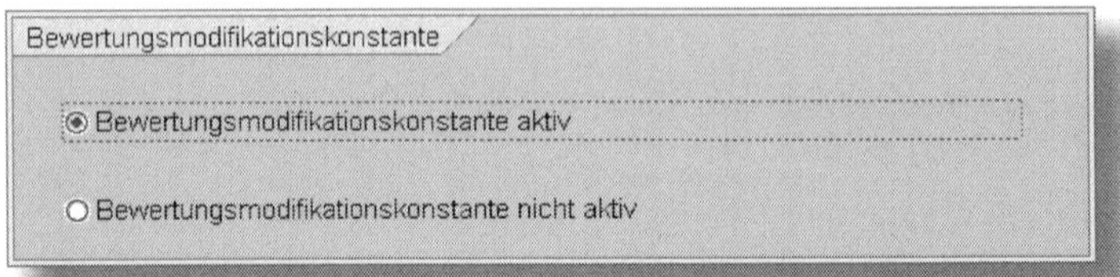

Abbildung 11.3: Aktivieren der Bewertungsmodifikationskonstante

In den beiden folgenden Abbildungen sehen Sie die Einstellungen der Bewertungsmodifikationskonstante auf Bewertungskreisebene »Buchungskreis« (siehe Abbildung 11.4) bzw. »Werk« (siehe Abbildung 11.5).

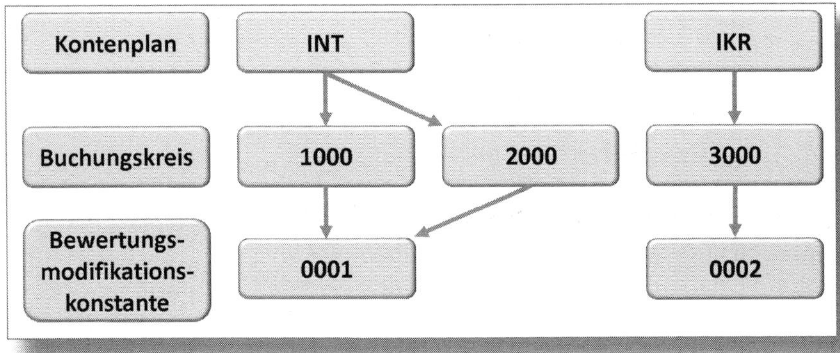

Abbildung 11.4: Bewertungsebene Buchungskreis

Da in Abbildung 11.4 die Bewertung des Materials auf Ebene des Buchungskreises erfolgt, werden bei identischen Buchungen in Werken des gleichen Buchungskreises die Konten unter denselben Einstellungen gefunden. Die Kontenfindung der Buchungskreise 1000 und 2000 läuft im Beispiel nach den gleichen Regeln ab. Der Buchungskreis 3000 hingegen hat einen eigenen Kontenrahmen und daher auch eine eigene Bewertungsmodifikationskonstante, für die die Kontenfindung separat eingestellt werden muss.

In Abbildung 11.5 hingegen ist als BEWERTUNGSEBENE das Werk eingestellt. Damit wird jeder Kombination aus Kontenplan, Buchungskreis und Werk eine eigene Bewertungsmodifikationskonstante zugewiesen. Hierbei können mehrere Werke (im Beispiel Berlin und Bremen) derselben Bewertungsmodifikationskonstante zugeordnet sein, es kann jedoch auch jedes Werk eine eigene besitzen (Beispiel Köln und Kiel).

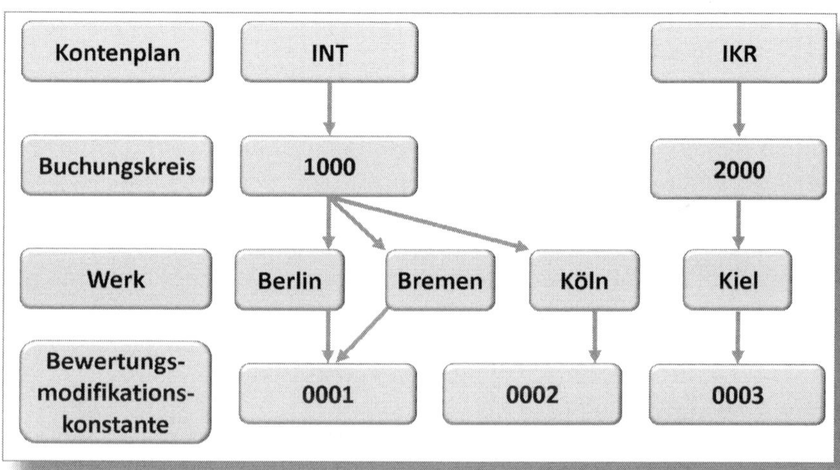

Abbildung 11.5: Bewertungsebene Werk

Gleichartige Buchungen in den Werken Berlin und Bremen werden auf die gleichen Konten gebucht, wohingegen für Köln, trotz desselben Buchungskreises und gleichen Vorgangs, eine eigene Kontenfindung erfolgt (siehe Abbildung 11.6).

Buchungsschlüssel | Vorgänge | Regeln

Kontenplan INT Internationaler Kontenplan
Vorgang GBB Gegenbuchung zur Bestandsbuchung

Kontenzuordnung

Bewertungsmodif	Allg. Modifika..	Bewertungsk..	Soll	Haben
0001			400000	400000
0002			500000	500000
0003			600000	600000

Abbildung 11.6: Buchungen auf unterschiedliche Konten bei unterschiedlichen Bewertungsmodifikationskonstanten

! Bewertungsmodifikationskonstante

Ist als Bewertungsebene »Werk« eingestellt, so kann das Werk immer nur einer Bewertungsmodifikationskonstante zugewiesen werden. Eine Bewertungsmodifikationskonstante hingegen kann mehrere Werke beinhalten.

In den Regeln der Kontenfindung lässt sich im Customizing unter MATERIALWIRTSCHAFT • BEWERTUNG UND KONTIERUNG • KONTENFINDUNG • KONTENFINDUNG OHNE ASSISTENT • AUTOMATISCHE BUCHUNGEN EINSTELLEN je Vorgangsschlüssel einstellen (hier Gegenbuchung GBB), ob die Kontenfindung mit oder ohne Bewertungsmodifikationskonstante ablaufen soll (siehe Abbildung 11.7).

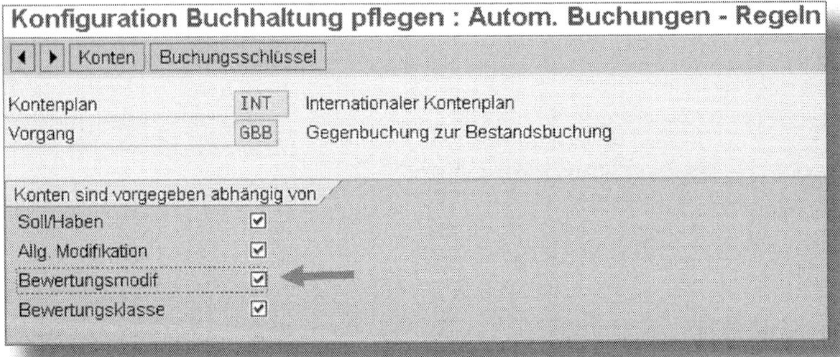

Abbildung 11.7: Regeln im Vorgang GBB

11.1.3 Einflussfaktor Materialart

Abhängig vom Material, kann in der Kontenfindung festgelegt werden, welches Konto bei Bestandsbuchungen gebucht werden soll. Unbewertete oder Verbrauchsmaterialien werden nicht auf Bestandskonten, sondern direkt in den Verbrauch gebucht. Daher sind diese Einstellungen für das Lagermaterial ausschlaggebend. Hierbei sind folgende Varianten möglich (siehe Abbildung 11.8):

- Alle Materialien einer Materialart werden auf das gleiche Konto gebucht.
- Materialien einer Materialart werden auf unterschiedliche Konten gebucht.
- Alle Materialien werden auf ein Konto gebucht.

Material	Rohstoffe	Handelsware
Sand	Konto A	
Kies	Konto A	
Eimer		Konto C

Material	Rohstoffe	Handelsware
Sand	Konto A	
Kies	Konto B	
Eimer		Konto A

Material	Rohstoffe	Handelsware
Sand	Konto A	
Kies	Konto B	
Eimer		Konto C

Material	Rohstoffe	Handelsware
Sand	Konto A	
Kies	Konto A	
Eimer		Konto A

Abbildung 11.8: Buchungsmöglichkeiten von Materialien

Um alle Varianten im System abbilden zu können, wird die Kontenfindung über die *Bewertungsklasse* gesteuert. Die BEWERTUNGSKLASSE ist im Materialstamm auf der Sicht BUCHHALTUNG1 ein Pflichtfeld für bewertete Materialien (siehe Abbildung 11.9).

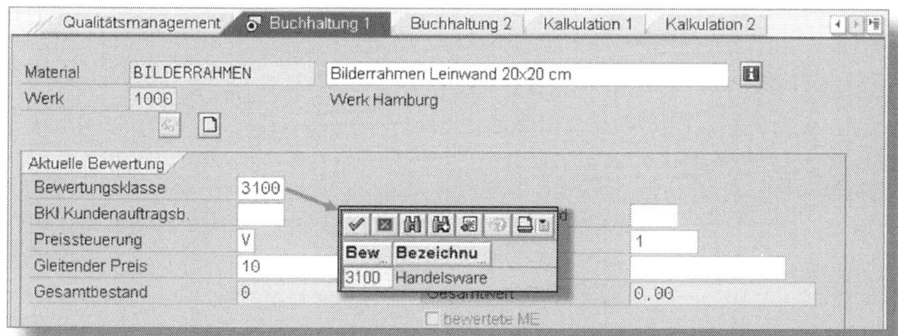

Abbildung 11.9: Bewertungsklasse im Materialstamm

Welche BEWERTUNGSKLASSE im jeweiligen Materialstamm zur Auswahl steht, ist von der *Kontoklassenreferenz* abhängig, die im Customizing der jeweiligen Materialart zugeordnet wird (vgl. Abschnitt 12.7). Um den Erfassungsaufwand zu verringern, können mehrere Materialarten einer Kontoklassenreferenz zugewiesen werden, welche wiederum die Schnittstelle zu den erlaubten Bewertungsklassen bildet (siehe Abbildung 11.10).

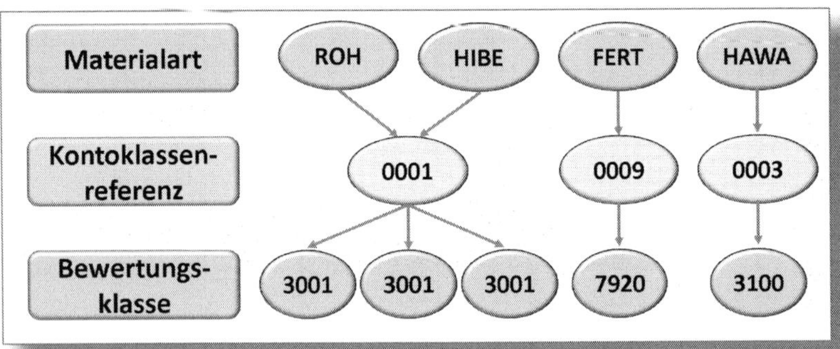

Abbildung 11.10: Materialart – Kontoklassenreferenz – Bewertungsklasse

! Zuordnungen

Einer Kontoklassenreferenz können beliebig viele Bewertungsklassen zugewiesen werden, aber eine Bewertungsklasse kann nur in einer Kontoklassenreferenz vertreten sein.

Eine Kontoklassenreferenz kann einer oder mehreren Materialarten zugeordnet werden. Einer Materialart darf jedoch nur eine Kontoklassenreferenz zugeordnet sein.

Die jeweiligen Einstellungen im Customizing werden in der Transaktion OMSK über den Pfad MATERIALWIRTSCHAFT • BEWERTUNG UND KONTIERUNG • KONTENFINDUNG • KONTENFINDUNG OHNE ASSISTENT • BEWERTUNGSKLASSEN FESTLEGEN vorgenommen. Die Objekte KONTOKLASSEN-

REFERENZ, BEWERTUNGSKLASSE und die Zuordnung zur MATERIALART müssen dabei in der angegebenen Reihenfolge bearbeitet werden (siehe Abbildung 11.11).

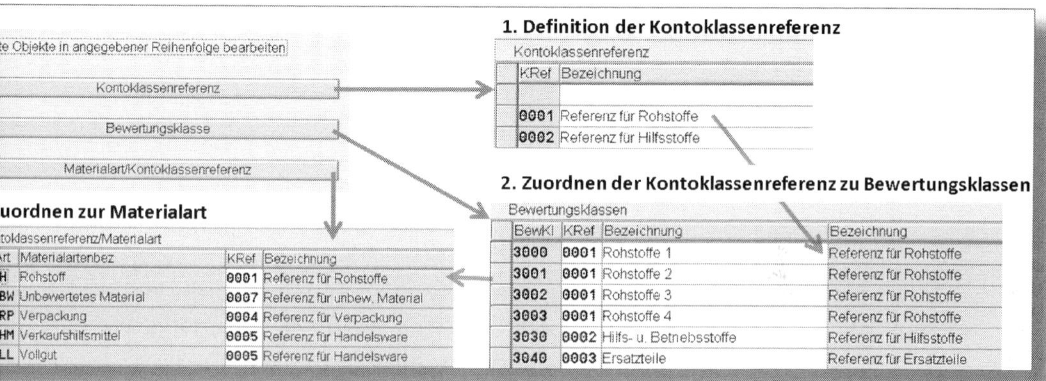

Abbildung 11.11: Einstellungen zur Einflussgröße Materialart/Material

> **Kontoklassenreferenz bei getrennter Bewertung**
>
> Für die getrennte Bewertung eines Materials kann in den globalen Bewegungsarten, unabhängig von der Materialart, eine Kontoklassenreferenz gepflegt werden (vgl. Abschnitt 12.11).

11.1.4 Einflussfaktor Vorgang

Für den ausgeführten betriebswirtschaftlichen Vorgang ermittelt das System automatisch einen *Wertestring* mit den maximal möglichen Vorgangsschlüsseln. Der Wertestring ist direkt einem Vorgang in einer Transaktion zugeordnet: Warenausgang, Wareneingang, Umbuchung etc. Er steht im Prinzip für die Art des Vorgangs und »sagt« dem System, was genau gebucht werden muss. Der Wertestring ist bereits mit Auslieferung des SAP-Systems fest eingerichtet und kann nicht verändert oder angepasst werden. Die Ermittlung des passenden Wertestrings ist von mehreren Faktoren abhängig:

- der Bewertungsart,
- der Mengen- und Wertfortschreibung des Materials,
- der Transaktion,
- der internen oder externen Bestellung,
- dem Kontierungstyp und
- dem Sonderbestandskennzeichen bei Warenbewegungen.

Alle Möglichkeiten einer Buchung sind im jeweiligen Wertestring hinterlegt. Bei einer Buchung werden allerdings nur die für den Vorgang benötigen Schlüssel verwendet. In der Regel werden nicht alle möglichen Vorgangsschlüssel bei einem Vorgang benutzt. Ein Vorgangsschlüssel kann in mehreren Wertestrings vorhanden sein. Eine Auswahl der Vorgangsschlüssel des Wertestrings WE01 für den Wareneingang ist:

- BSX – Bestandsbuchung
- WRX – WE/RE – Verrechnung
- PRD – Preisdifferenzen
- BSV – Bestandsveränderung
- FRL – Fremdleistung
- UMB – Aufwand/Ertrag aus Umbewertung

11.1.5 Einflussfaktor Kontomodifikation

Abhängig von der Kontomodifikation lässt sich die Kontenfindung noch weiter differenzieren. Die *Kontomodifikation* ist ein dreistelliger Schlüssel, der sich in Ergänzung zu den im Standardsystem vorhandenen Schlüsseln frei definieren lässt und beispielsweise für eine Bewegungsart oder einen Kontierungstyp gepflegt werden kann.

> **Aktivierung Kontomodifikation**
>
> Im SAP-Auslieferungszustand ist die Kontomodifikation nur für den Vorgang der Gegenbuchung zur Bestandsbuchung (GBB) aktiviert. Soll die Kontomodifikation für weitere Vorgangsschlüssel benutzt werden, muss sie für jeden Vorgang getrennt aktiviert werden.

Per Kontomodifikation ist es möglich, einen identischen Vorgang desselben Materials im gleichen Bewertungskreis auf verschiedene Konten zu buchen. In Abbildung 11.12 wird exemplarisch beim KONTIERUNGSTYP *Kostenstelle K* über die KONTOMODIFIKATION *VBR* bestimmt, dass im KONTENPLAN *INT* für die Gegenbuchung zur Bestandsbuchung *GBB* das Konto 400000 gebucht werden soll, bei der Kontomodifikation *KMF* dagegen das Konto 400010.

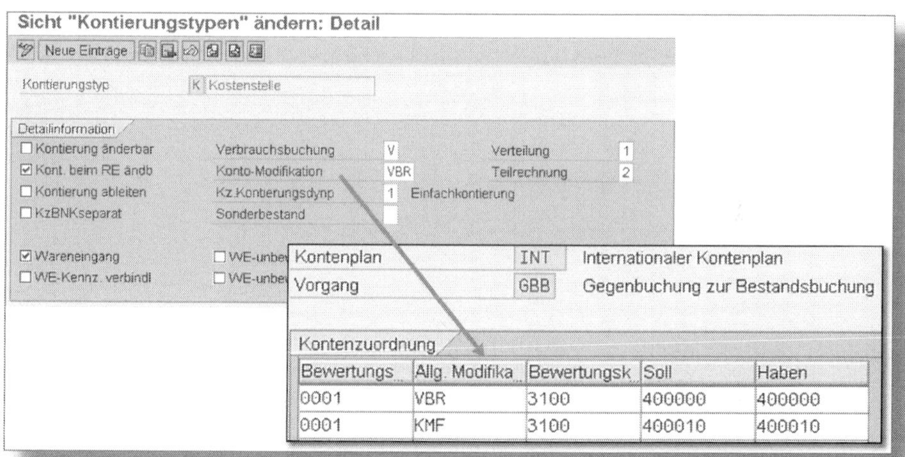

Abbildung 11.12: Kontomodifikation über den Kontierungstyp

> **! Kontomodifikation in der Rechnungsprüfung**
>
> In Vorgängen der Rechnungsprüfung können Kontomodifikationen nicht geändert werden!

Die Einstellung der Kontomodifikation für die Bewegungsart erfolgt in der Customizing-Transaktion OMJJ BEWEGUNGSART ÄNDERN (vgl. Abschnitt 12.2). In Abbildung 11.13 sind für die BEWEGUNGSART *201* (Warenausgang zur Kostenstelle) mit dem SONDERBESTANDSKENNZEICHEN *P* (Pipeline) der WERTESTRING *WA03* und für den VORGANGSSCHLÜSSEL *GBB* (Gegenbuchung zur Bestandsbuchung) die KONTOMODIFIKATION *VBR* zugeordnet. Die Konten werden, wie im oben genannten Beispiel, aus der Kombination für den KONTENPLAN *INT*, der Bewertungsmodifikationskonstante (BEWERTUNGS...) 0001 und der BEWERTUNGSKLASSE *3100* ermittelt.

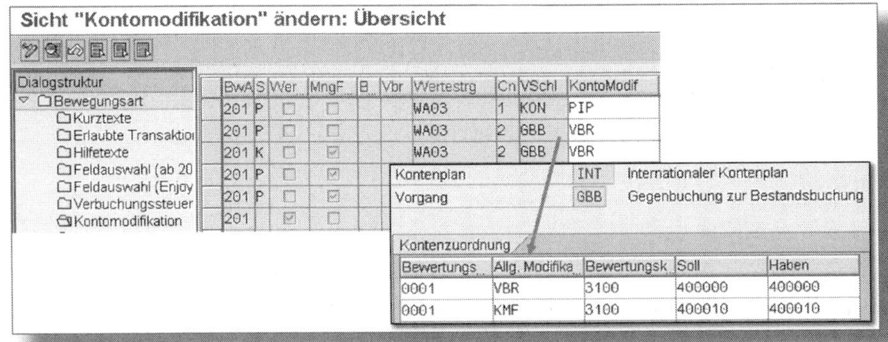

Abbildung 11.13: Kontomodifikation bei Bewegungsarten

11.2 Einstellung der automatischen Kontenfindung

Die im Abschnitt 11.1 aufgeführten Einflussgrößen auf die Kontenfindung werden im Customizing in den automatischen Buchungen gepflegt. Um diese Einstellungen vorzunehmen, stehen zwei Alternativen zur Verfügung:

1. Einrichtung über den Kontenfindungsassistenten

2. Einstellungen manuell pflegen

11.2.1 Kontenfindungsassistent

Bei der Implementierung eines neuen Systems ist die Verwendung des Kontenfindungsassistenten sinnvoll. Dieser leitet den Nutzer systematisch durch die notwendigen Schritte, von der Einstellung der Buchungskreise im Finanzwesen, über die Einstellungen in den Materialarten bis hin zu den Transaktionen (siehe Abbildung 11.14). Der *Kontenfindungsassistent* ist unter dem Pfad MATERIALWIRTSCHAFT • BEWERTUNG UND KONTIERUNG • KONTENFINDUNG • KONTENFINDUNGS-ASSISTENT aufzurufen.

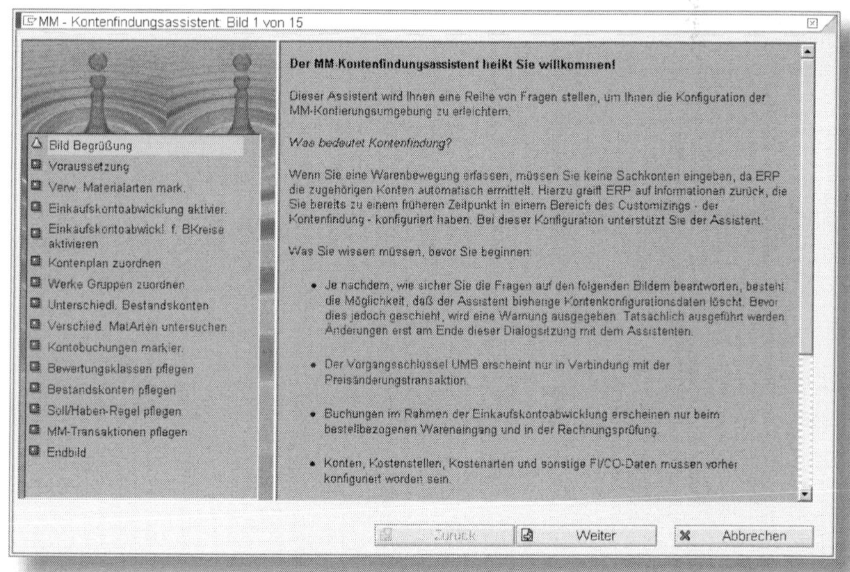

Abbildung 11.14: Der Kontenfindungsassistent

11.2.2 Kontenfindung ohne Assistent

Wenn die Kontenfindung dagegen im laufenden Betrieb ergänzt oder angepasst werden muss, empfiehlt sich das manuelle Einstellen der automatischen Buchungen. Soll beispielsweise ein Wareneingang gebucht werden, aber es fehlt eine Kontenfindung für die Kombination

Kontenplan, Vorgang, Kontomodifikation und Bewertungsklasse, so gibt SAP die in Abbildung 11.15 dargestellte Fehlermeldung aus. Der Wareneingang kann nicht gebucht werden.

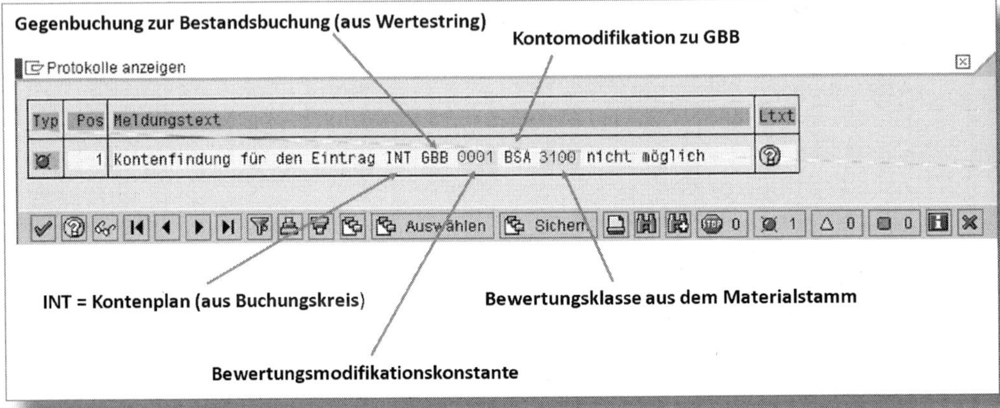

Abbildung 11.15: Fehlermeldung der Kontenfindung

Um diesen Fehler zu beheben, muss der Eintrag aus Abbildung 11.16 im Customizing nachgepflegt werden.

Kontenplan	INT	Internationaler Kontenplan
Vorgang	GBB	Gegenbuchung zur Bestandsbuchung

Kontenzuordnung

Bewertungs..	Allg. Modifika..	Bewertungsk..	Soll	Haben
0001	BSA	3100	400000	400000

Abbildung 11.16: Konfiguration automatische Buchung – Konten

Die automatische Kontenfindung befindet sich im Customizing in der Transaktion OMBW unter MATERIALWIRTSCHAFT • BEWERTUNG UND KONTIERUNG • KONTENFINDUNG • KONTENFINDUNG OHNE ASSISTENT • AUTOMATISCHE BUCHUNGEN EINSTELLEN. Im Einstiegsbild lässt das SAP-System die Auswahl zwischen KONTIERUNG, SIMULATION und SACHKONTEN zu (siehe Abbildung 11.17). Die Einstellungen der Kontenfindung erfolgen über die Schaltfläche Kontierung.

Im nächsten Schritt wird der Vorgang gewählt, für den eine Kontierung gepflegt werden soll. Links wird die BEZEICHNUNG des Vorgangs angezeigt und rechts der VORGANGSSCHLÜSSEL, welcher auch in den Wertestrings zu finden ist. Mit Auswahl eines Vorgangsschlüssels öffnet sich ein Pop-up-Fenster, in das der KONTENPLAN einzutragen ist.

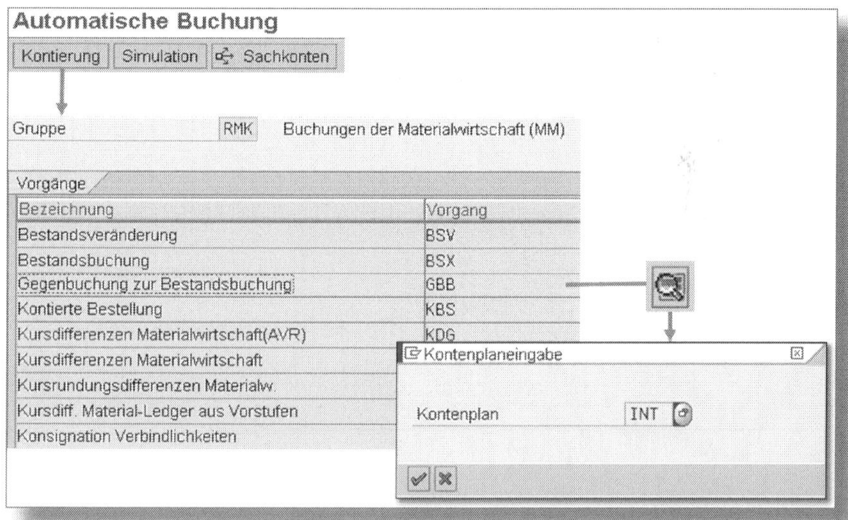

Abbildung 11.17: Auswahl der Vorgänge und des Kontenplans

In der darauffolgenden Ansicht können für jede Kombination BEWERTUNGSMODIFIKATIONSKONSTANTE, ALLGEMEINE MODIFIKATION und BEWERTUNGSKLASSE die Soll- und Habenkonten gepflegt werden. In Abbildung 11.18 ist im ersten Datensatz keine MODIFIKATION gepflegt. Dies bedeutet, dass für den Vorgang der Gegenbuchung die Konten 400000 ohne Modifikation gebucht werden. Ebenso kann das Feld BEWERTUNGSKLASSE leer sein, da es Warenbewegungen mit Material gibt, für das keine Bewertungsklasse gepflegt wurde, wie etwa unbewertetes Material.

Kontenplan INT Internationaler Kontenplan
Vorgang GBB Gegenbuchung zur Bestandsbuchung

Kontenzuordnung

Bewertungsmodif	Allg. Modifikation	Bewertungsklasse	Soll	Haben
0001		3100	400000	400000
0001	VBR	3100	400010	400010
0002	VBR	3100	325000	325100
0002	PRD	3000	500040	500040

Abbildung 11.18: Tabelle der Kontenzuordnung

Einträge in der Tabelle der Kontenzuordnung können über die Menüleiste neu erstellt, kopiert oder gelöscht werden (siehe Abbildung 11.19).

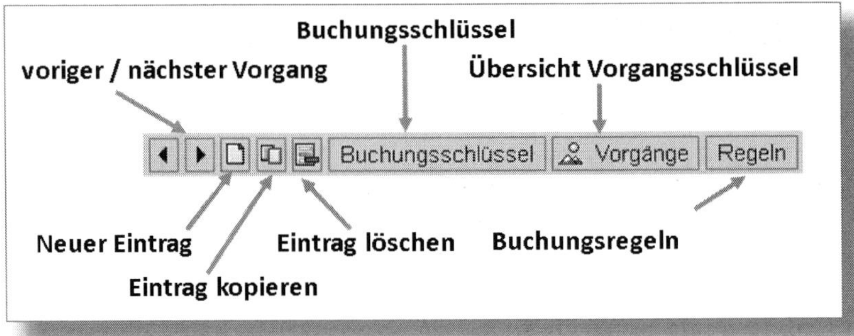

Abbildung 11.19: Menüleiste der automatischen Buchungen

Über die Schaltfläche Buchungsschlüssel werden, getrennt nach Soll- und Haben-Buchungen, die Buchungsschlüssel kontenplanunabhängig je Vorgang eingestellt. Diese werden vom SAP-System für jeden Vorgang vorgeschlagen und in der Regel beibehalten (siehe Abbildung 11.20).

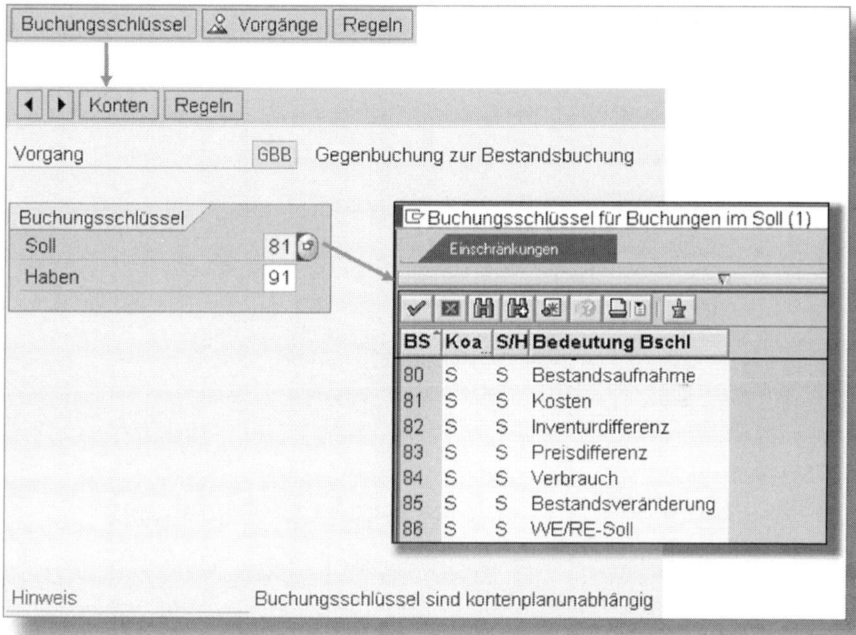

Abbildung 11.20: Einstellen der Buchungsschlüssel

Zurück in die Übersicht der Vorgänge gelangen Sie über den Schalter Vorgänge. Über die letzte Auswahl Regeln wird je Kontenplan und Vorgang vorgegeben, ob die Konten abhängig von:

- Soll und Haben,
- Allgemeiner Modifikation,
- Bewertungsmodifikationskonstante bzw.
- Bewertungsklasse

sein sollen (siehe Abbildung 11.21). Für eine hier nicht ausgewählte Regel steht später in den Einstellungen auch keine entsprechende Spalte zur Verfügung.

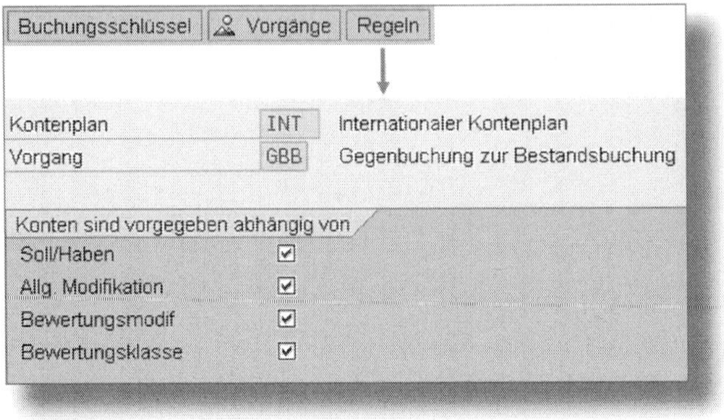

Buchungsschlüssel | Vorgänge | Regeln

Kontenplan INT Internationaler Kontenplan
Vorgang GBB Gegenbuchung zur Bestandsbuchung

Konten sind vorgegeben abhängig von
Soll/Haben ☑
Allg. Modifikation ☑
Bewertungsmodif ☑
Bewertungsklasse ☑

Abbildung 11.21: Regeln in der Kontenfindung

11.3 Simulation der automatischen Kontenfindung

Nachdem die Einstellungen zur Kontenfindung vorgenommen wurden, empfiehlt es sich, die Kontenfindung zunächst über die Schaltfläche Simulation zu überprüfen. Im Auswahlbildschirm der Simulation sind das Werk, das Material und die Bewegungsart anzugeben. Über diese drei Werte lassen sich wiederum die Einflussgrößen Kontenplan, Bewertungsmodifikationskonstante, Bewertungsklasse und Vorgang ableiten. Mittels der Schaltfläche Kontierung wird dann die Simulation gestartet (siehe Abbildung 11.22).

Abbildung 11.23 zeigt das Ergebnis dieser Simulation. Gut zu erkennen ist, dass die Einstellung der Gegenbuchung zur Bestandsbuchung fehlt. Bei einer Wareneingangsbuchung mit der Bewegungsart 101 würde daher eine Fehlermeldung mit dem Hinweis fehlender Konten erfolgen. Der Kontenplan und die Bewertungsmodifikationskonstante werden über das Werk, das genau einem Buchungskreis zugeordnet ist, und den Bewertungskreis ermittelt. Die Bewertungsklasse stammt aus dem Materialstammsatz, und durch die Eingabe der Bewegungsart ermittelt das System selbstständig den Wertestring, in dem die einzelnen, maximal zulässigen Vorgangsschlüssel stehen. Existierende Kontomodifikationen werden zusätzlich angezeigt, wie auch die Buchungsschlüssel, die hier nicht zu bearbeiten sind. In der letzten Spalte sind die eingestellten Konten zu erkennen. Ist ein Eintrag nicht gepflegt, so erscheint der Vermerk **--fehlt--**.

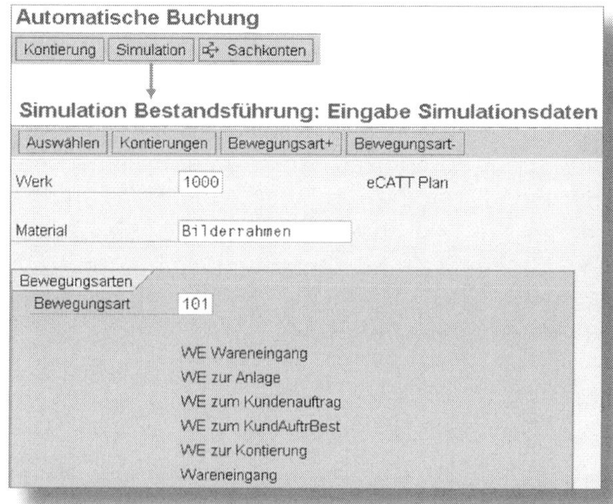

Abbildung 11.22: Auswahl der Kriterien bei der Simulation

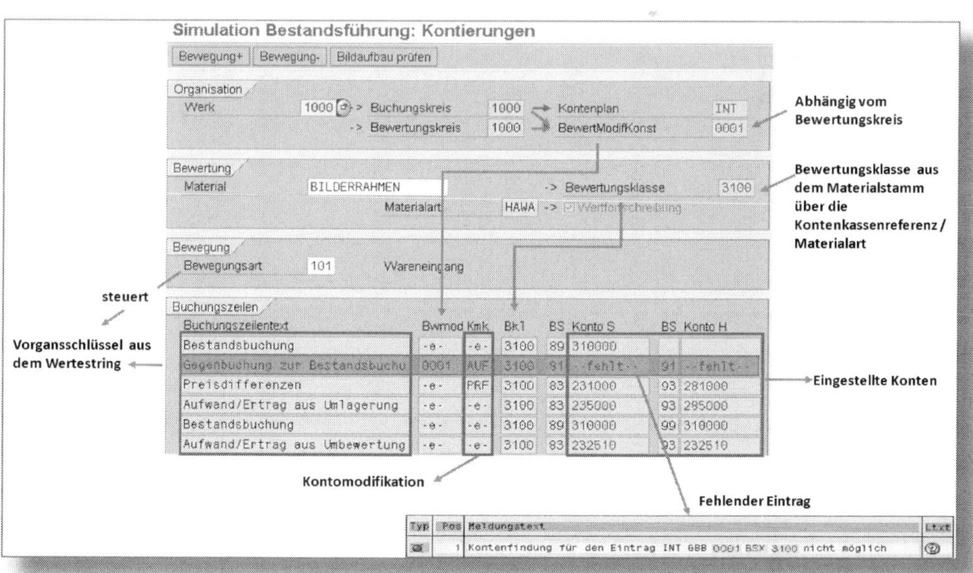

Buchungszeilentext	Bwmod	Kmk	Bk1	BS	Konto S	BS	Konto H
Bestandsbuchung	-e-	-e-	3100	89	310000		
Gegenbuchung zur Bestandsbuchu	0001	AUF	3100	81	--fehlt--	91	--fehlt--
Preisdifferenzen	-e-	PRF	3100	83	231000	93	281000
Aufwand/Ertrag aus Umlagerung	-e-	-e-	3100	83	235000	93	285000
Bestandsbuchung	-e-	-e-	3100	89	310000	99	310000
Aufwand/Ertrag aus Umbewertung	-e-	-e-	3100	83	232510	93	232510

Abbildung 11.23: Simulation in der Kontenfindung

11.4 Fazit

Die Kontenfindung im Bereich der Materialwirtschaft lässt sich individuell auf die Belange eines jeden Unternehmens einstellen. Sie ist in sich schlüssig aufgebaut und nicht zuletzt mithilfe aussagekräftiger Fehlermeldungen schnell einzurichten oder zu ergänzen.

Die auf den ersten Blick recht komplexen Einstellungen dienen der Abbildung verschiedener Einflussgrößen und werden vom Berater im Customizing vorgenommen. Für den Anwender bleiben diese Einstellungen im Verborgenen – für ihn läuft die Kontenfindung automatisch ab. Er hat aber, beispielsweise über die Eingabe von Kontierungen, die Möglichkeit, in die Kontenfindung aktiv einzugreifen.

12 Customizing in der Bestandsführung

Abschließend möchte ich Ihnen verschiedene, in vorherigen Kapiteln aus Anwendersicht behandelte Vorgänge durch Einstellungen im Customizing abbilden und erläutern. Sie erfahren außerdem, wie Sie Ihr System an den konkreten Bedarf Ihres Unternehmens anpassen können. Die nachfolgend beschriebenen Einstellungen sind im Standard bereits vorhanden, können jedoch für die Bestandsführung geändert werden.

Da Customizing-Einstellungen direkte und indirekte Auswirkungen auf das Arbeiten am System haben, werden sie nur von erfahrenen SAP-Beratern vorgenommen. Jedoch ist es für das Verständnis hilfreich, Zusammenhänge bzw. die Herkunft der einzelnen Daten und Vorschlagswerte zu kennen.

12.1 Einstellungen zu Enjoytransaktionen

Für die Transaktion MIGO besteht im SAP-System die Möglichkeit, verschiedene Referenzbelege in Abhängigkeit vom Vorgang zu erlauben oder nicht. Im Referenz-IMG, der sämtliche Arbeitsschritte für das Customizing aller von der SAP ausgelieferten Funktionen enthält, wird über den Pfad MATERIALWIRTSCHAFT • BESTANDSFÜHRUNG UND INVENTUR • EINSTELLUNGEN FÜR ENJOYTRANSAKTIONEN • EINSTELLUNGEN FÜR WARENBEWEGUNGEN (MIGO) • EINSTELLUNGEN FÜR VORGÄNGE UND REFERENZBELEGE im ersten Schritt ❶ der *Transaktionscode* ausgewählt (siehe Abbildung 12.1). Im nächsten Schritt ❷ aktiviert man per Häkchen die Vorgänge, die dem Anwender in der jeweiligen Transaktion zur Verfügung stehen sollen. Für jeden Vorgang ist unter ❸ einzustellen, welche Referenzbelege in Kombination mit dem Vorgang erlaubt sind.

In Abbildung 12.1 ist zu erkennen, dass beim VORGANG *A01 Wareneingang* acht verschiedene Referenzbelege zur Verfügung stehen, beim VORGANG *A08 Umbuchung* hingegen nur zwei. Die in der letzten Spalte stehende BEWEGUNGSART wird als Vorschlagswert in die MIGO übernommen, sobald die Kombination VORGANG • REFERENZBELEG gewählt wurde. Ist dieses Feld leer, wird nichts vorgeschlagen, und man muss eine manuelle Eingabe vornehmen.

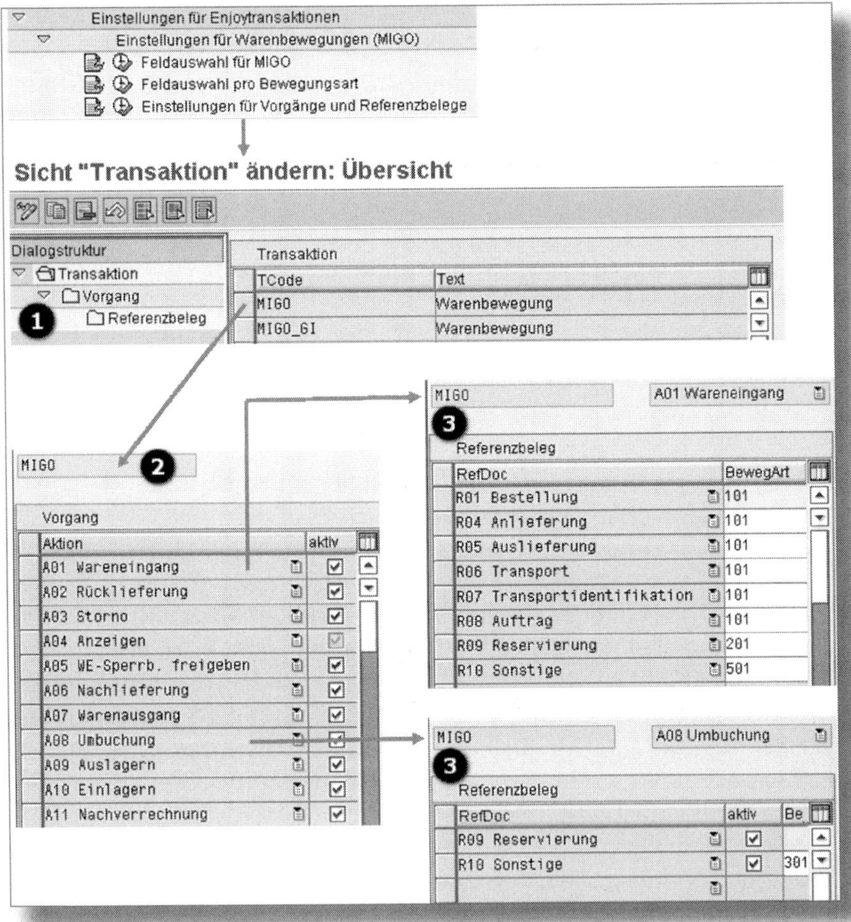

Abbildung 12.1: Einstellungen zu Vorgängen und Referenzbelegen

12.2 Einstellungen zur Bewegungsart

Im Standardsystem stehen über 250 Bewegungsarten für die verschiedenen Warenbewegungen zur Verfügung. Normalerweise reichen diese aus; die SAP empfiehlt, falls dennoch eine neue Bewegungsart angelegt werden soll, eine vorhandene zu kopieren und diese dann an den individuellen Bedarf anzupassen. Um im IMG die Bewegungsart einzurichten, muss zunächst, wie in Abbildung 12.2 gezeigt, in der Customizing-Transaktion OMJJ ein Arbeitsbereich festgelegt werden. Im Folgenden werden beispielhaft die Einstellungen anhand der BEWEGUNGSART *201 (Warenausgang zur Kostenstelle)* erklärt.

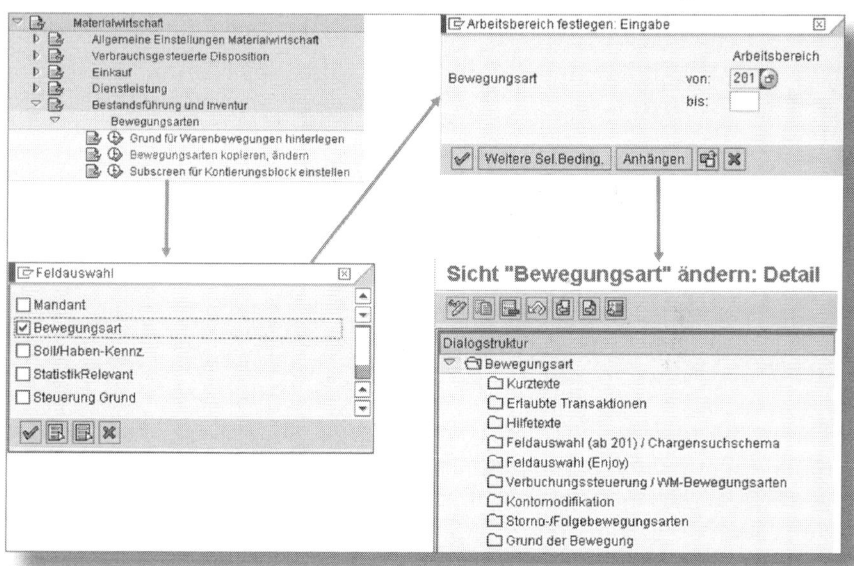

Abbildung 12.2: Einstellungen zur Bewegungsart

Im Einstiegsbild der Transaktion BEWEGUNGSART ÄNDERN können, wie in Abbildung 12.3 dargestellt, diverse Steuerungsparameter gepflegt werden. Die *Erfassungssteuerung* legt z. B. fest, ob beim Wareneingang das Mindesthaltbarkeitsdatum geprüft werden kann, muss oder ob nur eine Erfassung ohne Prüfung stattfinden soll (vgl. Abschnitt 6.5). Für die Bestandsfindung kann zur Bewegungsart direkt die entsprechende Bestandsfindungsregel hinterlegt werden. Diese Einstellung wird in die in Abschnitt 12.4 beschriebene Bestandsfindung übernommen. Mithilfe der *Fortschreibungssteuerung* ist es unter anderem möglich, zu bestimmen, ob Lagerorte automatisch angelegt werden oder ob zu der Bewegungsart eine automatische Bestellung beim Wareneingang (vgl. Abschnitt 1.9) zugelassen wird.

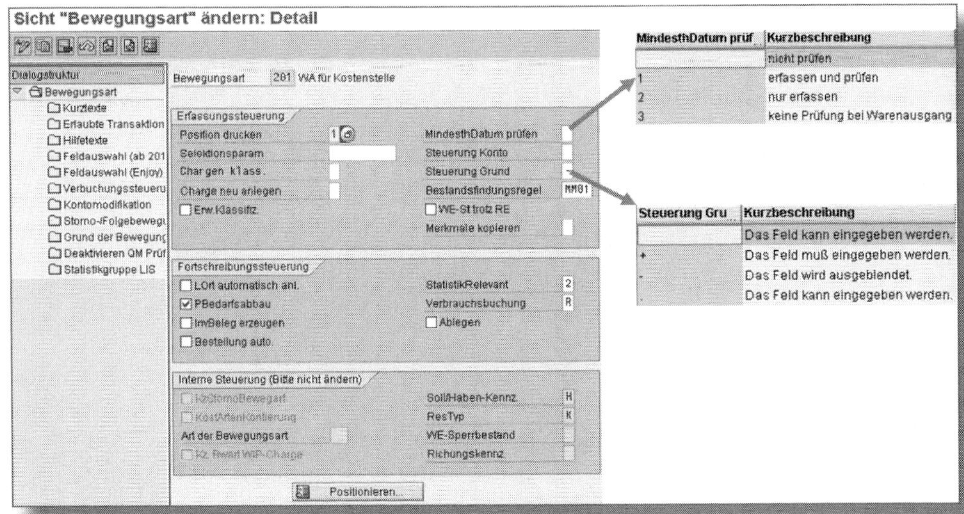

Abbildung 12.3: Transaktion OMJJ Bewegungsart ändern

Eine weitere Einstellung zur Bewegungsart steuert, ob bei einer Warenentnahme die Buchung als geplante oder ungeplante Materialfortschreibung stattfindet (siehe Abbildung 12.4). Die Auswirkungen der Verbrauchsfortschreibung wurden Ihnen im Abschnitt 1.10.7 erläutert.

Fortschreibungssteuerung
☐ LOrt automatisch anl. — StatistikRelevant 2
☑ PBedarfsabbau — Verbrauchsbuchung R
☐ InvBeleg erzeugen — ☐ Ablegen
☐ Bestellung auto.

Verbrauchsbuchu	Kurzbeschreibung
	Keine Verbrauchsfortschreibung
G	Geplante Entnahme (Gesamtverbrauch)
R	Geplant, wenn Bezug auf Reservierung, sonst ungeplant
U	Ungeplante Entnahme (Ungeplanter Verbrauch)

Abbildung 12.4: Fortschreibungssteuerung der Bewegungsart

Über den Menüpunkt Erlaubte Transaktionen in der Dialogstruktur wird eingestellt, in welchen Transaktionen die jeweilige Bewegungsart verwendet werden darf: MIGO (Warenbewegungen), MB21 (Reservierungen) etc. (siehe Abbildung 12.5).

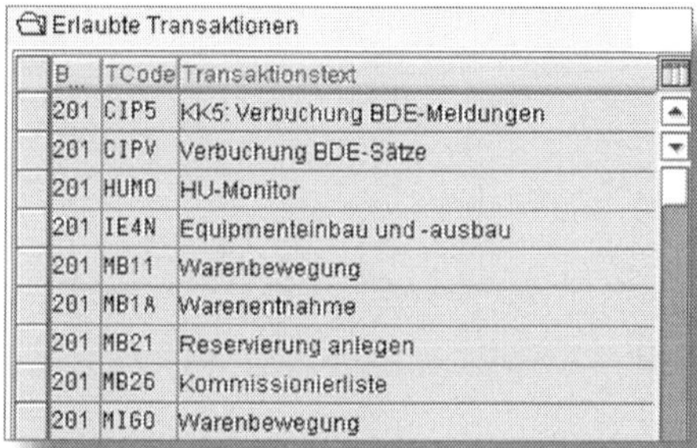

Erlaubte Transaktionen

B...	TCode	Transaktionstext
201	CIP5	KK5: Verbuchung BDE-Meldungen
201	CIPV	Verbuchung BDE-Sätze
201	HUMO	HU-Monitor
201	IE4N	Equipmenteinbau und -ausbau
201	MB11	Warenbewegung
201	MB1A	Warenentnahme
201	MB21	Reservierung anlegen
201	MB26	Kommissionierliste
201	MIGO	Warenbewegung

Abbildung 12.5: Erlaubte Transaktionen je Bewegungsart

Um die Beschreibung (Quickinfo in den Anwendungen) der Bewegungsarten zu pflegen, können im Ordner Hilfetexte (ebenfalls in der Dialogstruktur) – abhängig von Sprache, Bewegungsart, Sonderbestandsart und Transaktionscode – sehr schnell individuelle Anpassungen vorgenommen werden (siehe Abbildung 12.6).

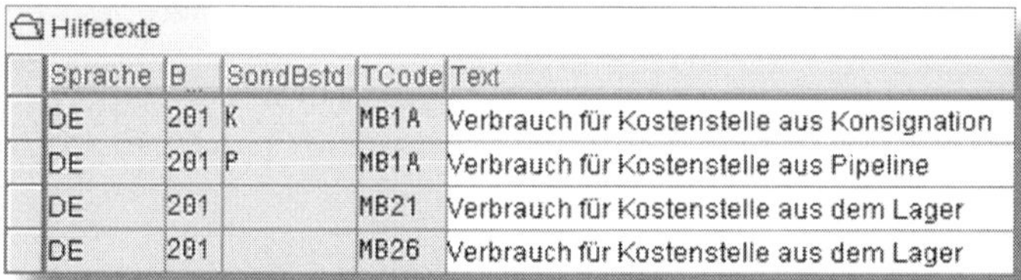

Hilfetexte

Sprache	B...	SondBstd	TCode	Text
DE	201	K	MB1A	Verbrauch für Kostenstelle aus Konsignation
DE	201	P	MB1A	Verbrauch für Kostenstelle aus Pipeline
DE	201		MB21	Verbrauch für Kostenstelle aus dem Lager
DE	201		MB26	Verbrauch für Kostenstelle aus dem Lager

Abbildung 12.6: Hilfetexte der Bewegungsart 201

In den Einstellungen zur Feldauswahl ist es möglich, einzelne Felder in Abhängigkeit von der Bewegungsart entweder als Pflichtfelder zu definieren oder als zusätzliche Kann-Eingabe einzublenden. Die Feldnamen erhält man über die technischen Informationen zum jeweiligen Feld. Dazu markieren Sie das Feld, drücken F1 und dann den Button (siehe Abbildung 12.7). Nicht mehr benötigte Einträge lassen sich mittels wieder entfernen.

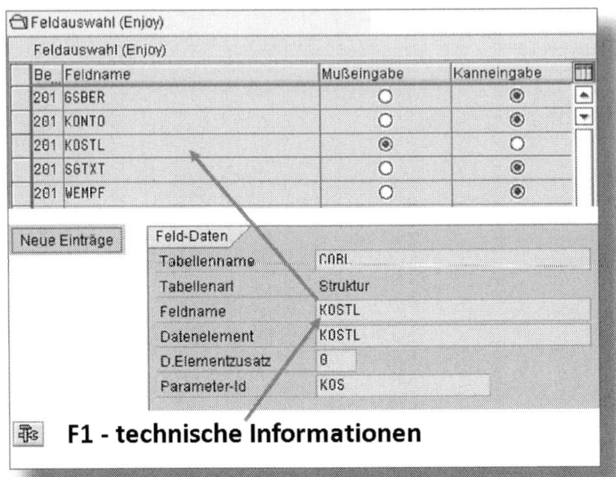

Abbildung 12.7: Feldauswahl in der MIGO

Die Kontomodifikation stellt eine weitere Möglichkeit zur Steuerung der Bewegungsart dar (vgl. Abschnitt 11.1.5). Diese umfangreichen Einstellungen für jegliche Kombination aus Mengen- und Wertfortschreibung, Sonderbestands- und Bewegungsart lassen es zu, über den Schlüssel der Kontomodifikation auf jeweils unterschiedliche Konten zu buchen (siehe Abbildung 12.8). In Kapitel 11 wurde bereits ausführlich auf die automatische Kontenfindung und deren Einstellungen eingegangen.

Kontomodifikation

B	S	Wertfort	MngFort	Be	Vbr	Wertestrg	Cn	VSchl	KontoModif	Kontier. prüfe
201	P	☐	☐			WA03	1	KON	PIP	☐
201	P	☐	☐			WA03	2	GBB	VBR	☑
201	K	☐	☑			WA03	2	GBB	VBR	☑
201	P	☐	☑			WA03	1	KON	PIP	☐
201	P	☐	☑			WA03	2	GBB	VBR	☑
201		☑	☐			WA01	2	GBB	VBR	☑
201		☑	☐			WA01	3	PRD	PRA	☐
201		☑	☑			WA01	2	GBB	VBR	☑

Abbildung 12.8: Kontomodifikation in Abhängigkeit von der Bewegungsart

Eine weitere Einstellung steuert die *Stornobewegungsart* im SAP-System. Da die Stornobewegungsart beim Stornieren eines Belegs automatisch gefunden werden soll, ist es erforderlich, sie vorab zu definieren und zuzuordnen. Für alle im Standard ausgelieferten Bewegungsarten ist sie bereits hinterlegt. Die folgende Formel kann für die Ermittlung der Stornobewegungsart herangezogen werden:

```
Stornobewegungsart = Bewegungsart + 1
```

Die in Abbildung 12.9 dargestellte Bewegungsart *201* (Warenausgang für Kostenstelle) wird somit bei einem Storno mit der Bewegungsart *202* (WA Storno) gebucht. Eine zusätzliche Option wäre an dieser Stelle noch die Einstellung zur ART DER BUCHUNG.

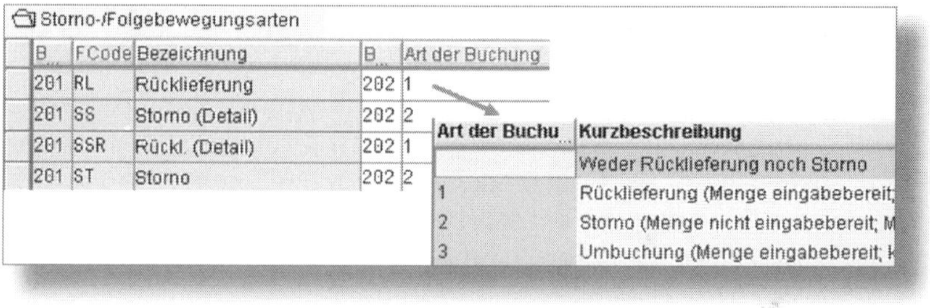

Storno-/Folgebewegungsarten

B...	FCode	Bezeichnung	B...	Art der Buchung
201	RL	Rücklieferung	202	1
201	SS	Storno (Detail)	202	2
201	SSR	Rückl. (Detail)	202	1
201	ST	Storno	202	2

Art der Buchu	Kurzbeschreibung
	Weder Rücklieferung noch Storno
1	Rücklieferung (Menge eingabebereit;
2	Storno (Menge nicht eingabebereit; M
3	Umbuchung (Menge eingabebereit; K

Abbildung 12.9: Stornobewegungsart einstellen

12.3 Einstellungen zur Reservierung

Im Customizing werden unter SPRO • MATERIALWIRTSCHAFT • BESTANDSFÜHRUNG UND INVENTUR • RESERVIERUNG • VORSCHLAGSWERTE FESTLEGEN (Transaktionscode OMBN, Abbildung 12.10) auf Werksebene wichtige Werte für Reservierungen gepflegt:

- Vorschlagskennzeichen Bewegung erlaubt (BEW)
- Tage Bewegung erlaubt (T.BEW.)
- Verweildauer (VERW.)
- Lagerortbestandsdaten automatisch anlegen (MRA)

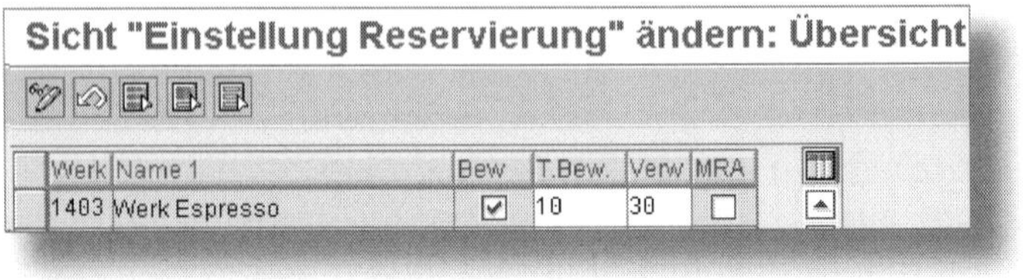

Sicht "Einstellung Reservierung" ändern: Übersicht

Werk	Name 1	Bew	T.Bew.	Verw	MRA
1403	Werk Espresso	☑	10	30	☐

Abbildung 12.10: Customizing-Einstellungen zur Reservierung

Das Vorschlagskennzeichen Bewegung erlaubt im Customizing steuert, ob beim Anlegen einer Reservierung das Kennzeichen Bewegung erlaubt in der Sammelbearbeitung und in den Positionsdetails bereits gesetzt ist oder nicht (vgl. Abbildung 3.2 – Reservierung anlegen: Sammeleinstieg Häkchen in Spalte B).

Tage Bewegung erlaubt gibt die Anzahl der Tage an, in denen das Kennzeichen »Bewegung erlaubt« in der Verwaltung der Reservierungen (Transaktion MBVR) automatisch gesetzt werden kann (Basistermin aus dem Kopf der Reservierung minus 10 Tage aus der Einstellung im Customizing). Erst mit diesem Kennzeichen kann das Material mit Bezug zur Reservierung entnommen werden. Ist das Kennzeichen nicht gesetzt, ist eine Warenentnahme ausgeschlossen.

Bei der Verweildauer wird ebenfalls der Wert in Tagen angegeben. Diese Tage sagen aus, dass eine Reservierung, die länger als 30 Tage (siehe z. B. Abbildung 12.10) nach dem Basistermin nicht abgerufen wurde, gelöscht werden kann. Reservierungen werden nicht archiviert, sondern vollständig gelöscht. Eine Wiederherstellung ist nicht vorgesehen.

Das Kennzeichen MRA dient zur automatischen Anlage der Lagerortbestandsdaten. Beim Buchen einer Reservierung werden die Lagerorte für das Material automatisch ermittelt. Sie müssen in der Reservierung nicht manuell gepflegt, können aber geändert werden. Erfolgt die Buchung eines Warenausgangs bzw. einer Umlagerung mit Bezug zur Reservierung, muss spätestens mit der Buchung der Lagerort gepflegt werden, aus dem das Material entnommen wird.

12.4 Bestandsfindung

Folgende Voraussetzungen müssen im Customizing geschaffen sein, bevor man in der MIGO das Icon (BESTANDSFINDUNG) nutzen kann:

- Definition der Bestandsfindungsgruppe
- Definition der Bestandsfindungsregel
- Pflege der Bestandsfindungskopftabelle
- Pflegeeditor der Bestandsfindungspositionstabelle

Im Customizing unter MATERIALWIRTSCHAFT • BESTANDSFÜHRUNG UND INVENTUR • BESTANDSFINDUNG • STRATEGIEN FÜR DIE BESTANDSFINDUNG DEFINIEREN wird zuerst eine *Bestandsfindungsgruppe* für das jeweilige Werk definiert. Weitere Einstellungen sind hier noch nicht nötig (siehe Abbildung 12.11). Die Zuordnung zum einzelnen Material findet ebenfalls im Materialstamm statt (siehe Abschnitt 1.11).

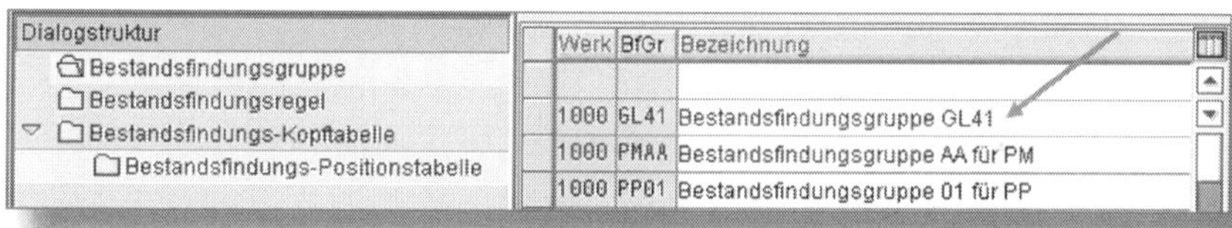

Abbildung 12.11: Bestandsfindungsgruppe definieren

Im zweiten Schritt wird eine *Bestandsfindungsregel*, wie in Abbildung 12.12 zu sehen, definiert.

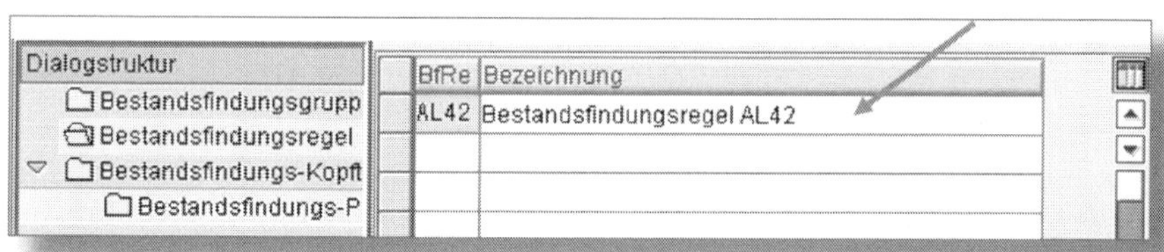

Abbildung 12.12: Bestandsfindungsregel

Eine Bestandsfindungsregel wird der jeweiligen Bewegungsart zugeordnet. Jede Bewegungsart kann eine eigene Bestandsfindungsregel haben, oder eine Regel kann für verschiedene Bewegungsarten gelten. Die Zuordnung erfolgt unter dem Pfad MATERIALWIRTSCHAFT • BESTANDSFÜHRUNG UND INVENTUR • BESTANDSFINDUNG • BESTANDSFINDUNGSREGEL IN DEN ANWENDUNGEN ZUORDNEN • BESTANDSFÜHRUNG (siehe Abbildung 12.13).

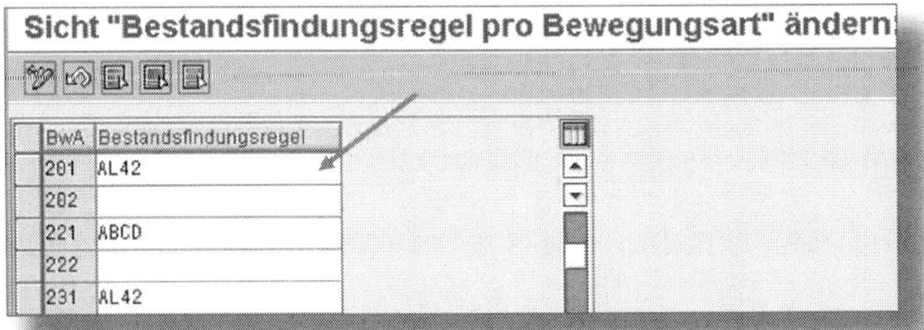

Abbildung 12.13: Bestandsfindungsregel ändern

👉 Schlüssel in der Bestandsfindung

Die Bestandsfindungsregel und die Bestandsfindungsgruppe ist jeweils ein vierstelliger alphanumerischer Schlüssel, der frei gewählt werden kann.

In der folgenden *Bestandsfindungs-Kopftabelle* gibt es die Möglichkeit der Sortierung nach der BESTANDSFINDUNGS-POSITIONSTABELLE, in der Lagerorte mit Sonderbestandsart und Bewertungsart (siehe Kapitel 7) manuell angegeben werden können. Über die PRIORITÄTSKENNZAHL wird gesteuert, welche der Lagerorte bei einer auf- bzw. absteigenden Sortierung ausgewählt werden (siehe Abbildung 12.14).

Für die Kombination der zuvor definierten Bestandsfindungsregel und Bestandsfindungsgruppe wird nun eine *Bestandsfindungsstrategie* erstellt (siehe Abbildung 12.15).

Für die Strategie werden in der BESTANDSFINDUNGS-KOPFTABELLE Einstellungen gepflegt, nach denen der Lagerort für die jeweiligen Warenbewegungen ermittelt werden soll (siehe Abbildung 12.16).

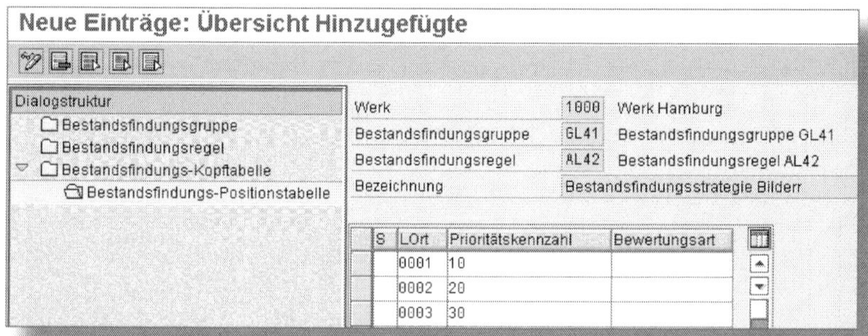

Abbildung 12.14: Bestandsfindungspositionstabelle

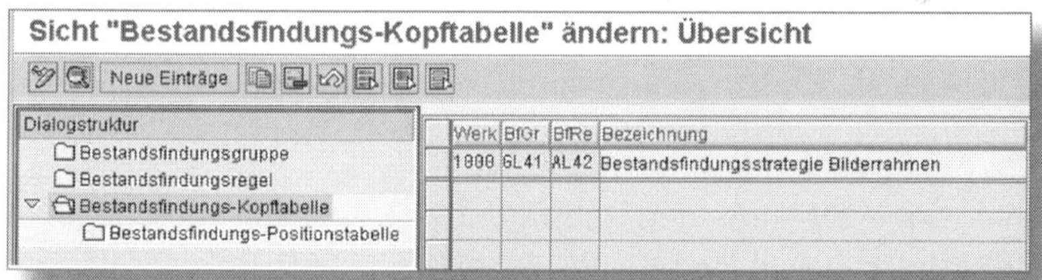

Abbildung 12.15: Bestandsfindungsstrategie

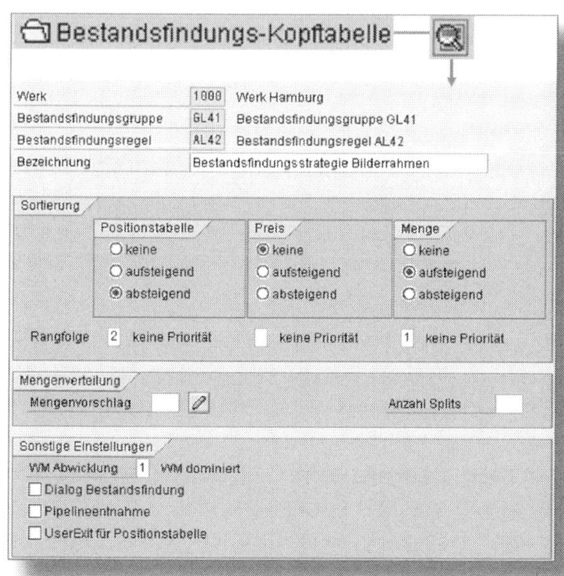

Abbildung 12.16: Bestandsfindungs-Kopftabelle

Im Subscreen SORTIERUNG wird angegeben, ob nach den Kriterien POSITIONSTABELLE, PREIS oder MENGE die Bestandsfindung auf- bzw. absteigend erfolgen soll. Die in Abbildung 12.16 gezeigte Auswahl bedeutet, dass zuerst aus dem Lagerort mit der geringsten Materialmenge entnommen werden soll.

Die RANGFOLGE besagt, dass als zweite Priorität die Entnahme nach der Positionstabelle erfolgt, falls beispielsweise auf zwei Lagerorten die gleiche Anzahl Material vorhanden sein sollte. Im Subscreen MENGENVERTEILUNG ist es möglich, einen *Exit* für den MENGENVORSCHLAG zu nutzen. Ist allerdings ein Lagerverwaltungssystem (Warehouse Management System, WMS) aktiv, so wird diese Einstellung ignoriert.

Das Feld ANZAHL SPLITS wird benötigt, falls die erforderliche Menge nicht vollständig aus dem ermittelten Lagerort entnommen werden kann (zu geringer Bestand). Soll der Lagermitarbeiter das Material nur aus einem Lagerort entnehmen, so wird ihm der – nach vorgegebener Sortierung – nächste Lagerort mit ausreichend Bestand vorgeschlagen. In diesem Fall ist als ANZAHL SPLITS eine *1* einzugeben, bei zwei Lagerorten eine *2* usw. Darf der Lagerist das Material aus beliebig vielen Lagerorten entnehmen, so bleibt das Feld leer. Im letzten Subscreen SONSTIGE EINSTELLUNGEN ist unter WM ABWICKLUNG vorzugeben, wie bei Vorhandensein eines WMS die Bestandsfindungsstrategie mit der des WM-Systems kombiniert werden kann.

Es sind drei Einstellungen möglich, nach denen sich die Findungsstrategie im SAP-System ausrichtet.

3. WM dominiert: LAGERTYPFINDUNG • AUSLAGERUNGSSTRATEGIE DES LAGERTYPS • BESTANDSFINDUNG

4. WM Lagertypfindung dominiert: LAGERTYPFINDUNG • BESTANDSFINDUNG • AUSLAGERUNGSSTRATEGIE AUS DEM LAGERTYP (Customizing der LE/WM)

5. Bestandsführung dominiert: BESTANDSFINDUNG • LAGERTYPFINDUNG • AUSLAGERUNGSSTRATEGIE DES LAGERTYPS

! Kennzeichen »WM Abwicklung«

Das Kennzeichen WM ABWICKLUNG wird ausschließlich für die Erstellung von Transportaufträgen genutzt. Soll die Bestandsführung nur auf Lagerortebene durchgeführt werden, hat das Kennzeichen keine Auswirkungen.

Das Auswahlfeld DIALOG BESTANDSFINDUNG steuert, ob die Bestandsfindung hell oder dunkel abläuft – d. h., ob das System das Endergebnis selbstständig vorgibt oder man während des Findungsprozesses noch manuell eingreifen kann. Unter einem WMS ist die Ausführung im Dialog nicht möglich. Die Bestandsfindung im Dialog sollte für die Einrichtung und für Tests bei der Implementierung benutzt werden. Im Produktivsystem wird die Verarbeitung im Hintergrund empfohlen. Um die PIPELINEENTNAHME zu erlauben, muss das gleichnamige Feld mit einem Haken versehen sein. Diese Einstellung wird bei chargenpflichtigem Material nicht unterstützt.

Das in Abbildung 12.17 gezeigte Schema bildet die Zuordnung zur Bestandsfindungsstrategie nochmals als Übersicht ab.

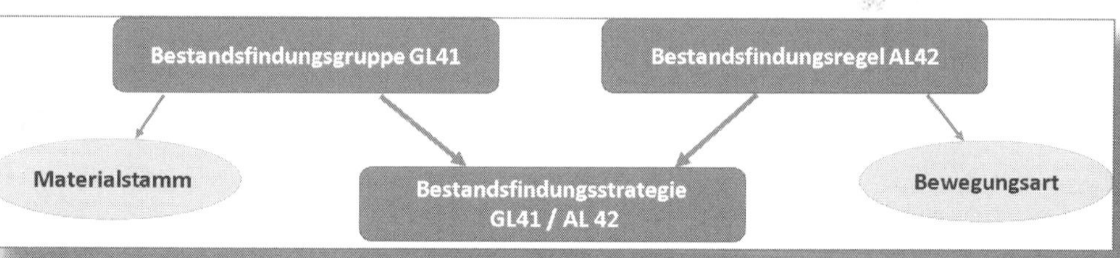

Abbildung 12.17: Schema der Bestandsfindung

12.5 Einstellungen zur automatischen Bestellerzeugung beim Wareneingang

Die erste von drei Voraussetzungen zur automatischen Bestellerzeugung beim Wareneingang im Customizing ist die Zuordnung einer

Standardeinkaufsorganisation zum entsprechenden Werk unter IMG • UNTERNEHMENSSTRUKTUR • ZUORDNUNG • MATERIALWIRTSCHAFT • STANDARDEINKAUFSORGANISATION • WERK ZUORDNEN. Eine bereits definierte Einkaufsorganisation kann mehreren Werken als Standardeinkaufsorganisation zugewiesen werden, einem Werk kann jedoch nur eine Standardeinkaufsorganisation zugeordnet sein (siehe Abbildung 12.18).

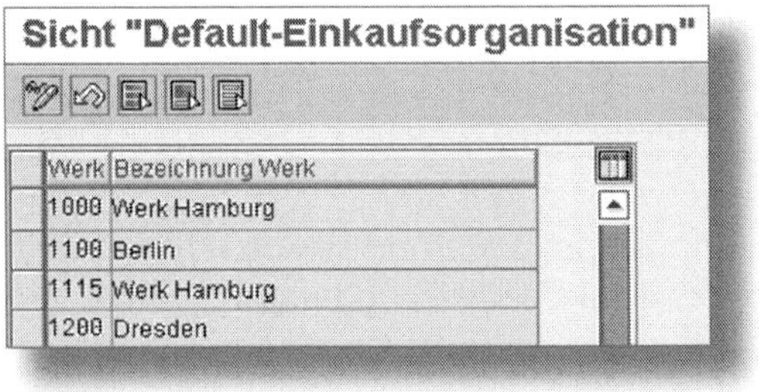

Sicht "Default-Einkaufsorganisation"

Werk	Bezeichnung Werk
1000	Werk Hamburg
1100	Berlin
1115	Werk Hamburg
1200	Dresden

Abbildung 12.18: Standardeinkaufsorganisation

Als zweite Voraussetzung muss die jeweilige Bewegungsart für die Bestellerzeugung zugelassen werden. Unter dem Customizing-Pfad MATERIALWIRTSCHAFT • BESTANDSFÜHRUNG UND INVENTUR • WARENEINGANG • BESTELLUNG AUTOMATISCH ANLEGEN wird das entsprechende Kennzeichen gesetzt (siehe Abbildung 12.19).

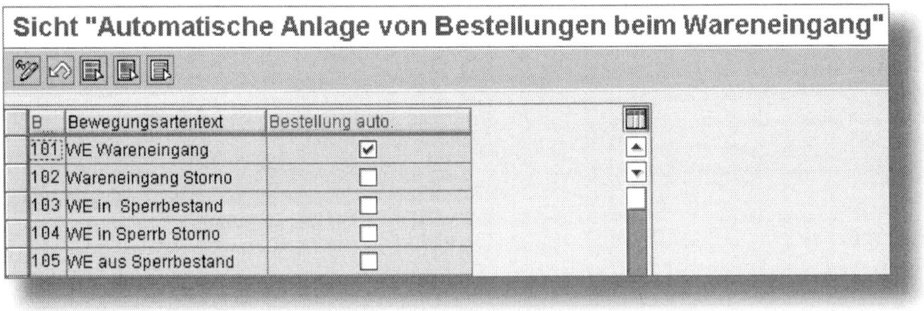

Sicht "Automatische Anlage von Bestellungen beim Wareneingang"

B	Bewegungsartentext	Bestellung auto.
101	WE Wareneingang	☑
102	Wareneingang Storno	☐
103	WE in Sperrbestand	☐
104	WE in Sperrb Storno	☐
105	WE aus Sperrbestand	☐

Abbildung 12.19: Automatische Bestellung erlauben

Als drittes muss die Vorschlagsbelegart unter IMG • MATERIALWIRTSCHAFT • EINKAUF • VORSCHLAGSWERTE FÜR BELEGARTEN FESTLEGEN eingestellt werden. In Abbildung 12.20 ist zu sehen, dass für die Anlage einer automatischen Bestellerzeugung durch die Wareneingangsbuchung mit der Transaktion ME21N Bestellung anlegen/Lieferant bekannt die Belegart NB Normalbestellung, bei der Transaktion ME27 Umlagerungsbestellung anlegen hingegen die Belegart UB Umlagerungsbestellung ausgewählt wird.

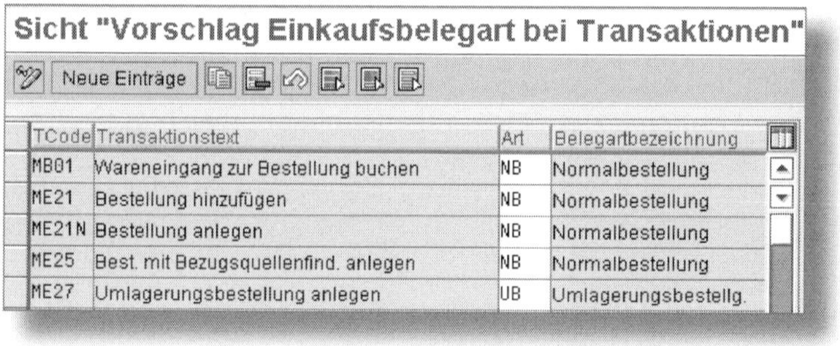

Sicht "Vorschlag Einkaufsbelegart bei Transaktionen"

Neue Einträge

TCode	Transaktionstext	Art	Belegartbezeichnung
MB01	Wareneingang zur Bestellung buchen	NB	Normalbestellung
ME21	Bestellung hinzufügen	NB	Normalbestellung
ME21N	Bestellung anlegen	NB	Normalbestellung
ME25	Best. mit Bezugsquellenfind. anlegen	NB	Normalbestellung
ME27	Umlagerungsbestellung anlegen	UB	Umlagerungsbestellg.

Abbildung 12.20: Vorschlag der Einkaufsbelegart

12.6 Einkaufswerteschlüssel

Um im Materialstammsatz Mahndaten und Toleranzen über den Einkaufswerteschlüssel einzupflegen, muss dieser vorab definiert und eingerichtet werden. Im Einkaufswerteschlüssel lassen sich die folgenden Vorschlagswerte pflegen:

- Anzahl der Tage für die erste, zweite und dritte Mahnung zu einer Bestellposition
- Bestätigungspflicht
- Toleranzgrenze Unterlieferung (vgl. Kapitel 6)
- Toleranzgrenze Überlieferung
- unbegrenzte Überlieferung
- Verpackungs- und Versandvorschriften
- Mindestlieferprozentsatz
- Normierungswert der Lieferterminabweichung

☛ Terminüberwachung im Einkaufswerteschlüssel

Wird den Mahndaten des Einkaufswerteschlüssels bei der Anzahl der Tage ein Minuszeichen vorangestellt, wird der Lieferant nicht angemahnt, sondern an eine bevorstehende Lieferung erinnert.

Der Einkaufswerteschlüssel wird über einen maximal vierstelligen alphanumerischen Schlüssel definiert, und anschließend erfolgt die Pflege seiner Werte (siehe Abbildung 12.21).

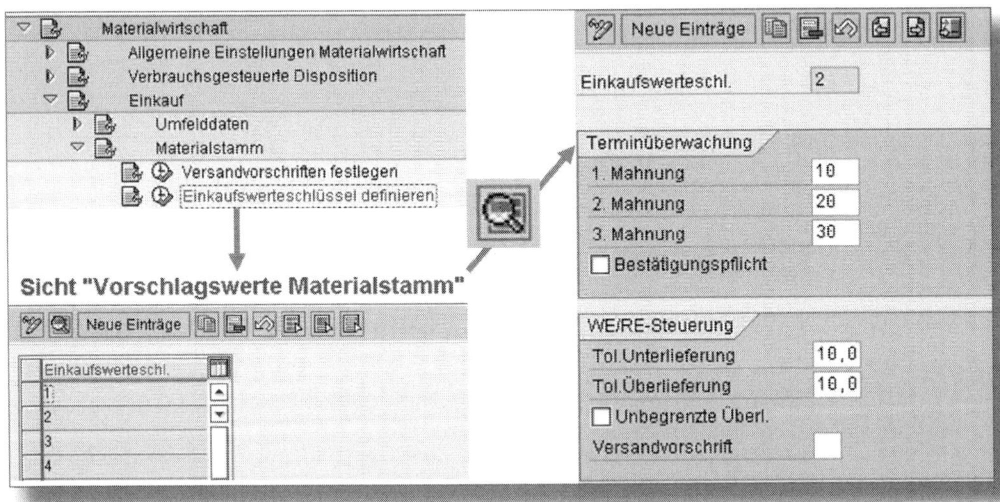

Abbildung 12.21: Einrichtung des Einkaufswerteschlüssels

Der Einkaufswerteschlüssel kann nach Anlage im Customizing in der Einkaufssicht des Materialstamms zugeordnet und (falls diese Daten nicht zusätzlich im EK-Infosatz gepflegt sind) als Vorschlagswert in die Bestellung (Positionsdetails • Lieferung) übernommen werden.

12.7 Materialart

Je Materialart werden im Customizing einige Einstellungen zur Bestandsführung gepflegt. Da der Materialstamm nicht ausschließlich für die Materialwirtschaft benötigt wird, findet man die Einstellungen in der allgemeinen Logistik IMG • LOGISTIK ALLGEMEIN • MATERIALSTAMM • GRUNDEINSTELLUNGEN • MATERIALARTEN • EIGENSCHAFTEN DER MATERIALARTEN FESTLEGEN. Die Materialart steuert:

- die *Bildauswahl* und den *Feldaufbau* über die Bild- bzw. Feldreferenz,
- die Art der *Nummernvergabe* (intern oder extern),
- welche *Fachbereiche* der jeweiligen Materialart zur Verfügung stehen (Sichten im Materialstamm),
- die *Beschaffungsart* (interne oder externe Beschaffung möglich),
- die *Preissteuerung* (als Vorschlagswert oder Festwert),
- die *Kontenfindung* (über die Kontoklassenreferenz, vgl. Kapitel 11),
- die *Mengen- und Wertfortschreibung* (auf Ebene des Bewertungskreises).

In Abbildung 12.22 wird bei der Neuanlage eines Materialstamms der V-Preis für die MATERIALART *ROH* (Rohstoffe) als Vorschlagswert auf der Sicht BUCHHALTUNG 1 (vgl. Abschnitt 1.4) gepflegt. Wenn Sie das Auswahlfeld PREISSTEUERUNG VERBINDLICH aktivieren, kann im Materialstamm kein S-Preis gewählt werden.

Die MENGEN- UND WERTFORTSCHREIBUNG wird im Fall der Rohstoffe für jeden Bewertungskreis getrennt eingestellt (siehe Abbildung 12.23). Eine weitere Auswahlmöglichkeit wäre die Fortschreibung IN ALLEN oder IN KEINEM BEWERTUNGSKREIS.

Materialart ROH Rohstoff

Allgemeine Daten

Feldreferenz ROH

Bildref.Materialart ROH

Berechtigungsgruppe

☑ Externe Nummernvergabe ohne Prüfung

Werksüb. MatStatus

Positionstypengruppe

☑ Mit Mengengerüst

☐ InitZustand Charge

Spezielle Materialarten

☐ Material ist konfigurierbar

☐ Material zum Prozeß

☐ Pipelineabw. oblig.

☐ Leihgutkonto oblig.

☐ Herstellerteil

Fachbereiche

Statusbezeichnung

Arbeitsvorbereitung

Buchhaltung

Klassifizierung

Disposition

Einkauf

Fertigungshilfsmittel

Kalkulation

Grunddaten

Lager

Prognose

Interne/Externe Bestellungen

Ext. Bestellungen 2

Int. Bestellungen 0

Klassifizierung

Klassenart

Klasse

Bewertung

Preissteuerung V Gleitender Durchschnittspreis/Periodischer Verrechnungspreis

Kontoklassenref. 0001

☐ Preissteuerung verb.

Mengen-/Wertfortschreibung

Mengenfortschreibung

○ In allen Bewertungskreisen

○ In keinem Bewertungskreis

◉ Je nach Bewertungskreis

Wertfortschreibung

○ In allen Bewertungskreisen

○ In keinem Bewertungskreis

◉ Je nach Bewertungskreis

Abbildung 12.22: Einstellungen zur Materialart

Mengen-/Wertfortschreibung

BewertKrs	MatArt	Mengenfort...	Wertfortschr
2230	ROH	☑	☑
2240	ROH	☑	☐
2300	ROH	☑	☑
2400	ROH	☐	☑

Abbildung 12.23: Mengen- und Wertfortschreibung

12.8 Endlieferkennzeichen

Ein gesetztes Endlieferkennzeichen teilt dem System mit, dass die offene Bestellmenge als erledigt anzusehen ist und kein weiterer Wareneingang mehr erwartet wird. Diese Einstellungen sind unter IMG • MATERIALWIRTSCHAFT • BESTANDSFÜHRUNG UND INVENTUR • WARENEINGANG • ENDLIEFERUNGSKENNZEICHEN SETZEN vorzunehmen (siehe Abbildung 12.24).

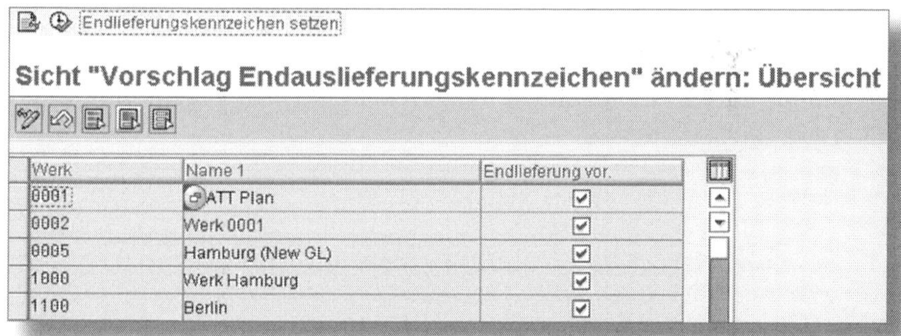

Abbildung 12.24: Setzen des Endlieferkennzeichens

Sofern im Customizing das Endlieferkennzeichen auf Werksebene markiert ist, wird es bei Wareneingängen zu Bestellungen automatisch gesetzt, wenn sich die gelieferte Menge innerhalb der Unter- bzw. Überlieferungstoleranz befindet. Im Standard kann trotz eines Endlieferkennzeichens ein weiterer Wareneingang bis zur Toleranzgrenze gebucht werden. Soll bei gesetztem Endlieferkennzeichen kein weiterer Wareneingang mehr möglich sein, wird dies (ab ECC6.0 EHP 4) in den Systemmeldungen unter IMG • MATERIALWIRTSCHAFT • BESTANDSFÜHRUNG UND INVENTUR • EIGENSCHAFTEN DER SYSTEMMELDUNGEN FESTLEGEN eingestellt. Hier ist außerdem zu bestimmen, ob KEINE MELDUNG, eine WARNUNG oder eine FEHLERMELDUNG ausgegeben wird (siehe Abbildung 12.25).

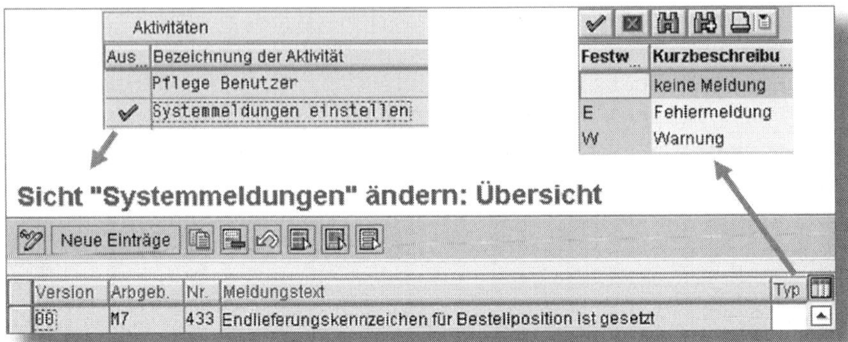

Abbildung 12.25: Festlegen der Systemmeldung bei gesetztem Endlieferkennzeichen

12.9 Toleranzschlüssel beim Wareneingang

Für den Wareneingang lassen sich in der Customizing-Transaktion OMC0 über die beiden Toleranzschlüssel B1 und B2 die Bestellpreismengenabweichung und die Abweichung vom V-Preis pflegen. Unter IMG • MATERIALWIRTSCHAFT • BESTANDSFÜHRUNG UND INVENTUR • WARENEINGANG • TOLERANZGRENZEN EINSTELLEN sind die in Abschnitt 6.4 beschriebenen Schlüssel auf Ebene des Buchungskreises einzustellen. Abbildung 12.26 zeigt in der ersten Zeile den TOLERANZSCHLÜSSEL B1, der eine Fehlermeldung (E-MSG) und darunter den B2-Schlüssel, der eine Warnmeldung (W-MSG) erzeugt (**E**rror und **W**arning).

Die dritte einzustellende Toleranzgrenze ist die V-Preis-Mengenabweichung mit dem Toleranzschlüssel VP. Hier gleicht das System den V-Preis, der als Bewertungspreis im Materialstammsatz auf der Buchhaltungssicht gepflegt ist, mit dem Bestellpreis beim Wareneingang ab und gibt bei Unter- oder Überschreitung der eingestellten Toleranzgrenze eine Warnmeldung aus. So lässt sich erkennen, ob der Wert des Materials beim Wareneingang zu stark vom aktuellen Bewertungspreis abweicht. Für den S-Preis gibt es diese Einstellung nicht, da Differenzen hier normal sind und diese auf ein Preisdifferenzkonto gebucht werden.

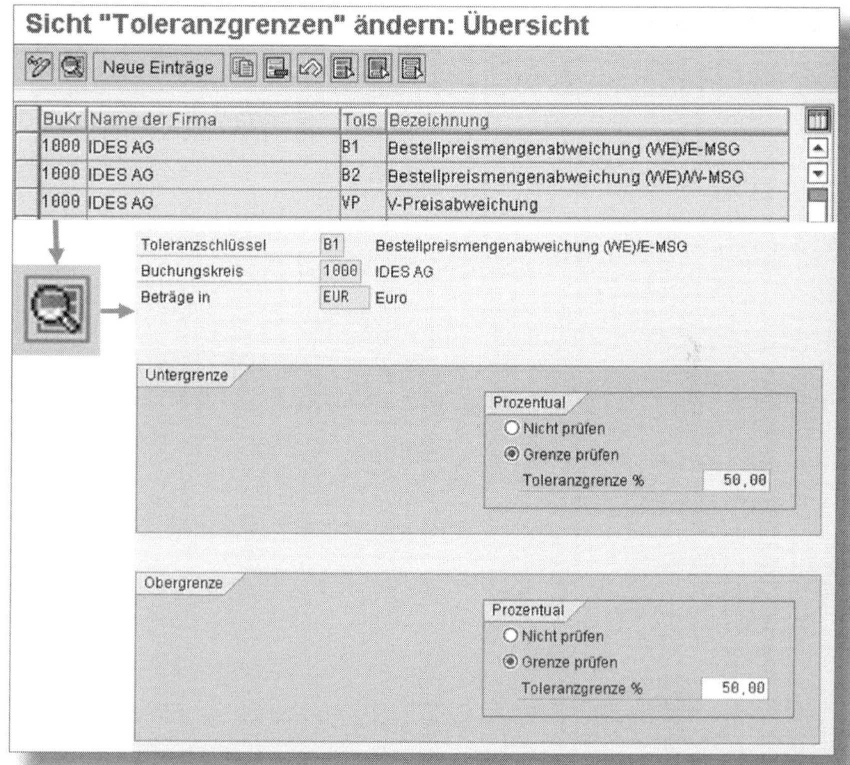

Abbildung 12.26: Toleranzen beim Wareneingang

Da beim Toleranzschlüssel B2 zusätzlich eine WE-Nachricht an den Einkäufer gehen kann, muss neben den beschriebenen Einstellungen in der Nachrichtenfindung auch die Nachrichtenart MLMD gepflegt werden. Im Customizing der Materialwirtschaft unter BESTANDSFÜHRUNG UND INVENTUR • NACHRICHTENFINDUNG • NACHRICHTENARTEN PFLEGEN oder direkt über den Transaktionsaufruf M706 wird bei der NACHRICHTENART in der Zugriffsfolge unter ALLGEMEINE DATEN *WE-Mails* gewählt.

Das Standardprogramm SAPMM07M übernimmt automatisch die Zuordnung zum Erfasser der Bestellung. Unter dem Reiter VORSCHLAGSWERTE kann mit dem VERSANDZEITPUNKT ausgewählt werden, ob die

Nachricht sofort beim Sichern des Wareneingangs oder später zu bestimmten Vorgängen (periodisch oder nur durch Anstoß in einer eigenen Transaktion) versendet werden soll. Als SENDEMEDIUM akzeptiert SAP neben der E-Mail weitere Medien wie z. B. das Telefax (siehe Abbildung 12.27).

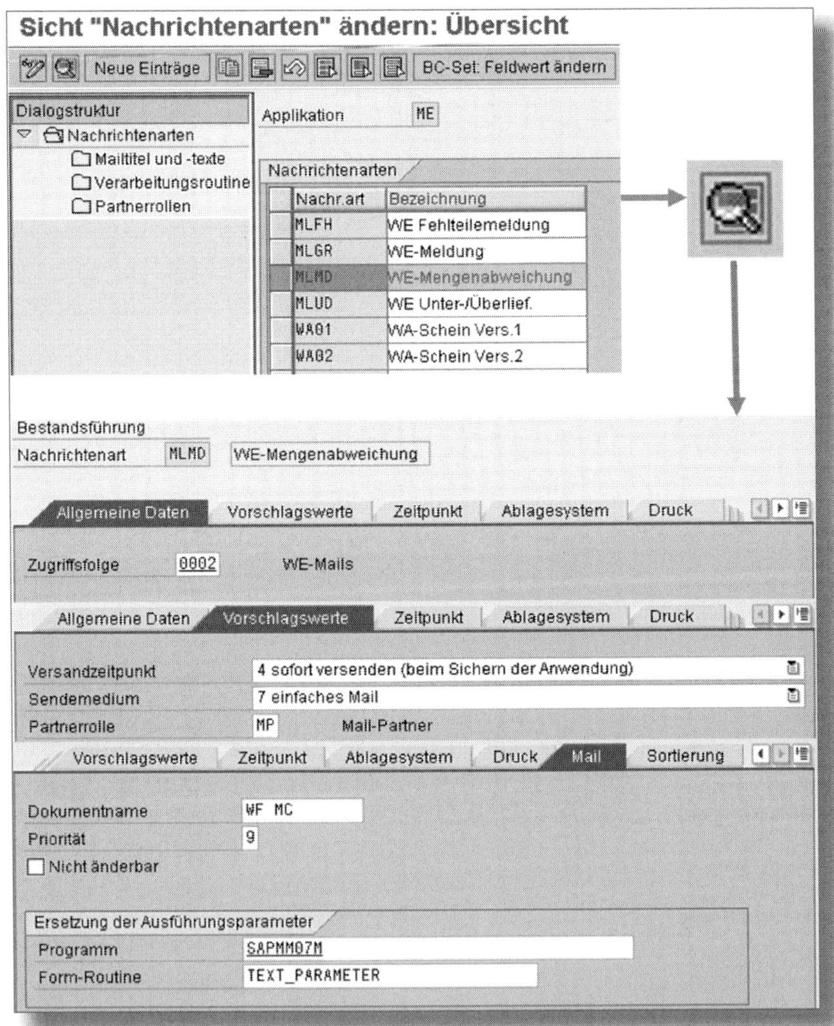

Abbildung 12.27: Nachrichtenfindung der Nachrichtenart MLMD

12.10 Einstellungen der Mindesthaltbarkeits- und Terminprüfungen

Um die in Abschnitt 6.5 beschriebenen Prüfungen auf Mindesthaltbarkeit und Mindestrestlaufzeit durchführen zu können, sind die nachfolgenden Einstellungen in der Transaktion OMJ5 unter dem Pfad IMG • MATERIALWIRTSCHAFT • BESTANDSFÜHRUNG UND INVENTUR • WARENEINGANG • MINDESTHALTBARKEITSPRÜFUNG AKTIVIEREN durchzuführen:

1. Aktivierung auf Werksebene
2. Prüfkennzeichen je Bewegungsart einstellen

Dabei ist die vorgegebene Reihenfolge einzuhalten. Das WERK muss durch das Setzen des Häkchens aktiviert werden, die Prüfkennzeichen für die BEWEGUNGSART sind gemäß Abbildung 12.28 zu wählen. Es stehen vier unterschiedliche Kennzeichen zur Auswahl:

- NICHT PRÜFEN
- ERFASSEN UND PRÜFEN
- NUR ERFASSEN (ZU AUSWERTUNGSZWECKEN • OHNE PRÜFUNG)
- KEINE PRÜFUNG BEI WARENAUSGANG

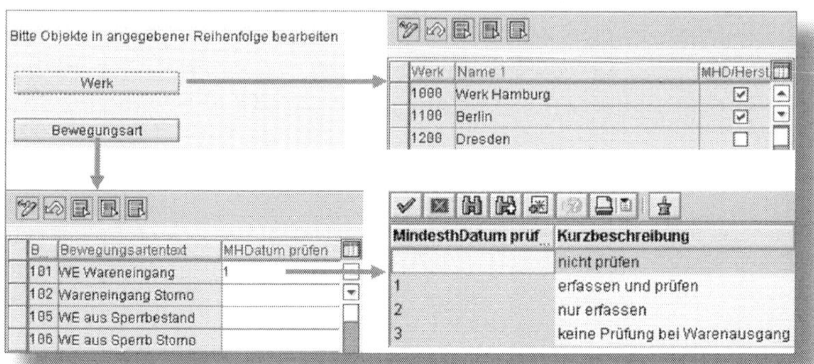

Abbildung 12.28: Customizing der Mindesthaltbarkeitsprüfung

Die Einstellungen zur Terminprüfung in Abschnitt 6.6 werden in der Customizing-Transaktion OMCQ unter IMG • MATERIALWIRTSCHAFT •

BESTANDSFÜHRUNG UND INVENTUR • EIGENSCHAFTEN DER SYSTEMMELDUNGEN FESTLEGEN vorgenommen. Als Aktivität wird SYSTEMMELDUNGEN EINSTELLEN übernommen und für die jeweilige Meldungsnummer der Fehlertyp (KEINE MELDUNG, FEHLERMELDUNG oder WARNUNG) ausgewählt (siehe Abbildung 12.29).

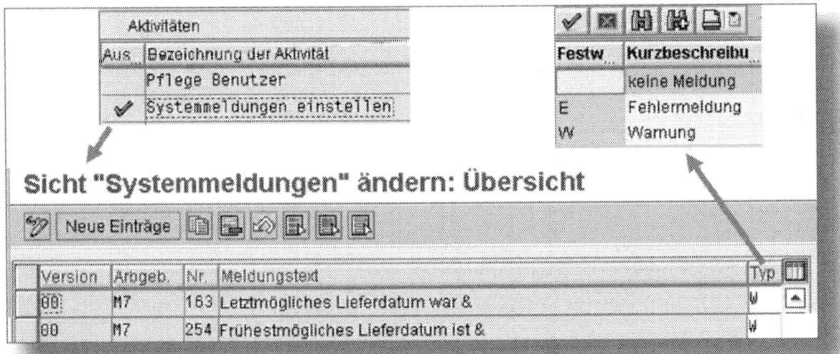

Abbildung 12.29: Einstellen der Systemmeldungen

12.11 Customizing der getrennten Bewertung

Damit eine getrennte Bewertung vorgenommen werden kann, muss diese im Customizing im Referenz-IMG unter dem Pfad MATERIALWIRTSCHAFT • BEWERTUNG UND KONTIERUNG • GETRENNTE BEWERTUNG • GETRENNTE BEWERTUNG AKTIVIEREN aktiviert sein. Im Standard ist die getrennte Bewertung bereits als aktiv eingestellt (siehe Abbildung 12.30).

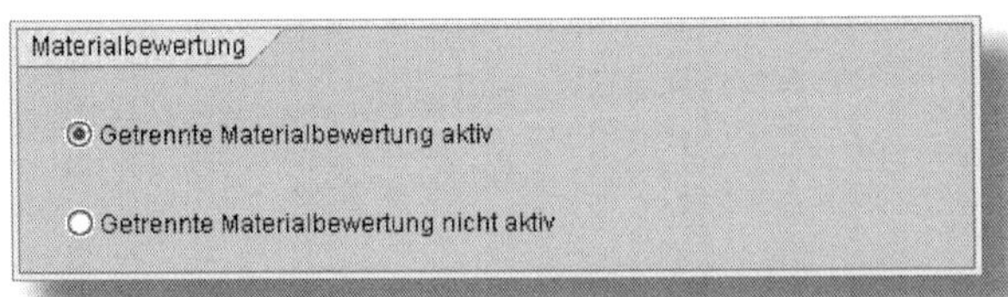

Abbildung 12.30: Aktivierung der getrennten Bewertung

Diese Aktivierung bewirkt, dass Materialien im gesamten System mit getrennter Bewertung erstellt werden können. Die getrennte Bewertung wird dadurch nicht zur Pflicht, sondern bleibt optional.

! Getrennte Bewertung aktivieren

Eine getrennte Bewertung sollte bei der Grundeinrichtung des Systems vorgenommen werden. Eine nachträgliche Aktivierung ist mit großem Aufwand verbunden.

Anschließend müssen in gegebener Reihenfolge die

- globalen Bewertungsarten,
- globalen Bewertungstypen und
- lokalen Definitionen

definiert sowie eingestellt werden.

Nachdem einige *globale Bewertungsarten* definiert sind, wird im Customizing für jede Art festgelegt, ob externe und interne Bestellungen erlaubt sein sollen (siehe Abbildung 12.31). Außerdem wird eine *Kontoklassenreferenz* (KREF) bestimmt. Diese steuert, welche Bewertungsklassen – einer der wichtigen Steuerungsparameter für die Kontenfindung – im jeweiligen Materialstamm zulässig sind.

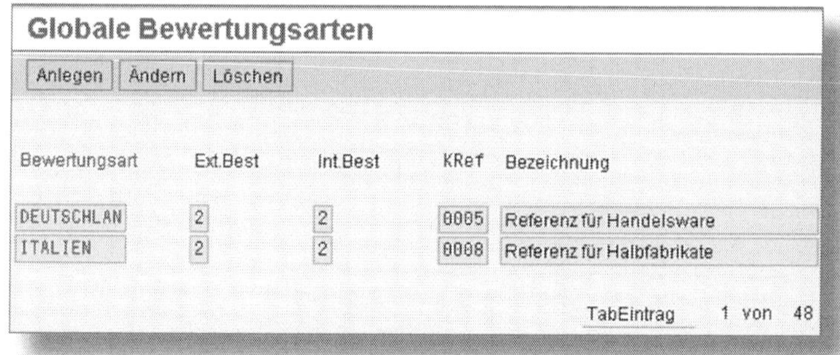

Abbildung 12.31: Einstellungen der globalen Arten

In einem zweiten Schritt werden die *globalen Bewertungstypen* angelegt und den globalen Arten zugewiesen (siehe Abbildung 12.32). Die Zuweisung geschieht mittels Aktivierung der jeweiligen Bewegungsart. Zusätzlich wird je Bewertungstyp ein Vorschlagswert für die Bewertungsart gepflegt, jeweils getrennt für Eigenfertigung bzw. Fremdbeschaffung. Dieser Vorschlagswert kann als verbindlich vorgegeben werden (VBA = Vorschlagsbewertungsart, Kennzeichen FRB = verbindlich).

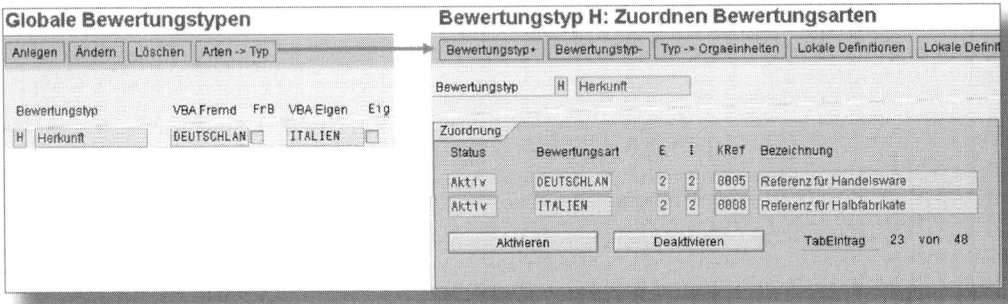

Abbildung 12.32: Einstellungen globale Bewertungstypen

Der letzte Schritt ist die Zuordnung der globalen Typen zu den Organisationseinheiten, d. h. zum jeweiligen Bewertungskreis (vgl. Abschnitt 1.2). Über die LOKALEN DEFINITIONEN werden die Zuordnungen, wie bereits bei den GLOBALEN TYPEN, nach Auswahl des Bewertungskreises über die Schaltfläche Aktivieren vorgenommen (siehe Abbildung 12.33).

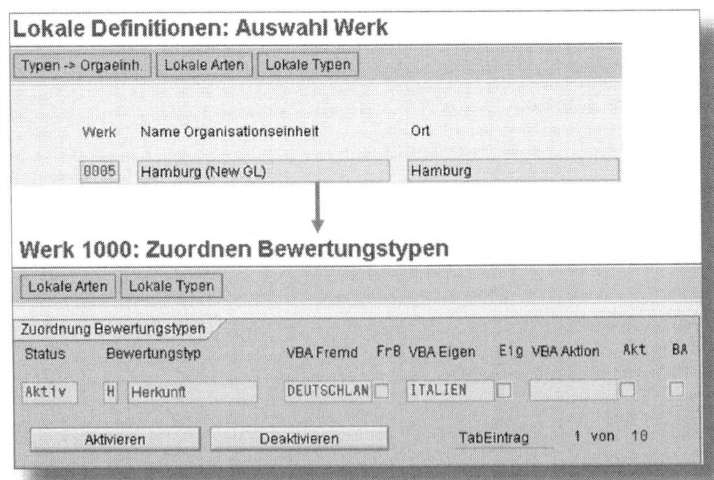

Abbildung 12.33: Zuordnung der Typen zu den Organisationseinheiten

Damit sind alle notwendigen Einstellungen erfolgt, um die getrennte Bewertung anwenden zu können.

12.12 Kontierungstyp

Der Kontierungstyp, der in einer Bestellung gepflegt werden kann, hat Einfluss auf die wertmäßigen Bestandsbuchungen. Ob ein Material auf ein Bestandskonto oder direkt in den Verbrauch, ein Projekt oder auch in einen Auftrag gebucht wird, steuert unter anderem der Kontierungstyp. Ein Kontierungstyp kann im Customizing geändert oder neu erstellt werden, und zwar im Referenz-IMG unter MATERIALWIRTSCHAFT • EINKAUF • KONTIERUNG • KONTIERUNGSTYPEN PFLEGEN. Der Kontierungstyp muss für die Kombination aus POSITIONSTYP und der jeweiligen Belegart zugelassen sein. Fehlt diese Kombination, gibt das SAP-System eine Fehlermeldung aus, und ein Sichern des Belegs ist nicht möglich (siehe Abbildung 12.34).

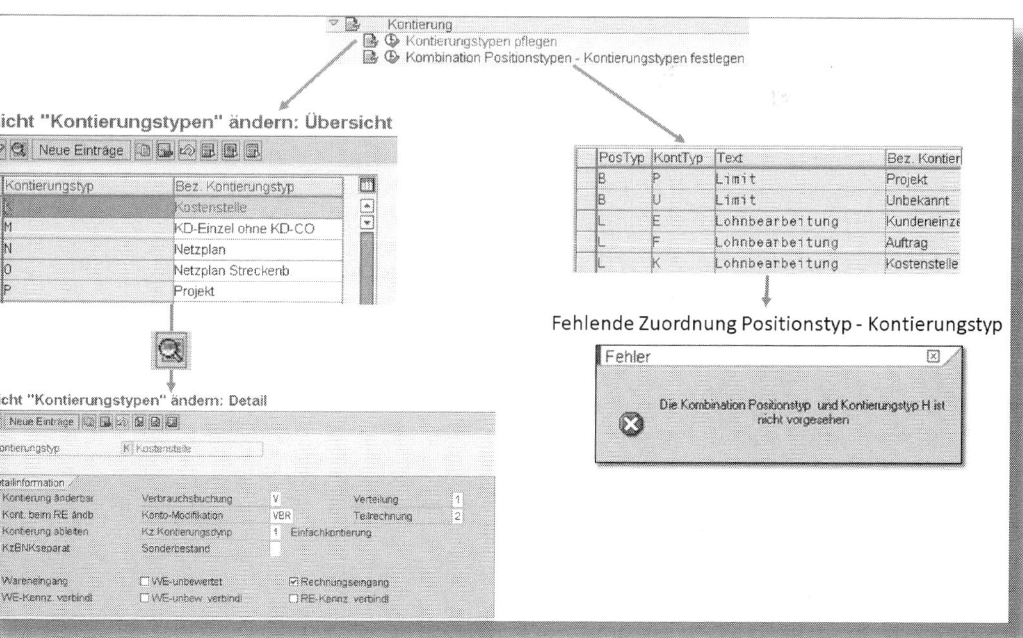

Abbildung 12.34: Kontierungstyp pflegen

Mit dem Kontierungstyp steuern Sie außerdem:

- die Bezeichnung,
- Einstellungen zur Kontierung (Kontomodifikation – siehe automatische Kontenfindung),
- Einstellungen zum Wareneingang,
- Einstellungen zur Rechnung,
- Teilrechnungs- und Verteilungskennzeichen sowie
- die Feldauswahl.

Kontierungstyp

Der Kontierungstyp steuert direkt die Feldauswahl, die Kontenfindung, ob und wie ein Wareneingang erfolgt sowie die Kontierungen in der Rechnung.

In Abbildung 12.35 werden die Steuerungselemente des Kontierungstyps aufgezeigt. In der Abbildung ist beispielsweise die ABLADESTELLE eine Kann-Eingabe, wohingegen das Feld ANLAGE ausgeblendet wird und daher in Verbindung mit dem KONTIERUNGSTYP K (Kostenstelle) vom Erfasser der Bestellung nicht verwendet werden kann.

12.13 Einstellungen zum Materialstatus

Das Customizing für den im Abschnitt 7.6 beschriebenen Materialstatus erfolgt in den Einstellungen der allgemeinen Logistik, da sich der werksbezogene Materialstatus auf unterschiedlichen Sichten befindet, die nicht alle zur Materialwirtschaft gehören. In der Customizing-Transaktion OMS4 bzw. über den Pfad LOGISTIK ALLGEMEIN • MATERIAL-

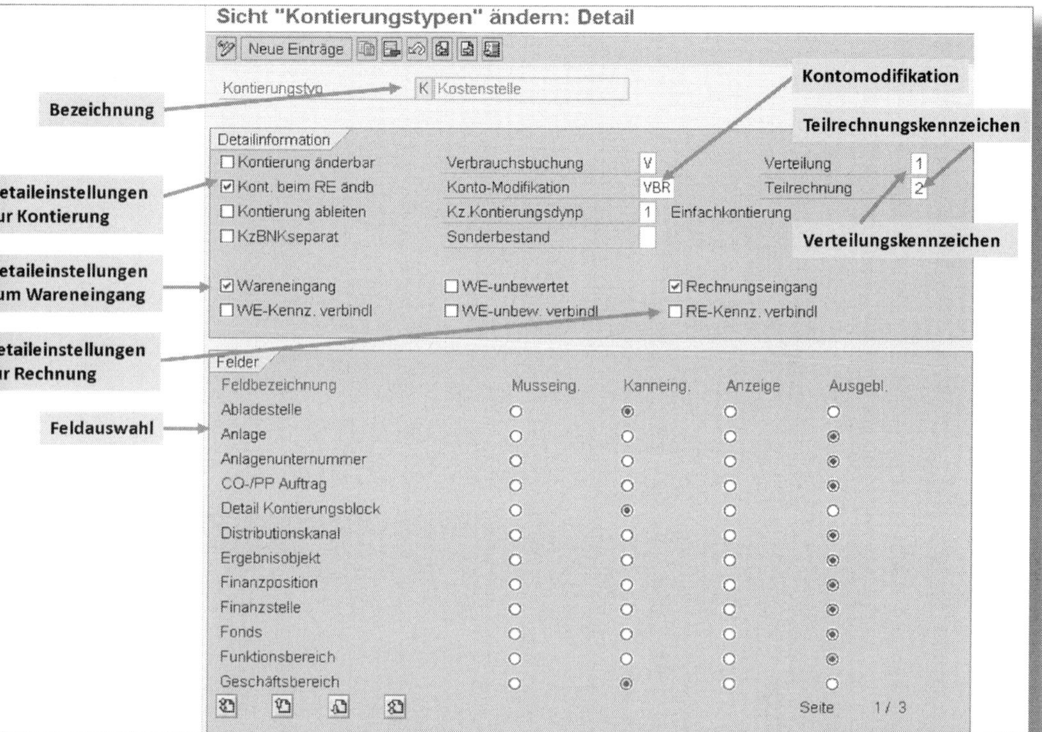

Abbildung 12.35: Einstellungen zum Kontierungstyp

STAMM • KONFIGURIEREN DES MATERIALSTAMMS • EINSTELLUNGEN ZU ZENTRALEN FELDERN • MATERIALSTAUS DEFINIEREN werden der Materialstatus definiert und die jeweiligen Ausprägungen festgelegt (siehe Abbildung 12.36). Soll beispielsweise ein Material für die Verwendung in einer Stückliste gesperrt werden, so kann die Verwendung in derselben als eine Fehler- oder Warnmeldung hinterlegt werden. Lässt man das Feld frei, so unterbleibt die Meldung beim entsprechenden Vorgang. Eine getrennte Einstellung für den werksübergreifenden und werksbezogenen Materialstatus ist nicht möglich.

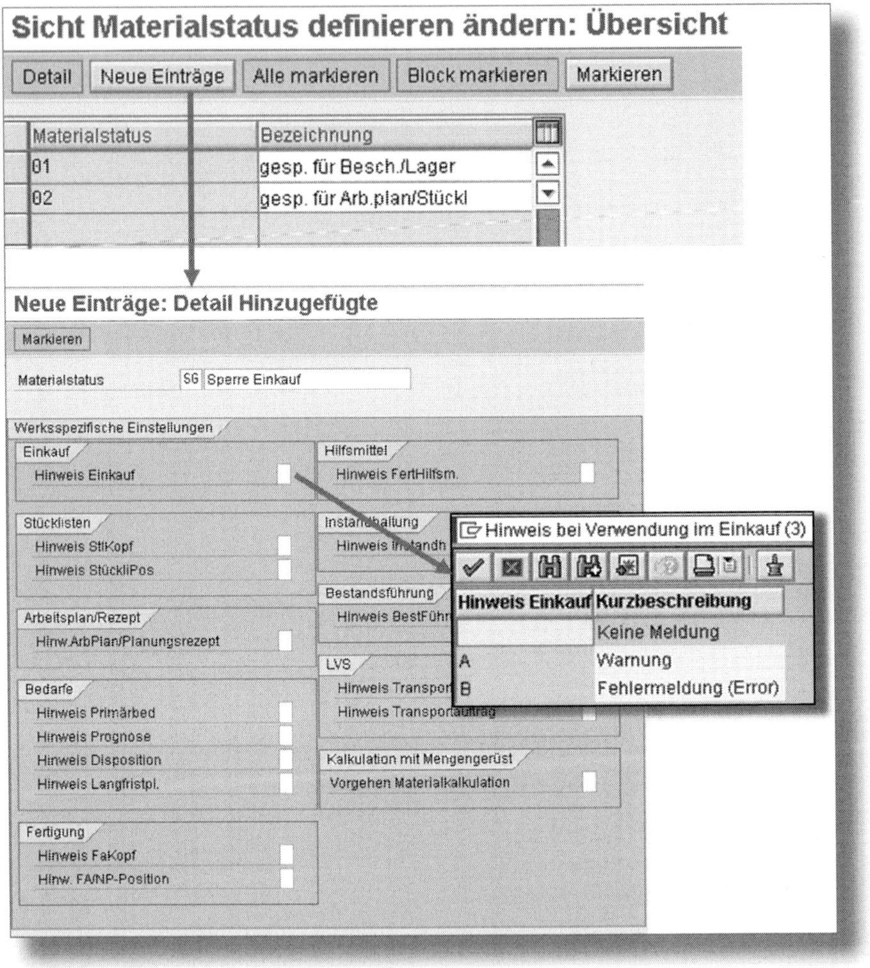

Abbildung 12.36: Definition und Einstellung des Materialstatus

12.14 Grund der Bewegung

In den Einstellungen zu den Bewegungsarten lässt sich über den Pfad MATERIALWIRTSCHAFT • BESTANDSFÜHRUNG UND INVENTUR • BEWEGUNGSARTEN • GRUND DER WARENBEWEGUNG HINTERLEGEN entscheiden, ob bei der Verwendung der Bewegungsart ein Grund für die Bewegung eingegeben werden KANN, MUSS oder das FELD AUSGEBLENDET ist (siehe Abbildung 12.37).

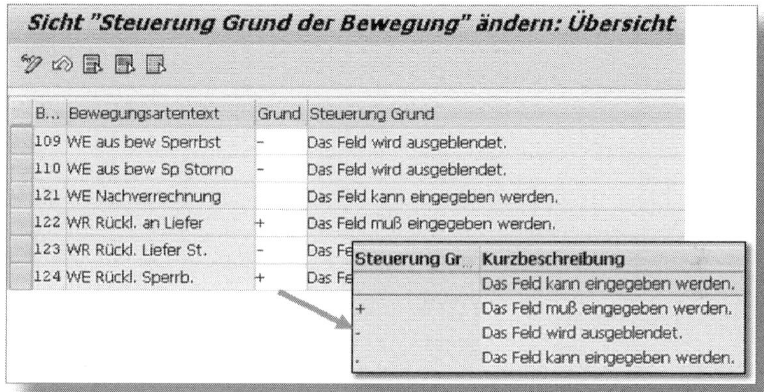

Abbildung 12.37: Steuerung Grund der Bewegung

In Abbildung 12.38 kann individuell ein Grund neu angelegt werden, der anschließend in den Transaktionen zur jeweiligen Bewegungsart auswählbar ist.

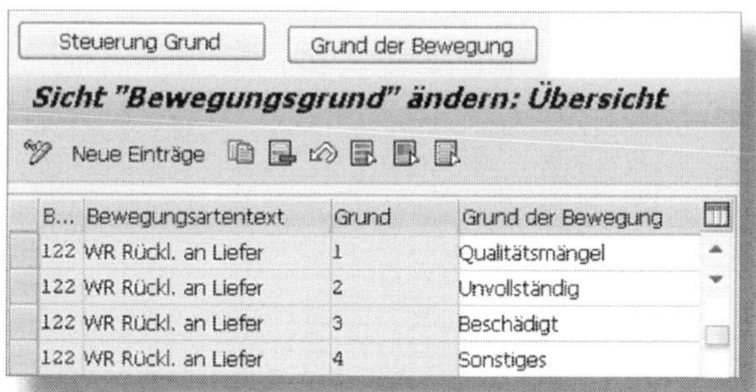

Abbildung 12.38: Anlegen eines Bewegungsgrunds

> **Grund der Bewegung**
>
> Für jede Bewegungsart müssen eigene Gründe gepflegt und mit einer Nummer versehen werden.

13 Zusammenfassung

In diesem Buch wurden Ihnen die wichtigsten Einstellungen und gebräuchlichsten Lösungen zur Bestandsführung und Kontenfindung sowohl im Anwendungsbereich als auch im Customizing aufgezeigt. Diese ermöglichen es Ihnen, das SAP-System individuell sowie ohne Programmierkenntnisse auf Ihre Belange einzustellen und zu bedienen. Wichtige Voraussetzungen für den Einsatz beider Funktionalitäten sind Basiseinstellungen sowie das Abbilden der Strukturen eines Unternehmens in Buchungskreisen, Werken etc.

Nachfolgend finden Sie eine Übersicht mit allen in diesem Buch verwendeten Transaktionen inklusive zugehöriger Transaktionscodes.

Transaktionscode	Bezeichnung
Adsubcon	Lohnbearbeitungsmonitor
CS01	Stückliste anlegen
MB1B	Umbuchung erfassen
MB21	Reservierungen anlegen
MB22	Reservierungen ändern
MB23	Reservierungen anzeigen
MB25	Reservierungsliste
MB26	Kommissionieren
MB52	Lagerbestände zum Material anzeigen
ME11	Einkaufsinfosatz anlegen
ME21n	Bestellung anlegen
MBPM	Verwalten gemerkter Daten
MBSM	Liste der stornierten Materialbelege
MBVR	Reservierungen verwalten
MMBE	Bestandsübersicht
MIGO	Warenbewegungen
MIRO	Logistische Rechnungsprüfung
MRKO	Konsignationsabrechung
M706	Nachrichtenarten pflegen
OMBC	Fehlteilprüfung einstellen
OMBN	Vorschlagswerte (*Reservierungen*) einstellen
OMBW	Automatische Buchungen einstellen
OMBZ	WE-Storno trotz Rechnungen bei WE-bezogener Rechnungsprüfung
OMC0	Toleranzgrenzen ändern
OMCQ	Eigenschaften der Systemmeldungen
OMJ5	Prüfung Mindesthaltbarkeitsdatum aktivieren / deaktivieren
OMJJ	Bewegungsart ändern
OMS4	Materialstatus pflegen
OMSK	Bewertungsklassen festlegen
OMWM	Bewertungssteuerung festlegen (Kontenfindung Bewertungs-modifikationskonstante aktivieren)
OX14	Bewertungsebene festlegen
RM07MOA	Anzeigen bewerteter WE-Sperrbestand
SE38	ABAP: Programmausführung

Abbildung 13.1: Transaktionscodes

A Der Autor

Ingo Licha arbeitete nach seinem Betriebswirtschaftsstudium mehrere Jahre für die SAP AG im IT-Support im In- und Ausland. Der zertifizierte SAP Solution Consultant SCM Procurement ist seit April 2009 freiberuflich als SAP-Berater und -Trainer tätig. Unter anderem ist er bei SAP-Bildungspartnern für die SAP- Anwender- und -Beraterausbildung im Bereich Logistik verantwortlich. Seit dem Sommersemester 2012 unterrichtet er ergänzend als freier Lehrbeauftragter an der Hochschule für Wirtschaft und Gesellschaft Ludwigshafen im Bereich »Business and International Programs« sowie »Wirtschaftsinformatik ERP-Systeme/ERP-Consulting«.

B Index

A

Anzeigevariante 23, 157
automatische Bestellerzeugung 209

B

Bedarfs- und Bestandsliste 165
Beleg merken 24
Beschaffungsart 213
Bestandsfindung 58, 205
Bestandsfindungskopftabelle 206
Bestandsfindungsstrategie 206
Bestandslisten 164
Bestandsübersicht 164
Bestellentwicklung 99
Bestellerzeugung, automatische 44
Bestellpreismenge 108
Bewegung erlaubt 203
    Kennzeichen 80
Bewegungsart 27, 199
Bewertungsklasse 183
Bewertungskreis 15, 179
Bewertungsmodifikationskonstante 179
Bewertungspreis 15
Bilanz 15
Bildauswahl 213
Buchhaltungsbeleg 160
Buchungskreis 15

C

Charge 174

E

Einkaufswerteschlüssel 105, 211
Endlieferkennzeichen 107, 215
Enjoytransaktionen 197

F

Fehlteilprüfung 88
Feldauswahl 201
Feldreferenz 213
frei verwendbarer Bestand 21

G

gesperrter Bestand 21
getrennte Bewertung 171, 220
Gleitender Durchschnittspreis, siehe V-Preis 19
globale Arten 221
globale Typen 221
Grund der Bewegung 94, 163, 226

I

Infotyp 149

K

Konsignationsbestand 139
Kontenfindung 177
Kontenfindungsassistent 189

Kontenplan 178
Kontierungstyp 223
Kontoklassenreferenz 184, 221
Kontomodifikation 186
kostenlose Lieferung 38
Kundenauftragsbestand 127
Kundenbeistellbestand 124
Kundenkonsignation 124
Kundenleihgut 123

L

Lagerbestand 167
Lagermaterial 120
Lieferantenkonsignation 126, 135
List Viewer 157
Lohnbearbeiterbeistellbestand 149
Lohnbearbeitung 147
Lohnbearbeitungsmonitor 153
lokale Definition 221

M

Mandant 15
Material
  bewertet 119
  unbewertet 119
Materialart 117, 182, 213
Materialbelegliste 158
Materialstatus 132, 224
Mehrwegtransportverpackung 125
Mindesthaltbarkeitsprüfung 111, 219
Mindestlieferprozentsatz 105
Mindestrestlaufzeit 112

N

Nachlieferung 94
Nachverrechnung 153
negativer Bestand 128
Nichtlagermaterial 121

O

Orderbuch 145
Organisationsebene 14
Organisationsstruktur 14
OX14
  Transaktion 15

P

Pipeline 144
Positionstyp 223
Preissteuerung 36, 213
Projektbestand 126

Q

Qualitätsprüfbestand 21
Qualitätsprüfung 54

R

Reservierung
  automatisch 78
  manuell 75
Reservierungen verwalten 79
Reservierungsliste 79
Retoure 96
  zur Bestellung 45
retrograde Entnahme 52
Rücklieferung 91
Rundungsregel 112

S

Sonderbestand 123
  eigener 123
  fremder 124
Sonderbestandskennzeichen 127
S-Preis 17, 39, 130
Standardeinkaufsorganisation 44
Standardpreis, siehe S-Preis 18
Stornobewegungsart 98, 203
Storno Materialbeleg 98

T

Teilstorno 100
Terminprüfung 219
Toleranzgrenzen 104
Toleranzschlüssel 108, 216
Transaktion MIGO 22
Transitbestand 68, 168

U

Überlieferung 105
Umbuchung 69
  Bestand an Bestand 70
  Material an Material 70
Umlagerung 61
  Einschrittverfahren 64
  Lagerort an Lagerort 65
  Werk an Werk 65
  Zweischrittverfahren 64
Umlagerungsbestellung 67
Unterlieferung 103

V

Verbrauchsmaterial 36, 122
verdichtete und unverdichtete Nachricht 89
Verfügbarkeitsprüfung 85, 88
  dynamisch 86, 166
  statisch 85, 166
Verfügbarkeitsübersicht 166
Verweildauer 160, 203
Vorschlagsbelegart 210
Vorschlagswerte (MIGO) 27
V-Preis 17, 19, 40, 130

W

Warenausgang 46
  geplant 56
  ohne Bezug 47
  ungeplant 56
  zum Fertigungsauftrag 52
  zur Kostenstelle 48
  zur Reservierung 49
  zur Stückliste 50
  zur Verschrottung 56
Wareneingang 28
  bewertet 34
  mit Bezug 29
  ohne Bezug 32
  unbewertet 37
Wareneingangssperrbestand 40, 45, 113
  bewertet 42
  unbewertet 40
Werk 15
Werksverfügbarkeit 166
Wertestring 185

C Disclaimer

Die in diesem Werk wiedergegebenen Gebrauchsnamen, Handelsnamen, Warenbezeichnungen usw. können auch ohne besondere Kennzeichnung Marken sein und als solche den gesetzlichen Bestimmungen unterliegen. Sämtliche in diesem Werk abgedruckten Bildschirmabzüge unterliegen dem Urheberrecht der SAP SE, Dietmar-Hopp-Allee 16, 69190 Walldorf.

In dieser Publikation wird auf Produkte der SAP SE Bezug genommen. SAP, R/3, SAP NetWeaver, Duet, PartnerEdge, ByDesign, SAP BusinessObjects Explorer, StreamWork und weitere im Text erwähnte SAP-Produkte und -Dienstleistungen sowie die entsprechenden Logos sind Marken oder eingetragene Marken der SAP SE in Deutschland und anderen Ländern. Business Objects und das Business-Objects-Logo, BusinessObjects, Crystal Reports, Crystal Decisions, Web Intelligence, Xcelsius und andere im Text erwähnte Business-Objects-Produkte und -Dienstleistungen sowie die entsprechenden Logos sind Marken oder eingetragene Marken der Business Objects Software Ltd. Business Objects ist ein Unternehmen der SAP SE. Sybase und Adaptive Server, iAnywhere, Sybase 365, SQL Anywhere und weitere im Text erwähnte Sybase-Produkte und -Dienstleistungen sowie die entsprechenden Logos sind Marken oder eingetragene Marken der Sybase Inc. Sybase ist ein Unternehmen der SAP SE. Alle anderen Namen von Produkten und Dienstleistungen sind Marken der jeweiligen Firmen. Die Angaben im Text sind unverbindlich und dienen lediglich zu Informationszwecken. Produkte können länderspezifische Unterschiede aufweisen.

Der SAP-Konzern übernimmt keinerlei Haftung oder Garantie für Fehler oder Unvollständigkeiten in dieser Publikation. Der SAP-Konzern steht lediglich für SAP-Produkte und -Dienstleistungen nach der Maßgabe ein, die in der Vereinbarung über die jeweiligen Produkte und Dienstleistungen ausdrücklich geregelt ist. Aus den in dieser Publikation enthaltenen Informationen ergibt sich keine weiterführende Haftung.

Weitere Bücher von Espresso Tutorials

Claudia Jost:

Lieferantenbeurteilung mit SAP® MM

- Lieferantenbeurteilung im SAP-Standard
- Automatische Kennzahlenermittlung
- Bewertung nach harten und weichen Faktoren
- Lieferantenklassifizierung – Gruppieren im SAP-Klassensystem

http://5291.espresso-tutorials.de

Christine Kühberger:

Materialwirtschaft (MM) in SAP S/4HANA® – Deltafunktionen und Customizing

- Kernfunktionalitäten der SAP-Materialwirtschaft in S/4HANA
- Überblick: SAP Simplification List im Einkauf und in der Bestandsführung
- Einführung in das Konzept des SAP-Geschäftspartners (Business Partner)
- Step by step: die neue Ausgabesteuerung in SAP S/4HANA

http://5556.espresso-tutorials.de

Ilka Dischinger:

Lohnbearbeitung mit SAP S/4HANA® – Einkaufs- und Produktionsprozesse

- Sonderbeschaffung Lohnbearbeitung mit SAP S/4HANA
- Stammdaten inkl. Dispobereich und Fertigungsversion
- Prozessbeschreibung mit Lohnbearbeitungs-Cockpit
- Tipps und Tricks auch ohne Programmierung

http://5649.espresso-tutorials.de

Ingo Licha:

Rechnungsprüfung mit SAP ERP (MM) – 2. Auflage

- Methoden der SAP-Rechnungsprüfung
- Rechnungserfassung mit der Transaktion MIRO
- Rechnungssperren, Freigabe und Vorabzahlungen
- 2. Auflage erweitert um themenspezifische Videos

https://es-tu.de/KutiUR